高等职业教育机电类专业系列教材

机械制造技术基础

主　　编　张国军

副主编　董宏伟

参　　编　张艳玲　宋加春　白桂彩　蒋丽仙

主　　审　徐　刚

U0379713

西安电子科技大学出版社

内 容 简 介

本书是高等职业教育数控技术、机电一体化技术、模具设计与制造等专业的课程改革规划教材，是依据五年制高等职业教育数控技术、机电一体化技术、模具设计与制造等专业的人才培养方案及课程标准编写的。全书采用最新国家标准与术语，按照综合化的方法对"机械制造工艺基础"、"机械工程材料"、"机械原理与机械零件"、"金属切削机床与刀具"等学科的内容进行了整合。全书共分7章，第1章对机械制造进行了概述；第2、3章介绍了机械工程材料、常用机构和机械传动等方面的基础知识；第4～6章分别从机械制造的机床、刀具、典型零件的加工与品质检验技术等方面系统介绍了机械制造工艺基础知识；第7章介绍了目前的先进制造技术。全书各章后均附有学后评量，以便于读者自学及巩固、拓展所学知识。

本书既可作为高等职业技术学校的教学用书，也可作为工程技术人员学习机械制造知识的参考书。

图书在版编目（CIP）数据

机械制造技术基础 / 张国军主编. —西安：西安电子科技大学出版社，2018.6(2024.8 重印)
ISBN 978-7-5606-4886-6

Ⅰ.① 机…　Ⅱ.① 张…　Ⅲ.① 机械制造工艺　Ⅳ.① TH16

中国版本图书馆 CIP 数据核字(2018)第 082664 号

策　　划　李惠萍　秦志峰
责任编辑　王　静
出版发行　西安电子科技大学出版社(西安市太白南路 2 号)
电　　话　(029)88202421　88201467　　邮　编　710071
网　　址　www.xduph.com　　　　电子邮箱　xdupfxb001@163.com
经　　销　新华书店
印刷单位　西安日报社印务中心
版　　次　2018 年 6 月第 1 版　　2024 年 8 月第 3 次印刷
开　　本　787 毫米×1092 毫米　1/16　印 张　15
字　　数　353 千字
定　　价　36.00 元
ISBN 978-7-5606-4886-6
XDUP　5188001-3
如有印装问题可调换

前　言

　　"机械制造技术基础"课程是江苏省五年制高职数控技术、机电一体化技术、模具设计与制造等专业的一门专业平台课程。

　　通过本课程的学习，学生可系统全面地了解机械产品生产过程，掌握制造类企业安全生产、节能环保等常识；会根据工程要求正确选用常用工程材料；熟悉机械传动常见形式，具备根据工作需要，正确选用传动方式与类型的初步能力；熟悉常用金属切削机床的特点及工艺范围，能根据工作需要正确选用金属切削机床；掌握金属切削刀具基础知识，能根据工作需要合理选用及简单修磨金属切削刀具；掌握金属切削的工艺基础知识，具备合理编制一般典型零件机械加工工艺文件的初步能力；会分析和检测机械制造产品的一般质量问题，具备对如何提高机制产品的质量和改进加工方式提出建议的初步能力；了解机械制造的先进技术及发展趋势，能根据实际需要选用相关技术。

　　本教材的内容选取和结构安排以五年一贯制高等职业教育的人才培养规格为依据，突出对学生职业能力的培养，融合相关职业岗位对从业人员的知识、技能和态度的要求。本教材具有以下主要特点：

　　(1) 内容凸现"综合化"，讲究"实在"、"实效"。本教材的结构和内容紧扣五年制高等职业教育数控技术、机电一体化技术、模具设计与制造等专业新的人才培养方案和课程标准，对接相关职业岗位对从业人员的知识、技能和态度的要求，整合传统学科"机械制造工艺基础"、"机械工程材料"、"机械原理与机械零件"、"金属切削机床与刀具"的内容。

　　(2) 体现能力本位的职教理念。以就业为导向，以培养学生的职业素养为目标，本教材体现理论实践一体化教学的特点，将理论知识和工程实践有机结合，将企业的实际应用和学校的实际有机融合，有利于在学习过程中培养学生的职业精神。

　　(3) 图文并茂，言简意赅，通俗易懂，贴近实际。本教材将传统教材中大量繁琐的文字表述进行图片化、表格化，提升了直观性和可读性。

　　(4) 本教材配套了丰富的教学资源，便于教师以及学生自主学习。

　　本教材教学推荐学时分配见下表。

序号	章　节	课时/学时
1	第 1 章　机械制造概述	8
2	第 2 章　机械工程材料	18
3	第 3 章　常用机构和机械传动	20
4	第 4 章　金属切削机床基础	12
5	第 5 章　金属切削基础与刀具	18
6	第 6 章　典型零件的加工与品质检验技术基础	20
7	第 7 章　先进制造技术介绍	16
合　计		112

　　参与本教材编写工作的有：江苏联合职业技术学院盐城机电分院张国军(第 1 章、第 2 章、第 7 章部分内容)；江苏联合职业技术学院镇江分院蒋丽仙(第 1 章、第 2 章部分内容)；江苏联合职业技术学院盐城机电分院张艳玲(第 3 章)；江苏联合职业技术学院连云港工贸分院白桂彩(第 4 章、第 5 章、第 7 章部分内容)；江苏省连云港中等专业学校董宏伟(第 4 章、第 5 章部分内容)；江苏联合职业技术学院盐城机电分院宋加春(第 6 章)。全书由张国军任主编，董宏伟任副主编。

　　江苏省靖江中等专业学校徐刚审阅了全书，对书稿提出了宝贵的修改意见，提高了书稿质量，在此表示衷心的感谢。

　　由于编者水平有限，书中疏漏之处在所难免，敬请读者批评指正。

编　者

2018 年 2 月

目　　录

第 1 章　机械制造概述

【学习目标】

(1) 初步了解机械产品生产的主要环节和过程。

(2) 初步了解机械加工各主要工种的名称及其工作特点；具备选择适合工种拟定零件加工工艺路线的初步能力。

(3) 熟悉制造业类企业安全生产的相关规章制度与保障措施。

(4) 掌握节能与环境保护的相关常识和一般措施。

【知识链接】

1.1　机械制造简介

制造业是将可用资源、能源与信息通过制造过程转化为可供人们使用的工业品或生活消费品的行业。机械制造业的主要任务就是完成机械产品的决策、设计、制造、装配、销售、售后服务及后续处理等，它是国民经济的基础产业，为国民经济各行业提供各种生产手段，担负着为国民经济建设提供生产装备的重任。机械制造业的发展直接影响国民经济各部门的发展，也影响国计民生和国防力量的加强，因此，各国都把机械制造业的发展放在首要位置。在战时，机械制造业为国防提供所需的武器装备，所以机械制造业也是国防安全的重要基础。世界军事强国无一不是装备制造业强国。历史证明，哪一个国家不重视机械制造工业，就会遭到历史的惩罚。随着机械产品国际市场竞争的日益加剧，各大公司都把高新技术注入机械产品的开发中，作为竞争取胜的重要手段。

1.1.1　机械制造

机械制造是机械制造过程的简称，是根据加工需要，利用各种机器设备和工具，将原材料加工成机械产品的劳动过程的总和。

设计工程师先依据产品的特性、功能设计出适当的工作图样，再交给制造工程师，制造工程师依零件的特性选用适当的加工机器与加工程序，以最低的成本制造出合乎质量要求的产品。产品的生产流程如图 1-1-1 所示。有些产业已采用计算机技术以及同步工程方式，将设计与制造作更有效的连接，以提高生产效率。

图 1-1-1　产品的生产流程

在实际生产中，不同的产品有不同的制造过程，图 1-1-2 所示为切割机的制造过程。

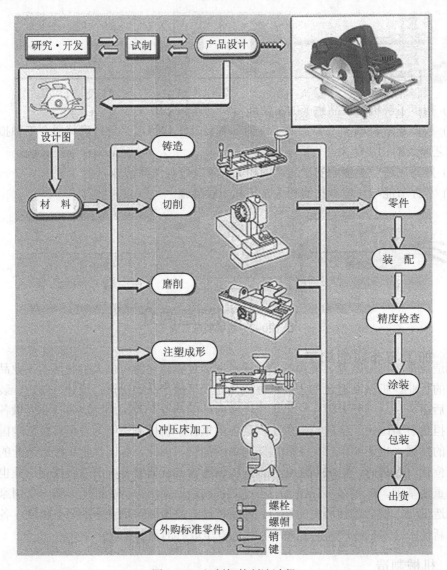

图 1-1-2　切割机的制造过程

1.1.2　生产方式

根据产品数量的大小，机械制造的生产方式有表 1-1-1 所列的三种类型。

表 1-1-1　机械制造的生产方式

序号	类　型	主　要　特　点	典型产品
1	大量生产	年产量通常超过 100 000 件；生产时，产品在市场上的销售量大都已确定；产品的单价必须绝对的低；生产时用到的加工机械包括生产单一品种的自动联制机械、部分自动或完全自动的装配线等	销、螺栓、螺母、垫圈、轴承等
2	成批生产	年产量通常在 2500～100 000 件之间；生产时，产品的生产数量是变动的；产出量受个别销货订单的影响，生产批次可能一年只生产一次，或定期生产	机器人、计算机、电视机等
3	单件生产 (零星生产)	每批产量约 10～500 件；产量与客户的订单关系密切，大都是在接到订单后才开始生产制造；生产的加工设备通常具有多用途、富有弹性等特点；对生产者的技术要求相对较高	非标准零件

机械制造三种生产方式的产品种类与数量的相对关系如图 1-1-3 所示。

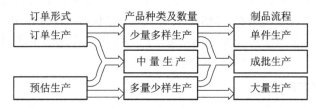

图 1-1-3　机械制造三种生产方式的产品种类与数量的相对关系

1.1.3　机械制造系统

机械制造系统包括输入、处理、输出及反馈四部分，如图 1-1-4 所示。

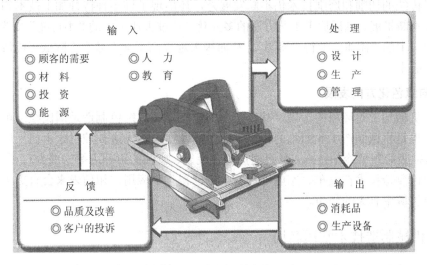

图 1-1-4　机械制造系统

1.1.4　机械制造工业的发展趋势与展望

把机械制造业称为"日不落行业"并无夸大之词，因为它始终陪伴着人类：从人类始祖开始使用和制造工具，到蒸汽机的制造与广泛应用，直至当今位于科技前沿的热门技术，如计算机、信息、微电子、航空航天、海洋、生物工程、先进武器等都是以机械制造业提供的技术和设备为后盾的；日常生活领域，如汽车、家用电器等现代社会的消费品，也是以机械制造业为支撑的。

机械制造工业的发展和进步，在很大程度上取决于机械制造技术的水平和发展。在科学技术高度发展的今天，现代工业对机械制造技术提出了更高的要求。特别是计算机科学技术的发展，使得常规机械制造技术与信息技术、数控技术、传感技术、液气光电技术等有机结合，给机械制造技术的发展带来了新的机遇，也给予机械制造技术许多新的技术和新的概念，使得机械制造技术向智能化、柔性化、网络化、精密化、绿色化和全球化方向发展成为趋势。机械制造技术发展的总趋势集中表现在以下几个方面。

1. 向高柔性化、高自动化方向发展

多品种中小批量生产已成为今后生产的主要类型。加工技术向高度自动化、信息化、集成化方向发展，柔性制造系统(FMS)、计算机集成制造系统(CIMS)以及敏捷制造等先进制造技术都在改造着传统制造业并迅速向前发展，缩短了产品的生产周期，提高了生产效率，保证了产品质量，产生了良好的经济效益。

2. 向高精度化方向发展

在科学技术发展的今天，对产品的精度要求越来越高，精密加工和超精密加工已成为必然。航空航天、军事等尖端产品的加工精度已达纳米级(0.001 μm)。在未来的激烈竞争中，是否掌握精密和超精密的加工技术，是一个国家制造水平的重要标志。

3. 向高速度化、高效率化方向发展

除了传统的切削和磨削技术仍不断发展外，还出现了许多种特种加工技术和工艺，使加工领域不断扩展。机械加工工艺方法的多元化，使过去加工上的"不可能"变为"可能"，使原来加工中的"困难"变得"容易"，从而极大地提高了加工效率，降低了能源消耗，降低了生产成本。

4. 向绿色化方向发展

减少机械加工对环境的污染，减少能源的消耗，实现绿色制造是国民经济可持续发展的需要，也是机械制造工业面临的新课题。目前，在一些先进数控机床上已采用了低温空气、负压抽吸等新型冷却技术，通过对废液、废气、废油的再利用等来减少对环境的污染。另外，绿色制造技术在汽车、家电等行业中也已得到了应用，相信未来会有更多的行业在绿色制造领域中有大的作为。

1.1.5　机械制造技术常用名词

机械制造技术常用名词术语的含义及它们之间的区别与联系见表 1-1-2。

表 1-1-2　机械制造技术常用名词术语的含义

名　词	含　义
机械	机器和机构的统称
机器	① 是构件组合而成的；② 各构件间具有确定的相对运动；③ 能代替人的劳动，完成有用的机械功，实现能量的转换
机构	① 是构件组合而成的；② 各构件间具有确定的相对运动
构件	机器中最小的运动单元
零件	机器中最小的制造单元

1.2　我国机械加工的发展过程

我国是世界上机械发展最早的国家之一。我国的机械工程技术不但历史悠久，而且成就十分辉煌，不仅对我国的物质文化和社会经济的发展起到了重要的促进作用，而且为世界技术文明的进步做出了重大贡献。

我国机械发展史可分为六个时期，每个时期又可分为不同的发展阶段。

1. 传统机械的形成和积累时期

从远古到西周时期，是我国机械发展的第一个时期。石器的使用标志着这一时期的开始。这是一个十分漫长的时期，在石器制造方面以磨制工艺为主，同时，石器的制造已有了一套完整的工艺流程。这一阶段机械的发展水平有了显著的提高，商代青铜工具和器械开始得到较广泛的应用，到西周时期，青铜冶铸技术达到了高峰。青铜器的出现标志着一种新的机械技术和制造工艺的诞生。

2. 传统机械的迅速发展和成熟时期

从春秋时期到东汉末年，我国传统机械的发展进入了一个新的时期，这一时期铁器开始得到使用，这是古代机械在材料方面取得的重大突破。钢铁技术的产生和发展为制造高效生产工具提供了条件。水排、水碓、指南车以及浑天仪、地动仪等机械的出现，反映了这一时期的机械在结构原理方面已经达到了相当高的水平。在这一时期，生产过程中的机械系统有了很大的变化，许多机械已用自然力代替人力作为原动力，对机械的操作开始由直接操作向间接操作转变。机器的出现反映了机械系统的发展达到了很高的程度，也表明我国传统机械已发展到成熟阶段。

3. 传统机械的全面发展和鼎盛时期

从三国时期到元代中期是我国机械发展的第三个时期。与前两个时期相比，这个时期的主要特点是机械的总体技术水平有了极大的提高，古代机械得到了全面发展。

三国时期到隋唐五代时期，是传统机械持续发展时期。这一阶段在工艺方面有较大进步：锻造农具开始在农具中占主导地位；铸造技术有了新的发展，出现了一些大型铸件；造船技术有了新的发展，发明了轮船；此外，在兵器、纺织机械和天文仪器等方面也有新的发展。

宋元时期是我国传统机械发展的高峰时期。这一阶段，在农业机械方面有很大的进步，出现了锻制的犁刀装置，许多新型船只纷纷出现，造船技术趋于鼎盛。不少机械传到了国外，对世界科学技术的发展产生了一定的影响。这时期是传统机械全面发展的鼎盛时期，也是我国机械史上的繁荣时期。

4. 传统机械的缓慢发展时期

从元代后期到清代中期是我国机械发展的第四个时期。从元代后期到清代初期，传统机械仍有一定的发展。兵器制造技术在这一阶段发展很快，出现了大量的兵器。但由于清朝政府采取了闭关自守的政策，中断了与西方的科技交流。同时，封建专制加强，使我国资本主义萌芽的发展受到了极大限制，我国机械的发展停滞不前。在这一百多年内没有出现多少价值重大的发明，而这一时期正是西方资产阶级政治革命和产业革命时期，机械科学技术飞速发展，远远超过了我国的水平。我国机械的发展水平与西方的差距急剧拉大，到19世纪中期已经落后西方一百多年。

5. 机械发展的转变时期

从19世纪40年代到20世纪40年代末是我国机械发展的第五个时期。1840年的鸦片战争打开了我国闭关自守的大门，西方近代机械科学技术开始大量传入我国，使我国机械的发展进入了向近代机械转变的时期。鸦片战争的失败使统治阶级内部不少人物体会到了先进技术的作用，他们出面倡导学习西方科学技术、引进先进的机器生产，兴起了洋务运动。19世纪后期，民族资产阶级已经兴起，建立了一批机械工厂，对我国机械的发展起到了重要作用。

20世纪以来，我国机械技术进一步得到发展。在引进国外机械的同时，也能自制不少类型的机械产品。到20世纪三四十年代，我国自行生产的产品种类有了较大的增加，与此同时，机械工程教育有了新的发展，许多院校设有机械工程系或专业，我国逐渐有了自己的机械工程技术人员。

6. 机械发展的复兴时期

1949年中华人民共和国成立后，我国机械的发展进入了新的时期。新的社会制度的建立推动了机械科学技术的向前发展，建立了门类比较齐全、具有一定规模的机械工业体系。机械工业部门具备了研制和生产重型、大型机械以及精密产品和成套设备的能力。全国基础工业部门的设备绝大多数都是我国自行制造的，为电力部门提供了许多大型设备，改变了重型机械一片空白的面貌。

我国的机械科技研究水平有了很大的提高，建立了机械科学研究院、电器科学研究院等科研机构，取得了许多科研成果，解决了不少机械工业中的重大科技问题，使得我国机械科技水平与发达国家的差距慢慢缩小。另外，机械工程教育在这个时期得到了迅速发展，我国自己培养了大批的机械工程专业人才。

1.3 机械产品生产的主要环节和过程

将原材料制成零件的毛坯，将毛坯加工成机械零件，再将零件装配成机器的整个过程，称为机械产品的生产过程。

1.3.1　机械产品的生产过程

机械产品生产的基本过程参见表 1-3-1。

表 1-3-1　机械产品生产的基本过程

序号	基本过程	主 要 工 作
1	生产技术准备过程	产品设计、工艺设计、标准化工作、各种定额制定、生产设备组织、生产线及其调整、劳动组织组建、生产管理规章制度制订以及新产品的试制和鉴定等为产品正式投入批量生产之前所进行的各种生产技术准备工作
2	基本生产过程	进行铸造、锻造、机械加工、装配等生产作业活动，一般分为毛坯制造、加工制造、装配调试等 3 个阶段
3	辅助生产过程	为企业生产产品需要而提供的各种动力(如电力、蒸汽、煤气、压缩空气等)、工具(夹具、量具、模具、刀具等)，以及进行设备维修用备件制造等生产过程
4	生产服务过程	原材料和半成品的供应、运输、检验、仓库管理等为基本生产过程和辅助生产过程服务的相关工作

1.3.2　机械产品生产过程的主要环节

机械产品生产过程的主要环节参见表 1-3-2。

表 1-3-2　机械产品生产过程的主要环节

序号	主要环节	主要工作内容
1	产品设计	产品的设计一般有创新设计、改进设计和变形设计等三种形式。产品设计的基本内容有编制设计任务书，进行方案设计、技术设计、图样设计等
2	工艺设计	基本任务是保证生产的产品符合设计的要求，制定优质、高产、低耗的产品制造工艺规程，制订出产品的试制和正式生产所需要的全部工艺文件。基本内容有：产品图纸的工艺分析和审查、拟定工艺方案、编制工艺规程卡、工艺装备的设计和制造
3	零件加工	包括坯料的生产，以及对坯料进行各种机械加工、特种加工和热处理等，使其成为合格零件的过程
4	检验	采用测量器具对毛坯、零件、成品、原材料等进行尺寸精度、形状精度、位置精度的检测，以及通过目视检验、无损探伤、机械性能试验及金相检验等方法对产品质量进行的鉴定
5	装配	将零件和部件进行必要的配合及连接，使之成为半成品或成品的工艺过程。将零件、组件装配成部件的过程称为部件装配；将零件、组件和部件装配成为最终产品的过程称为总装配。装配是机械制造过程中的最后一个生产阶段，其中还包括调整、检验、试验、油漆和包装等工作
6	入库	为防止遗失或损坏，将企业生产的成品、半成品及各种物品等放入仓库进行保管。入库时应进行入库检验，填好检验记录及有关原始记录；对量具、仪器及各种工具做好保养、保管工作；对有关技术标准、图纸、档案等资料要妥善保管；保持工作地点及室内外整洁，注意防火防湿，做好安全工作

1.4 机械加工的主要工种及其工作特点

工种是对劳动对象的分类称谓，也称工作种类，如电工、钳工等。机械加工工种一般分为冷加工、热加工、特种加工和其他工种等，生产过程中，人们将根据产品的技术要求选择各种加工方法。

1.4.1 冷加工工种

1. 钳工

钳工是制造企业中不可缺少的一种用手工方法来完成加工的工种。按专业工作的主要对象不同，钳工可分为普通钳工、装配钳工、模具钳工、修理钳工等。钳工的基本操作技术主要包括划线、錾削、锯割、锉削、钻孔、扩孔、锪孔、铰孔、攻螺纹和套螺纹、刮削、研磨、测量、装配和修理等。

钳工加工的主要工艺内容如图 1-4-1 所示。

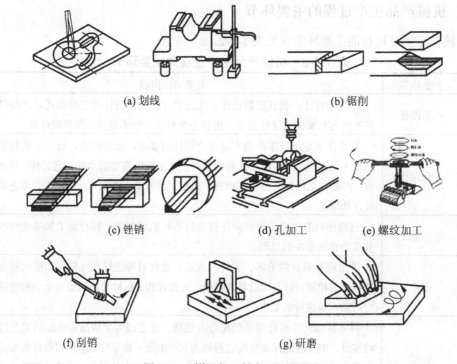

(a) 划线　　　　　　　　　　　　(b) 锯削

(c) 锉销　　　　(d) 孔加工　　　(e) 螺纹加工

(f) 刮销　　　　　　　　　　(g) 研磨

图 1-4-1　钳工加工的主要工艺内容

2. 车工

车工是一种应用最广泛、最典型的加工方法，是指操作车床(车床按结构及其功用可分为卧式车床、立式车床、数控车床以及特种车床等)对工件旋转表面进行切削加工的工种。

车削加工的主要工艺内容如图 1-4-2 所示。

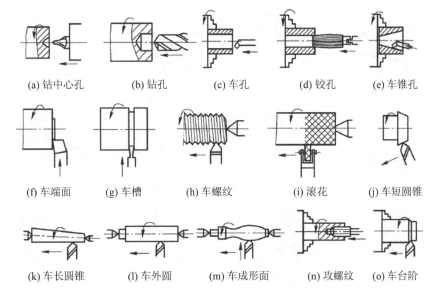

(a) 钻中心孔　　　(b) 钻孔　　　(c) 车孔　　　(d) 铰孔　　　(e) 车锥孔

(f) 车端面　　　(g) 车槽　　　(h) 车螺纹　　　(i) 滚花　　　(j) 车短圆锥

(k) 车长圆锥　　　(l) 车外圆　　　(m) 车成形面　　　(n) 攻螺纹　　　(o) 车台阶

图 1-4-2　车削加工的主要工艺内容

3. 铣工

铣工是指操作各种铣床设备(如普通卧式铣床、普通立式铣床、万能铣床、工具铣床、龙门铣床、数控铣床、特种铣床等)对工件进行铣削加工的工种。

铣削加工的主要工艺内容如图 1-4-3 所示。

(a) 铣平面　　　(b) 铣台阶　　　(c) 铣键槽　　　(d) 铣T形槽　　　(e) 铣燕尾槽

(f) 铣V形槽　　　(g) 铣螺旋槽　　　(h) 铣齿轮　　　(i) 铣螺纹　　　(j) 铣特形面

(k) 铣成形面　　　(l) 铣圆弧面　　　(m) 切断　　　(n) 刻线

图 1-4-3　铣削加工的主要工艺内容

4. 刨工

刨工是指操作各种刨床设备(如普通牛头刨床、液压刨床、龙门刨床和插床等),对工件进行刨削加工的工种。

刨削加工的主要工艺内容如图 1-4-4 所示。

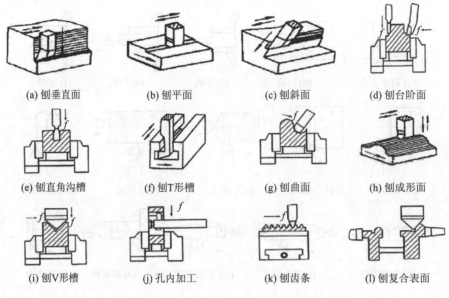

(a) 刨垂直面　　　　(b) 刨平面　　　　(c) 刨斜面　　　　(d) 刨台阶面

(e) 刨直角沟槽　　　(f) 刨T形槽　　　(g) 刨曲面　　　　(h) 刨成形面

(i) 刨V形槽　　　　(j) 孔内加工　　　(k) 刨齿条　　　　(l) 刨复合表面

图 1-4-4　刨削加工的主要工艺内容

5. 磨工

磨工是指操作各种磨床设备(如普通平面磨床、外圆磨床、内圆磨床、万能磨床、工具磨床、无心磨床以及数控磨床、特种磨床等),对工件进行磨削加工的工种。磨削加工的主要工艺内容如图 1-4-5 所示。

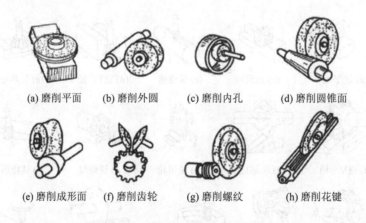

(a) 磨削平面　　　(b) 磨削外圆　　　(c) 磨削内孔　　　(d) 磨削圆锥面

(e) 磨削成形面　　(f) 磨削齿轮　　　(g) 磨削螺纹　　　(h) 磨削花键

图 1-4-5　磨削加工的主要工艺内容

除上述工种外,常见的冷加工工种还有钣金工、镗工、冲压工、组合机床操作工等。

1.4.2　热加工工种

1. 铸造工

铸造是将经过熔化的液态金属浇注到与零件形状、尺寸相适应的铸型中,冷却凝固后获得毛坯或零件的一种工艺方法。

图 1-4-6 所示是齿轮毛坯的砂型铸造示意图,砂型铸造在各种铸造方法中应用最广。

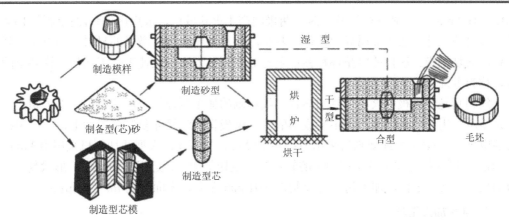

图 1-4-6　齿轮毛坯的砂型铸造示意图

2. 锻压工

锻压是借助于外力作用，使金属坯料产生塑性变形，从而获得所要求的形状、尺寸和力学性能的毛坯或零件的一种压力加工方法。常用的锻压方法有自由锻造、模样锻造、板料冲压等。

3. 焊接工

焊接是通过加热或加压(或两者并用)，并且用(或不用)填充材料，使焊件达到原子间结合的连接方法。图 1-4-7 所示是焊条电弧焊示意图。根据焊接的过程，焊接可分为熔化焊、压力焊、钎焊三类。

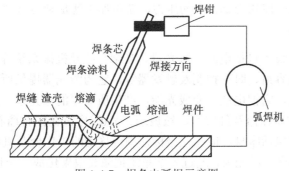

图 1-4-7　焊条电弧焊示意图

4. 热处理工

热处理工是指操作热处理设备，对金属材料进行热处理加工的工种。根据不同的热处理工艺，一般可将热处理分成整体热处理、表面热处理、化学热处理和其他热处理四类。

1.4.3　特种加工工种

1. 电火花加工与线切割加工工种

电火花加工是利用工具电极和工件电极间瞬时放电所产生的高温来熔蚀工件表面的材料，也称为放电加工或电蚀加工。电火花加工的工具和工件一般都浸在工作液中(常用煤油、机油等作工作液)，自动调节进给装置使工具与工件之间保持一定的放电间隙(约

0.01～0.02 mm)，当脉冲电压升高时，两极间产生火花放电，放电区的瞬时高温达 1000℃以上，这使工件表面的金属局部熔化，甚至汽化蒸发而被蚀除微量的材料，当电压下降，工作液恢复绝缘。这种放电循环每秒钟重复数千到数万次，致使工件表面形成许多小的凹坑，称为电蚀现象。

线切割是线电极电火花切割的简称。线切割的加工原理与一般的电火花加工相同，其区别是所使用的工具不同，它不靠成形的工具电极将形状尺寸复制到工件上，而是用移动着的电极丝(一般小型线切割机采用 0.08～0.12 mm 的钼丝，大型线切割机采用 0.3 mm 左右的钼丝)以数控的加工方法按预定的轨迹进行线切割加工，适用于切割加工形状复杂、精密的模具和其他零件，加工精度可控制在 0.01 mm 左右，表面结构 $Ra \leqslant 2.5\ \mu m$。

2. 电解加工工种

电解加工是利用金属在电解液中的"阳极溶解"将工件加工成形的。加工时，工件接直流电源(电压为 5～25 V，电流密度为 10～100 A/cm^2)的阳极，工具接电源的阴极，进给机构控制工具向工件缓慢进给，使两级之间保持较小的间隙(0.1～1 mm)，从电解液泵出来的电解液以一定的压力(0.5～2 MPa)和速度(5～50 m/s)从间隙中流过，这时阳极工件的金属被逐渐电解腐蚀，电解产物被高速流过的电解液带走。

3. 超声加工工种

超声加工也称为超声波加工。超声加工是利用工具端作超声频振动，通过磨料悬浮液加工使工件成形的一种方法。其超声波是指频率 f 在 16 000～20 000 Hz 的振动波。这种声波的特点是频率高、波长短、能量大，传播过程中反射、折射、共振、损耗等现象显著，它可使传播方向上的障碍物受到很大的压力，超声加工就是利用这种能量进行加工的。

4. 激光加工工种

激光加工的基本设备包括电源、激光器、光学系统及机械系统等四部分。电源系统包括电压控制、储能电容组、时间控制及触发器等，它为激光器提供所需的能量。激光器是激光加工的主要设备，它把电能转变成光能，产生所需要的激光束。激光加工目前广泛采用的是二氧化碳气体激光器及红宝石、钕玻璃、YAC(掺钕钇铝石榴石)等固体激光器光学系统。机械系统主要包括床身、能在三坐标范围内移动的工作台及机电控制系统等。

加工时，激光器产生激光束，通过光学系统把激光束聚焦成一个极小的光斑(直径仅有几微米到几十微米)，获得 $10^8 \sim 10^{10}$ W/cm^2 的能量密度以及 10 000℃以上的高温，从而能在千分之几秒甚至更短的时间内使材料熔化和汽化，以蚀除被加工表面，通过工作台与激光束间的相对运动来完成对工件的加工。

除上述工种外，特种加工工种还有电子束加工与离子束加工、水速流加工等工种。

1.4.4　其他工种

(1) 机械设备维修工：从事设备安装维护和修理的工种。

(2) 维修电工：从事工厂设备的电气系统安装、调试与维护、修理的工种。

(3) 电加工设备操作工：在上述介绍的特种加工工种中，操作电加工设备进行零件加工的工种。

1.5 机械制造工艺基础知识

在生产过程中，凡直接改变生产对象的尺寸、形状、性能(包括物理性能、化学性能、机械性能等)以及相对位置关系的过程，统称为工艺过程。工艺过程又可分为铸造、锻造、冲压、焊接、机械加工、装配等工艺过程，这里只介绍机械加工工艺过程的相关常识。

1.5.1 工艺过程的几个基本名词

表 1-5-1 和表 1-5-2 为不同产量阶梯轴的机加工工艺过程。

表 1-5-1 阶梯轴工艺过程(小批量生产)

工序号	工 序 内 容	设 备
1	车端面，钻中心孔	车床
2	车外圆，车槽和倒角	车床
3	铣键槽，去毛刺	铣床
4	粗磨外圆	磨床
5	热处理	高频淬火机
6	精磨外圆	磨床

表 1-5-2 阶梯轴工艺过程(大批量生产)

工序号	工 序 内 容	设 备
1	两边同时铣端面，钻中心孔	铣端面、钻中心孔机床
2	车一端外圆，车槽和倒角	车床
3	车另一端外圆，车槽和倒角	车床
4	铣键槽	铣床
5	去毛刺	钳台
6	粗磨外圆	磨床
7	热处理	高频淬火机
8	精磨外圆	磨床

1. 工序

一个(或一组)工人，在一台机床(或一个工作地点)，对一个(或同时对几个)工件所连续完成的那部分工艺过程称为工序。工序是组成工艺过程中的基本单元，也是制定生产计划和进行成本核算的基本单元。划分工序的主要依据是工作地点是否变动和工作是否连续。

2. 装夹

加工工件前，将工件在机床上或夹具中占有正确位置的过程称为定位。工件定位后将其固定，使其在加工过程中保持定位位置不变的操作称为夹紧。将工件在机床或夹具中定位、夹紧的过程称为装夹。

3．工位

在同一工序中，工件的工作位置可能只装夹一次，也可能要装夹几次。工件在加工中，应尽量减少装夹次数，以减少装夹误差和装夹工件所花费的时间。为了减少工件装夹次数，常采用各种回转工作台、回转夹具或移动夹具，使工件在一次装夹中，先后处于几个不同的位置进行加工。工件相对于机床或刀具每占据一个加工位置所完成的那部分工艺过程，称为工位。

4．工步

在被加工的表面、切削用量(指切削速度、背吃刀量和进给量)、切削刀具均保持不变的情况下所完成的那部分工序，称为工步。一般情况下，上述三个要素任意改变一个，就认为是不同工步了。

1.5.2　机械加工工艺规程

机械加工工艺规程是规定零件机械加工工艺过程和操作方法等的工艺文件之一。它是在具体的生产条件下，把较为合理的工艺过程和操作方法，按照规定的形式书写成工艺文件，经审批后用来指导生产。它一般包含的内容有工件加工的工艺路线，各工序加工的内容及所用的设备和工艺装备，工件的检验项目及检验方法，切削用量及工时定额等。

1．工艺规程的作用

(1) 工艺规程是指导生产的主要技术文件；

(2) 工艺规程是组织和管理生产的基本依据；

(3) 工艺规程是新建、扩建企业或车间的基本资料。

2．工艺规程的格式

将工艺规程的内容填入一定格式的卡片，即成为生产准备和施工的工艺文件。这些卡片通常包括：

(1) 机械加工工艺过程卡片；

(2) 机械加工工艺卡片；

(3) 机械加工工序卡片。

3．工艺规程的制定原则

(1) 所设计的工艺规程应能保证机器零件的加工质量(或机器的装配质量)，达到设计图纸所规定的各项技术要求；

(2) 应使工艺过程具有较高的生产率，使产品尽快投放市场；

(3) 设法降低制造成本；

(4) 注意减轻工人的劳动强度，保证生产安全。

4．工艺规程制定所需原始资料

(1) 产品装配图、零件图；

(2) 产品验收质量标准；

(3) 产品的年生产纲领；

(4) 毛坯材料与毛坯生产条件；

(5) 制造厂的生产条件，包括机床设备和工艺装备的规格、性能和现在的技术状态，工人的技术水平，工厂自制工艺装备的能力以及工厂供电、供气的能力等有关资料；

(6) 工艺规程设计、工艺装备设计所用设计手册和有关标准；

(7) 国内外先进制造技术的相关资料等。

5．机械加工工艺规程的制定步骤

(1) 分析零件图和产品装配图；

(2) 对零件图和装配图进行工艺审查；

(3) 由生产纲领研究零件生产类型；

(4) 确定毛坯；

(5) 拟定工艺路线；

(6) 确定各工序所用机床设备和工艺装备(含刀具、夹具、量具、辅具等)，对需要改装或重新设计的专用工艺装备要提出设计任务书；

(7) 确定各工序的加工余量，计算工序尺寸及公差；

(8) 确定各工序的技术要求及检验方法；

(9) 确定各工序的切削用量和工时定额；

(10) 编制工艺文件。

1.6　机械制造工厂的安全生产与节能环保常识

1.6.1　安全生产

安全生产就是指在生产经营活动中，为避免造成人员伤害和财产损失的事故而采取相应的事故预防和控制措施，以保证从业人员的人身安全，保证生产经营活动得以顺利进行的相关活动。

安全生产是安全与生产的统一，其宗旨是安全促进生产，生产必须安全。搞好安全工作，改善劳动条件，可以调动职工的生产积极性；减少职工伤亡，可以减少劳动力的损失；减少财产损失，可以增加企业效益，无疑会促进生产的发展；而生产必须安全，则是因为安全是生产的前提条件，没有安全就无法生产。

机械制造工厂的安全主要是指人身安全、设备安全和用电安全，防止生产中发生意外安全事故，消除各类事故隐患。工厂要利用各种方法与技术，使工作者确立"安全第一"的观念，使工厂设备的防护及工作者的个人防护得以改善。劳动者必须加强法制观念，认真贯彻上级有关安全生产、劳动保护政策、法令和规定，严格遵守安全技术操作规程和各项安全生产制度。

1．安全规章制度

在工厂中为防止事故的发生，应制定出各种安全规章制度，落实安全规章制度，强化安全防范措施。对新工人进行厂级、车间级、班组级三级安全教育。

1) 工人安全职责

① 参加安全活动，学习安全技术知识，严格遵守各项安全生产规章制度；

② 认真执行交接班制度，接班前必须认真检查本岗位的设备和安全设施是否齐全完好；

③ 精心操作，严格执行工艺规程，遵守纪律，记录清晰、真实、整洁；

④ 按时巡回检查、准确分析、判断和处理生产过程中的异常情况；

⑤ 认真维护保养设备，发现缺陷及时消除，并做好记录，保持作业场所清洁；

⑥ 正确使用、妥善保管各种劳动防护用品、器具和防护器材、消防器材；

⑦ 不违章作业、并劝阻或制止他人违章作业，对违章指挥有权拒绝执行的同时，及时向上级领导报告。

2) 车间管理安全规则

① 车间应保持整齐清洁；

② 车间内的通道、安全门进出应保持畅通；

③ 工具、材料等应分开存放，并按规定安置；

④ 车间内保持通风良好、光线充足；

⑤ 安全警示图标醒目到位，各类防护器具设放可靠，方便使用；

⑥ 进入车间的人员应佩带安全帽，穿好工作服等防护用品。

3) 设备操作安全规则

① 严禁为了操作方便而拆下机器的安全装置；

② 使用机器前应熟读其说明书，并按操作规则正确操作机器；

③ 未经许可或不太熟悉的设备，不得擅自操作使用；

④ 禁止多人同时操作 1 台设备，严禁用手摸机器运转着的部分；

⑤ 定时维护、保养设备；

⑥ 发现设备故障应作记录并请专人维修；

⑦ 如发生事故应立即停机，切断电源，及时报告并注意保持现场；

⑧ 严格执行安全操作规程，严禁违规作业。

2. "5S" 管理常识

生产管理是企业质量管理的前提和基础。所谓生产管理，就是企业对企业生产活动的管理，其基本任务是在生产活动中，根据经营目标、组织、控制等职能，将输入生产过程的人、财、物、信息等生产要素有机结合起来，经过生产转换过程，以尽可能少的投入生产出尽可能多的符合市场和消费需要的产品和服务，并取得最佳的经济效益。

生产管理的方式很多，但现代企业应用较多的是 5S 管理方式。5S 管理活动是指对生产现场各要素(主要指物的要素)所处的状态不断进行整理、整顿、清扫、清洁和提高素养的活动。5S 管理起源于日本，5S 就是整理、整顿、清扫、清洁和素养，这五个词语在日语中的罗马拼音第一个字母均以 S 开头，简称为 5S。

5S 的内涵参见表 1-6-1。5S 活动是一个按整理、整顿、清扫、清洁和素养的顺序依次进行、不断循环的过程，其核心是提高素养，每经过一轮循环，素养就得到一次提升，如此往复，使企业的素养得到不断的提高，形成团队精神和企业文化。

表 1-6-1　5S 的内涵

序号	名称	主 要 内 涵
1	整理	整理活动的核心内容是对生产现场的物品加以分类，区分要与不要的东西，在生产现场除了要用的东西以外一切都不放置。通过整理，可以改善和增加生产面积，减少由于物品乱放、好坏不分而造成的差错，使库存更合理，消除浪费，节约资金，保障安全生产，提高产品质量
2	整顿	整顿是将整理后需要的物品按规定定位、按规定方法摆放整齐，明确数量，明确标示，不浪费时间找东西。通过整顿，使物品摆放科学合理，以使寻找时间和工作量最少
3	清扫	清扫是清除生产现场内的脏污，并防止污染的发生，保持生产现场干净、明亮。清扫又称点检。企业员工在清扫时，可以发现许多不正常的地方，如发现机器漏油、螺钉松动等问题，进而及时排除故障
4	清洁	清洁是将整理、整顿和清扫以后的生产现场状态进行保持，并使这种做法制度化、规范化，维护其成果。要做到生产现场的环境整齐，无垃圾、无污染源；设备、工具和物品干净整齐；各类人员着装、仪表和仪容整洁，精神面貌积极向上
5	素养	素养是培养企业员工文明礼貌的习惯，按规定行事，养成良好的工作习惯、行为规范和高尚的道德品质。素养是一种作业习惯和行为规范，是 5S 活动的最终目标。5S 活动始于素养，终于素养

1.6.2　节能常识

能源是为人类的生产和生活提供各种能力和动力的物质资源，是国民经济的重要物质基础。能源的开发和有效利用程度以及人均消费量是生产技术和生活水平的重要标志。

1. 能源的种类

能源的种类参见表 1-6-2。

表 1-6-2　能源的种类

序号	能源的种类	相 关 说 明
1	一次能源	自然界中本来就有的各种形式的能源。按其来源的不同，划分为来自地球以外的、地球内部的、地球与其他物体相互作用的三类。水力发电虽是由水的落差转换而来的，一般均作为一次能源
	二次能源	由一次能源经过转化或加工制造而产生的能源，如电力、氢能、石油制品、煤制气、煤液化油、蒸汽和压缩空气等
2	再生能源	可以不断得到补充或能在较短周期内再产生的能源，如风能、水能、海洋能、潮汐能、太阳能和生物质能等
	非再生能源	不能得到补充或在较短周期内再产生的能源，如煤、石油和天然气等
3	常规能源	世界大量消耗的石油、天然气、煤和核能等称为常规能源
	新能源	太阳能、风能、地热能、海洋能、潮汐能和生物质能等，相对于常规能源而言，称为新能源
4	商品能源	凡进入能源市场作为商品销售的能源。如煤、石油、天然气和电等
	非商品能源	主要指薪柴和农作物残余秸秆等

2. 节能

节能的实质是采取技术上可行、经济上合理以及环境和社会可接受的措施，来更有效地利用能源资源。为了达到这一目的，需要从能源资源的开发到终端利用，更好地进行科学管理和技术改造，以达到高的能源利用效率，降低单位产品的能源消费。由于常规能源资源有限，而世界能源的总消费量则随着工农业生产的发展和人民生活水平的提高越来越大，世界各国十分重视节能技术的研究(特别是节约常规能源中的煤、石油和天然气，因为这些还是宝贵的化工原料，尤其是石油，它的世界储量相对很少)，千方百计地寻求代用能源，开发利用新能源。

1.6.3　环境保护常识

人类与环境的关系十分复杂，人类的生存和发展都依赖于对环境和资源的开发与利用，然而正是在人类开发利用环境和资源的过程中，产生了一系列的环境问题，种种环境损害行为归根结底是由于人们缺乏对环境的正确认识。

环境保护是指人类为解决现实的或潜在的环境问题，协调人类与环境的关系，保障经济社会的持续发展而采取的各种行动。其内容主要有：

1. 防治由生产和生活引起的环境污染

这类行动包括防治工业生产排放的"三废"(废水、废气、废渣)、粉尘、放射性物质以及产生的噪声、振动、恶臭和电磁微波辐射；交通运输活动产生的有害气体、废液、噪声，海上船舶运输排出的污染物；工农业生产和人民生活使用的有毒有害化学品，城镇生活排放的烟尘、污水和垃圾等造成的污染。

2. 防止由建设和开发活动引起的环境破坏

这方面的措施包括防止由大型水利工程、铁路、公路干线、大型港口码头、机场和大型工业项目等工程建设对环境造成的污染和破坏，农垦和围湖造田活动、海上油田、海岸带和沼泽地的开发、森林和矿产资源的开发对环境的破坏和影响；新工业区、新城镇的设置和建设等对环境的破坏、污染和影响。

3. 加强环境保护与教育

企业文明生产与环境管理、保护的主要措施有：

(1) 严格劳动纪律和工艺纪律，遵守操作规程和安全规程；

(2) 做好厂区和企业生产现场的绿化、美化、净化，严格做好"三废"(废水、废气、废渣)处理工作，消除污染源；

(3) 保持厂区和生产现场的清洁、卫生；

(4) 合理布置工作场地，物品摆放整齐，便于生产操作；

(5) 机器设备、工具仪器、仪表等运转正常，保养良好，工位器具齐备；

(6) 坚持安全生产，安全设施齐备，建立健全的管理制度，消除事故隐患；

(7) 保持良好的生产秩序；

(8) 加强教育，坚持科学发展和可持续发展的生产管理观念。

学 后 评 量

1. 制造业是什么样的行业？它的主要任务有哪些？

2. 什么是机械制造？

3. 产品的生产流程包括哪些环节？

4. 机械制造的生产方式有哪几类？各种生产方式的产品种类与数量有什么对应关系？

5. 简述机械制造系统的结构。

6. 简述机械制造工业的发展趋势。

7. 解释以下名词：机械、机器、机构、构件、零件。

8. 简述我国机械加工的发展过程。

9. 机械产品生产的基本过程有哪些？

10. 机械产品的生产过程包含哪些主要环节？

11. 简要说明常用冷加工工种的概念及主要工艺内容。

12. 说明常用热加工工种的概念。

13. 什么是热处理？热处理有哪些常用类型？

14. 简要说明常用特种加工方法的概念。

15. 解释以下名词：工序、装夹、工位、工步。

16. 什么是机械加工工艺规程？它有哪些作用？其制定原则和制定所需资料有哪些？

17. 根据哪些步骤可正确制定机械加工工艺规程？

18. 安全生产的内涵是什么？如何开展安全文明生产？

19. 简述"5S"管理的内涵。

20. 简述能源的种类？日常生活生产中如何节能？

21. 环境保护的主要措施有哪些？

第2章 机械工程材料

【学习目标】

(1) 掌握常用碳钢的牌号、性能和应用。

(2) 了解合金钢的分类、牌号、性能及应用。

(3) 了解铸铁的分类、牌号、性能和应用。

(4) 了解工程塑料和复合材料的特性、分类及应用。

(5) 熟悉金属材料的机械性能，了解金属材料的工艺性能。

(6) 熟悉钢的热处理方法及应用场合；学会分析和选择简单的热处理工艺。

(7) 了解新材料的相关知识及发展趋势展望。

【知识链接】

2.1　常见工程材料概述

机械工程材料是用于制造各类机械零件、构件的材料和在机械制造过程中所应用的工艺材料。

人类在同自然界的斗争中，不断改进用以制造工具的材料。最早是用天然的石头和木材制作工具，以后逐步发现和使用金属。中国使用金属材料的历史悠久，在两千多年前的《考工记》中就有"金之六齐"的记载，这是关于青铜合金成分配比规律最早的阐述。

人类虽早在公元前已了解金、银、铜、汞、锡、铁、铅等多种金属，但由于采矿和冶炼技术的限制，在相当长的历史时期内，很多器械仍用木材制造或采用铁木混合结构。直到 1856 年，英国人 H．贝塞麦发明转炉炼钢法，1856—1864 年英国人 K.W．西门子和法国人马丁发明平炉炼钢以后，大规模炼钢工业兴起，钢铁才成为最主要的机械工程材料。到 20 世纪 30 年代，铝、镁等轻金属逐步得到应用。第二次世界大战后，科学技术的进步促进了新型材料的发展，球墨铸铁、合金铸铁、合金钢、耐热钢、不锈钢、镍合金、钛合金和硬质合金等相继形成系列并扩大应用，同时，石油化学工业的发展促进了合成材料的兴起，工程塑料、合成橡胶和胶黏剂等在机械工程材料中的比例逐步提高。另外，宝石、玻璃和特种陶瓷材料等也逐步扩大其在机械工程中的应用。

2.1.1　钢铁材料

金属材料分为黑色金属材料和有色金属材料两大类。黑色金属材料即钢铁材料，是以铁碳为主要成分的合金；有色金属材料是指钢铁材料以外的金属材料，如铝及铝合金、铜及铜合金等。

1. 碳素钢

碳素钢是化学成分以含铁和碳为主(碳质量分数大于 0.03%，小于 2.11%)，并含有少量的硅、锰、硫、磷等杂质元素的铁碳合金，简称碳钢。其中硅、锰是有益元素，对钢有一定的强化作用；硫、磷是有害元素，分别加大钢的热脆性和冷脆性。碳素钢的分类见表 2-1-1。

表 2-1-1　碳素钢的分类

序号	碳素钢的分类方法	碳素钢的类型	牌号(应用)举例
1	按碳的质量分数分	低碳钢：$\omega_c \leqslant 0.25\%$	10、15、Q235-A
		中碳钢：$\omega_c = 0.25\% \sim 0.6\%$	35、45、Q275
		高碳钢：$\omega_c \geqslant 0.6\%$	70、75、T8、T10A
2	按质量分	普通碳素钢：$\omega_s \leqslant 0.050\%$，$\omega_p \leqslant 0.045\%$	Q195、Q235-A
		优质碳素钢：$\omega_s \leqslant 0.025\%$，$\omega_p \leqslant 0.035\%$	15、45、T8
		高级优质碳素钢：$\omega_s \leqslant 0.020\%$，$\omega_p \leqslant 0.030\%$	T10A
3	按用途分	碳素结构钢	用于制造机械零件和各种工程构件，属于低碳钢和中碳钢
		碳素工具钢	用于制造各种刃具、模具、量具，属于高碳钢

常用碳素钢的种类、牌号、性能和用途如表 2-1-2 所示。

表 2-1-2　常用碳素钢的种类、牌号、性能和用途

种类	普通碳素结构钢	优质碳素结构钢	碳素工具钢	铸造碳钢
牌号	Q195、Q215-A、Q235-C、Q225-B、Q235A-F	08F、15、20、35、45、60、45Mn、65Mn	T7、T8、T10、T10A、T12、T13	ZG200-400、ZG270-500、ZG340-640
性能	杂质和非金属夹杂物较多，冶炼容易，工艺性好	硫、磷及非金属夹杂物较少，经过热处理后可获得较好的热学性能	经淬火、低温回火后硬度比较高，耐磨性好，但塑性低	力学性能高。强度越高，碳的质量分数越高(一般为 0.2%~0.6%)

种类	普通碳素结构钢	优质碳素结构钢	碳素工具钢	铸造碳钢
牌号含义	"Q"表示屈服点；数值表示最小屈服值；"A"表示质量等级，分A、B、C、D四级，依次提高；"F"表示沸腾钢	两位数字表示钢中碳的平均质量分数的万分之几；锰的质量分数在0.7%~1.2%时加Mn表示。强度、塑性、韧性均比碳素结构钢好	"T"表示碳素工具钢；其后的数字表示碳的质量分数的千分之几；"A"表示高级优质	"ZG"表示铸钢；前3位数字表示最小屈服强度值，后3位数字表示最小抗拉强度值
用途举例	用于制造建筑结构件和一些受力不大的机械零件，如螺栓、小轴、销子、键、连杆、法兰盘、锻件坯料等	用于制造重要的机械零件，如冲压件、焊接件、轴、齿轮、活塞销、套筒、蜗杆、弹簧等	用于制造刀具、模具和量具，如冲头、锉刀、板牙、丝锥、钻头、镗刀、量规、圆锯片等	用于制造形状复杂、力学性能要求高的机械零件。如机座、箱体、连杆、齿轮等

2. 合金钢

为了改善和提高碳钢的性能，在碳钢的基础上有目的地加入一定量的其他合金元素的钢称为合金钢。常用的合金元素有硅、锰、镍、铬、铜、钒、钛、稀土元素等，把它们加入到钢中，可提高钢的力学性能，改善钢的热处理性能，或者使钢具有耐腐蚀、耐热、耐磨、高磁性等特殊性能。合金钢的分类如表2-1-3所示。

表2-1-3　合金钢的分类

序号	合金钢的分类方法	合金钢的类型
1	按合金元素质量分数的多少分	低合金钢：含合金元素总量≤5%
		中合金钢：含合金元素总量为5%~10%
		高合金钢：含合金元素总量≥10%
2	按合金钢质量分	普通低合金结构钢：ω_s≤0.050%，ω_p≤0.045%(如低合金高强度结构钢)
		优质合金钢：ω_s≤0.035%，ω_p≤0.035%(如低、中合金结构钢)
		高级优质合金钢：ω_s≤0.030%，ω_p≤0.030%(如滚动轴承钢、高合金钢、合金工具钢)
3	按合金钢的用途分	合金结构钢：含低合金高强度结构钢和低、中合金结构钢(如渗碳钢、调质钢、弹簧钢、滚动轴承钢)
		合金工具钢：含刃具钢、量具钢、模具钢
		特殊性能钢：含不锈钢、耐热钢、耐酸钢、耐磨钢等

常用合金钢的种类、牌号性能和用途如表2-1-4所示。

表 2-1-4 常用合金钢的种类、牌号性能和用途

种类名称	合金结构钢					合金工具钢			特殊性能钢		
	低合金高强度结构钢	渗碳钢	调质钢	弹簧钢	滚动轴承钢	合金刃具钢	合金模具钢	合金量具钢	不锈钢	耐热钢	耐磨钢
牌号举例	Q295、Q345、Q390-A	20Cr、20CrMnTi	40Cr、40MnB	60Si2Mn、50CrVA	GCr9、GCr15SiMn	9SiCr、CrWMn、W18Cr4V	Cr12、Cr12MoV、5CrNiMo、5CrMnMo	GCr15、CrMn	1Cr13、2Cr13、3Cr13、0Cr19Ni9	4Cr9Si2、1Cr13SiAl、15CrMo	ZGMn13
性能	加入的合金元素少于3%，强度高，有良好的塑性、韧性、耐蚀性和焊接性	合金含量少于3%，有足够的塑性和韧性	有良好的综合力学性能	有高的弹性、抗疲劳强度、冲击韧性	有高硬度、高耐磨性、高接触疲劳强度	高硬度、高耐磨性、高热硬性和足够的强度与韧性	冷作模具钢有高的硬度、耐磨性、抗疲劳性和一定的韧性；热作模具钢有高的热强度、热硬性、高温耐磨性、抗氧化性和抗热疲劳性	高硬度、高耐磨性、良好的尺寸稳定性	① 含碳量较低的Cr13钢，塑性和韧性很好，且具有良好的抗大气、海水等介质腐蚀的能力 ② 高碳铬不锈钢经淬火、低温回火后，表得得高硬度 ③ 铬镍不锈钢，经热处理后，无磁性，其耐蚀性、塑性和韧性均较Cr13型不锈钢均好	在高温下具有高的抗氧化性能和较高强度	具有良好的韧性和耐磨性

续表

种类名称	低合金高强度结构钢	合金结构钢				合金工具钢			特殊性能钢		
		渗碳钢	调质钢	弹簧钢	滚动轴承钢	合金刀具钢	合金模具钢	合金量具钢	不锈钢	耐热钢	耐磨钢
用途	用于制造各种工程结构，如车辆、桥梁、锅炉、高压容器等	汽车变速箱齿轮	用于受力复杂的零件，如齿轮、轴类零件、连杆	各种弹簧和弹性元件	滚动轴承的滚动体及内外套圈等	用于制造各种金属切削刀具，如丝锥、板牙、高速切削刀具	冷作模具钢用于制作冷冲模、冷挤压模，热作模具钢用于制作热锻模、热挤压模	用于制造各种量具，如游标卡尺、量规、样板等	① 低碳铬不锈钢适用于在腐蚀条件下工作，受冲击载荷的零件，如汽轮机叶片、水压机阀门等　② 高碳铬不锈钢适用于制造弹簧、轴承、医疗器械及在弱腐蚀条件下工作且要求高强度的零件　③ 铬镍不锈钢主要用于制造在强腐蚀介质(硝酸、磷酸)中工作的零件，如吸收塔、储槽、管道及容器等	① 抗氧化钢主要用于制造在高温下工作但长期工作强度要求不高的零件，如各种加热炉底板、渗碳处理用的渗碳箱等　② 可以制造在300℃~500℃条件下长期工作的零件，也可以制造在600℃以下工作的零件，如汽轮机叶片、大型发动机排气阀等	主要用于制造承受严重摩擦和强烈冲击的零件，如车辆履带、破碎机鄂板、挖掘机铲斗等
牌号含义	"Q"表示屈服点，数值表示最小屈服；"A"表示质量等级，分A、B、C、D、E五级，质量依次提高	前面的数字表示钢中碳的平均质量分数的万分之几，元素符号及其后数字表示该元素平均质量分数的百分之几，介于1.5%~2.49%、2.5%~3.49%……时，相应地标以2%、3%，"A"表示高级优质，相应地在滚动轴承钢前加"G"，滚动轴承钢都用千分之几表示				首位数字表示钢中碳的平均质量分数的千分之几，≥1%时不标出；元素符号及其后数字表示方法与合金结构钢相同；高速钢质量分数不标出，其他与合金结构钢相同；合金工具钢都是高级优质钢，故不标"A"			表示方法与合金工具钢相同。当含碳量为0.03%~0.10%时，含碳量以0表示；含碳量小于0.03%时，用00表示；专用钢牌号的表示方法与钢种类相关，有特殊的命名方法，详见国家标准		

3. 铸铁

碳质量分数大于 2.11%、小于 6.69%(通常为 2.8%~3.5%)的铁碳合金，称为铸铁。此外，铸铁中还含有硅、锰等合金元素及硫、磷等杂质。铸铁的抗拉强度低，塑性和韧性差，但铸铁具有优良的耐磨性、减震性、铸造性能和切削加工性，而且生产方法简单，成本低廉，因此大量用于机器设备制造中，通常占机械设备总质量的 30%~80%。

铸铁中的碳以化合物渗碳体(Fe_3C)和石墨(C)两种形式存在。根据碳在铸铁中存在形式的不同，铸铁的分类见表 2-1-5。

表 2-1-5　铸铁的分类

序号	铸铁的类型	碳的存在形式	性能特点及应用场合
1	白口铸铁	多数碳以 Fe_3C 形式存在	断口呈银白色，性能硬而脆，不易加工。目前主要用作炼钢原料和生产可锻铸铁的毛坯
2	灰口铸铁	多数碳以石墨形式存在	断口呈暗灰色，是目前在工业上应用最广泛的一类铸铁
3	麻口铸铁	碳以 Fe_3C 和石墨形式同时存在	断口中呈黑白相间的麻点，这类铸铁也具有较大硬脆性，故工业上很少应用

工业上普遍使用的铸铁是灰口铸铁。灰口铸铁按石墨的形态分类见表 2-1-6。

表 2-1-6　灰口铸铁的类型

序号	类型	石墨形状	性能特点	应 用 场 合
1	灰铸铁	片状	铸造性能和切削加工性能很好	是工业上应用最广泛的铸铁；常用来制造各种承受压力和要求消震性好的床身、箱体及经受摩擦的导轨、缸体等
2	可锻铸铁	团絮状	与灰铸铁相比，强度较高，并有一定的塑性和韧性，但不能锻造	主要适用于制造形状复杂，工作中承受冲击、振动、扭转载荷的薄壁零件，如汽车、拖拉机后桥壳、转向器壳和管子接头等
3	球墨铸铁	球状	强度比灰铸铁高得多，并且具有一定的塑性和韧性(优于可锻铸铁)，某些性能与中碳钢相近	主要用于制造受力复杂、承受载荷大的零件，如曲轴、连杆、凸轮轴、齿轮等
4	蠕墨铸铁	蠕虫状	力学性能介于灰铸铁与球墨铸铁之间	用于制造经受热循环、组织致密、强度较高、形状复杂的零件，如汽缸套、进排气管、钢锭模等

铸铁种类较多，除上面几种外，还有耐热铸铁、耐蚀铸铁、耐磨铸铁、孕育铸铁、冷硬铸铁等。常用铸铁的种类、牌号和用途见表2-1-7。

表2-1-7　常用铸铁的种类、牌号和用途

种类	灰铸铁	可锻铸铁	蠕墨铸铁	球墨铸铁	耐热铸铁
常用牌号	HT150、HT200、HT350	KTH330-08、KTB350-04、KTZ650-02	RuT300、RuT340、RuT380	QT400-18、QT600-3、QT900-2	RTCr16、RTSi5
牌号意义	"HT"表示灰铸铁，数字表示最小抗拉强度值	"KTH"表示黑心可锻铸铁，"KTB"表示白心可锻铸铁，"KTZ"表示珠光体可锻铸铁，前面数字表示最小抗拉强度值，后面数字表示最小伸长率	"RuT"表示蠕墨铸铁，数字表示最小抗拉强度值	"QT"表示球墨铸铁，前面数字表示最小抗拉强度值，后面数字表示最小伸长率	"RT"表示耐热铸铁，化学符号表示合金元素，数字表示合金元素质量分数的百分之几
用途举例	底座、床身、泵体、汽缸体、阀体、凸轮等	扳手、犁刀、船用电机壳、传动链条、阀门、管接头等	齿轮箱、汽缸盖、活塞环、排气管等	扳手、犁刀、曲轴、连杆、机床主轴等	化工机械零件、炉底、坩埚、换热器等

2.1.2　有色金属

1．纯铝

纯铝的熔点为660℃，密度为2.72 g/cm^3(是铜的1/3)；导电、导热性好，仅次于银和钢；纯铝在大气中有良好的耐蚀性。它的塑性好，强度低；其牌号用1×××系列表示，牌号的最后两位数字表示最低铝百分含量。当最低铝百分含量精确到0.01%时，牌号的最后两位数字就是最低铝百分含量中小数点后面的两位。牌号第二位字母表示原始纯铝的改型情况。如果第二位字母为A，则表示为原始纯铝；如果是B～Y的其他字母，则表示原始纯铝的改型，与原始纯铝相比，其元素含量略有改变。牌号举例：1A99，表示铝含量为99%的原始纯铝。

2．铝合金

铝合金按加工方法可分为变形铝合金和铸造铝合金。

变形铝合金塑性好，适于压力加工，并可通过热处理来强化(其中防锈铝合金除外)。其牌号采用国际四位数字体系牌号。四位字符体系牌号的第一、三、四位为阿拉伯数字，第二位为英文大写字母(C、I、L、N、O、P、Q、Z字母除外)。牌号的第一位数字表示铝及铝合金的组别(1—纯铝(铝含量不小于99.00%)；2—以铜为主要合金元素的铝合金；3—以锰为主要合金元素的铝合金；4—以硅为主要合金元素的铝合金；5—以镁为主要合金元素的铝合金；6—以镁和硅为主要合金元素并以 Mg_2Si 相为强化相的铝合金；7—以锌为主要合金元素的铝合金；8—以其他合金为主要合金元素的铝合金；9—备用合金组）。除改型合金外，铝合金组别按主要合金元素来确定。牌号的第二位字母表示原始纯铝或铝合金的改型情况，最后两位数字用以标识同一组中不同的铝合金或表示铝的纯度。牌号举例：6063，表示主要合金元素为镁与硅的变形铝合金。常用变形铝合金的用途参见表 2-1-8。

表 2-1-8 常用变形铝合金的用途

类别	牌号	用 途
防锈铝合金	5A02	适用于在液体中工作的中等强度的焊接件、冷冲压件和容器、骨架零件等
	3A21	适用于要求高的可塑性和良好的焊接性、在液体或气体介质中工作的低载荷零件
硬铝合金	2A11	适用于要求中等强度的零件和构件、冲压的连接部件、空气螺旋桨叶片、局部镦粗的零件
	2A12	用量最大、适用于要求高载荷的零件和构件
	2B11	主要用做铆钉材料
超硬铝合金	7A03	适用于受力结构的铆钉
	7A04 7A09	适用于飞机大梁等承力构件和高载荷零件
锻铝合金	2A50	适用于形状复杂和中等强度的锻件和冲压件

铸造铝合金主要有 4 个系列，即 Al-Si 系、Al-Cu 系、Al-Mg 系和 Al-Zn 系；它们在性能上各有特点，例如 Al-Si 系铝合金，铸造性能最好，应用最广泛，常用来制造发动机汽缸体、活塞与电钻外壳等。铸造铝合金可以用牌号表示，也可以用代号表示，例如牌号 ZAlSi12，表示硅质量分数为 12% 的 Al-Si 系铸造铝合金；它也可用代号 ZL102 来表示，其中"ZL"是"铸铝"的汉语拼音首字母，"1"为 Al-Si 系(Al-Cu 系用 2，Al-Mg 系用 3，Al-Zn 系用 4)。"02"为系中的顺序号。

3. 纯铜

纯铜又称紫铜，密度为 $8.0\ \text{g/cm}^3$，熔点为 1083℃，具有良好的导电性、导热性、耐蚀性、塑性，容易进行冷、热加工，但其强度低，价格高。

常用的工业纯铜牌号有 T1、T2、T3，"T"为"铜"的汉语拼音首字母，后面数字为顺序号，数字越大，纯度越低。

4. 铜合金

铜合金按加工方法可分为加工铜合金和铸造铜合金。其中黄铜和青铜应用最广泛。常用铜合金的类型见表 2-1-9。

表 2-1-9　铜合金的类型

序号	类型		组成元素	牌号
1	黄铜(以锌为主要合金元素的铜基合金)	普通黄铜	Cu、Zn	如 H62,"H"为"黄铜"的汉语拼音首字母，数字为铜质量分数的百分数
		铸造黄铜		ZCuZn38,"Z"为"铸造"的汉语拼音字首，字母和数字为元素符号及质量分数的百分数
		特殊黄铜	Cu、Zn 、Sn、Pb、Al、Si、Mn	加工铅黄铜 HPb59-1 铸造铅黄铜 ZCuZn33Pb2
2	青铜(锌以外的其他元素为主的铜基合金)	锡青铜	Cu、Sn	如加工锡青铜 QSn4-3、加工铝青铜 QAl7、铸造锡青铜 ZCuSn10Pb5,其中,"Q"为"青铜"的汉语拼音首字母
		铝青铜	Cu、Al	
		铅青铜	Cu、Pb	
		硅青铜	Cu、Si	
		铍青铜	Cu、Be	
3	白铜(以镍为主要合金元素的铜基合金)	普通白铜	Cu、Ni	如 B19,"B"为"白铜"的汉语拼音首字母，数字为镍质量分数的百分数
		特殊白铜	Cu、Ni、Fe、Mn、Zn	如锰白铜 BMn3-12

2.1.3　非金属材料

非金属材料指除金属材料以外的其他一切材料。这类材料发展迅速，种类繁多，已在工业领域中广泛应用。非金属材料主要包括有机高分子材料(如塑料、合成橡胶、合成纤维、胶黏剂、涂料及液晶等)和陶瓷材料(如陶瓷、玻璃、水泥、耐火材料及各类新型陶瓷材料等)，其中工程塑料和工程陶瓷的应用在工程结构中占有重要的地位。

随着科学技术的迅速发展，在传统金属材料与非金属材料仍大量应用的同时，各种适应高科技发展的新型材料不断涌现，为新技术取得突破创造了条件。所谓新型材料，是指那些新发展或正在发展中的、采用高新技术制取的、具有优异性能和特殊性能的材料。新型材料是相对于传统材料而言的，二者之间并没有截然的分界。新型材料的发展往往以传统材料为基础，传统材料进一步发展也可以成为新型材料。材料，尤其是新型材料，是 21 世纪知识经济时代的重要基础和支柱之一，它将对经济、科技、国防等领域的发展起到至关重要的推动作用，对机械制造业更是如此。

1. 高分子材料

根据其性质及用途，有机高分子材料主要有工程塑料、橡胶及胶黏剂等。

(1) 塑料。塑料是应用最广泛的有机高分子材料，也是最主要的工程结构材料之一。塑料的主要成分是合成树脂，此外还包括填料或增强材料、增塑剂、固化剂、润滑剂、稳定剂、着色剂、阻燃剂等。它是将各种单体通过聚合反应合成的高聚物。树脂在一定的温度、压力下可软化并塑造成形，它决定了塑料的基本属性，并起到黏结剂的作用。其他添料是为了弥补或改进塑料的某些性能。例如，填料木粉、碎布、纤维等主要起增强和改善性能的作用，其用量可达 20%～50%。塑料的优点：密度小，质轻；比强度高；耐腐蚀性好；电绝缘性能优异；耐磨和减磨性好；成形性良好。塑料的不足之处是强度、硬度较低，耐热性差，易老化、易蠕变等。

(2) 橡胶。橡胶是在室温下处于高弹性的高分子材料，其最大的特性是高弹性，其弹性模量很低，只有 1～10 MPa，弹性变形量很大，可达 100%～1000%；具有优良的伸缩性和积储能量的能力。此外，还有良好的耐磨性、隔音性、阻尼性和绝缘性。橡胶制品是以生胶为基础加入适量的配合剂制成的。橡胶在工业上应用相当广泛，可用于制作轮胎、动静态密封件(如旋转轴、管道接口密封件)、减震防震件(如机座减震垫片、汽车底盘橡胶弹簧)、传动件(如 V 带、传动滚子)、运输胶带、管道、电线、电缆、电工绝缘材料和制动件等。

2. 陶瓷材料

陶瓷是由金属和非金属元素组成的无机化合物材料，其性能硬而脆，比金属材料和工程塑料更能抵抗高温环境的作用，已成为现代工程材料的三大支柱之一。陶瓷是经原料粉碎、压制成形、高温烧结而成的。

常用工程陶瓷的种类、性能和用途见表 2-1-10。

表 2-1-10　常用工程陶瓷的种类、性能和用途

序号	类　型	性　　　能	用　　途
1	普通陶瓷	质地坚硬、不氧化、耐腐蚀、不导电、成本低、强度较低，使用温度不能过高	广泛应用于电气、化工、建筑等行业
2	氧化铝陶瓷	耐高温性能好、耐蚀性强，硬度高、耐磨性好，但脆性大，不能承受冲击载荷，也不适于温度急剧变化的场合	用于制造熔化金属的坩埚、高温热电耦套管、刀具与模具等
3	氮化硅陶瓷	室温强度不高，高温强度较高，高温蠕变小，抗热展性良好，化学性质特别稳定，有较高硬度，仅次于金刚石、立方氮化硼、碳化硼等，耐磨，具有自润滑性，加工性能优良，但脆性较大	用途广泛，可作为机械密封材料，可以用较低的成本生产各种尺寸精确的部件，尤其是形状复杂的部件
4	碳化硅陶瓷	高温强度高，有很好的耐磨损、耐腐蚀、抗蠕变性能，热传导能力很强	可用于制作火箭尾喷管的喷嘴、炉管、高温轴承与高温热交换器等
5	氮化硼陶瓷	有良好的耐热性、热稳定性、导热性和高温介电强度	是理想的散热材料、高温绝缘材料；立方氮化硼陶瓷是超硬工模具材料

3. 复合材料

由两种或两种以上物理、化学性质不同的物质，经人工合成的材料称为复合材料。它不仅具有各组成材料的优点，而且还可获得单一材料无法具备的优越的综合性能。

日常所见的人工复合材料很多，如钢筋混凝土就是用钢筋与石子、沙子、水泥等制成的复合材料；轮胎是由人造纤维与橡胶复合而成的材料。

复合材料具有比强度和比模量高，抗疲劳强度较高，减震性好，较高的耐热性和断裂安全性，良好的自润滑和耐磨性等特性；但它也有缺点，如断裂伸长率较小，抗冲击性较差，横向强度较低，成本较高等。

常用复合材料有纤维增强复合材料、层叠复合材料、颗粒复合材料等。

2.2　金属材料的主要性能

金属材料的性能包含使用性能和工艺性能两个方面。使用性能是指金属材料在使用条件下所表现出来的性能，它包括物理性能(如密度、熔点、导热性、导电性、热膨胀性、磁性等)、化学性能(如耐腐蚀性、抗氧化性、化学稳定性等)、力学性能等。工艺性能是指在制造机械零件的过程中，材料适应各种冷、热加工和热处理的性能，包括铸造性能、锻造性能、焊接性能、冲压性能、切削加工性能和热处理工艺性能等。

2.2.1　金属材料的力学性能

力学性能是指金属材料在力作用下显示出来的性能，包括强度、塑性、硬度、冲击韧度及疲劳强度等，它反映了金属材料在各种外力作用下抵抗变形或破坏的某些能力，是选用金属材料的重要依据。而且金属材料的力学性能与各种加工工艺也有着密切的关系。

力学性能可通过国家标准试验测定。通过拉伸试验可测定的金属材料的力学性能参数如下：

1. 强度

金属材料在外载荷的作用下抵抗变形和破坏的能力称为强度。金属材料的强度指标有屈服强度和抗拉强度。屈服强度是指金属材料呈现屈服现象时，在试验期间达到发生塑性变形而力不增加的应力点的应力。屈服强度分为上屈服强度 R_{eH} 和下屈服强度 R_{eL}。上屈服强度是指试样发生屈服而力首次下降前的最大应力；下屈服强度是指在屈服期间，不计初始瞬时效应时的最小应力。当金属材料在拉伸试验过程中没有明显屈服现象时，应通过测定规定塑性延伸强度 R_p 或规定残余延伸强度 R_r。材料在拉断前所能承受的最大载荷与原始截面积之比(即承受的最大应力)称为抗拉强度，用符号 R_m 表示，如图 2-2-1 所示。

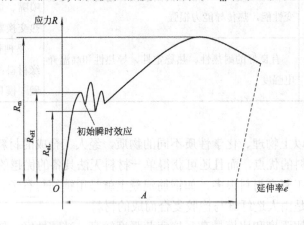

图 2-2-1　低碳钢拉伸的应力-延伸率曲线

2. 塑性

断裂前金属材料产生永久变形的能力称为塑性。塑性指标也是由拉伸试验测得的，常用断后伸长率和断面收缩率来表示。

试样拉断后，标距的残余伸长与原始标距之比的百分率称为断后伸长率，用符号 A 表示。必须说明，同一材料的试样长短不同，测得的断后伸长率是不同的。

试样拉断后，缩颈处横截面积的缩减量与原始横截面积之比的百分率称为断面收缩率，用符号 Z 表示。

金属材料的断后伸长率(A)和断面收缩率(Z)数值越大，表示材料的塑性越好。塑性好的金属可以发生大量塑性变形而不破坏，易于通过塑性变形加工成形状复杂的零件。例如，工业纯铁的 A 可达 50%，Z 可达 80%，可以拉制细丝，轧制薄板等。铸铁的 A 几乎为零，所以不能进行塑性变形加工。塑性好的材料，在受力过大时，首先产生塑性变形而不致发生突然断裂，因此比较安全。

3. 硬度

材料抵抗局部变形特别是塑性变形、压痕或划痕的能力称为硬度。硬度是衡量金属材料软硬程度的指标，它不是一个单纯的物理或力学量，而是代表弹性、塑性、塑性变形强化率、强度和韧性等一系列不同物理量的综合性能指标。

硬度测试的方法很多，最常用的有布氏硬度试验法和洛氏硬度试验法。硬度常用测试方法的测量原理、特点、应用及表达方法见表 2-2-1。

4. 冲击韧性

金属材料的强度、塑性和硬度等力学性能是在静载荷作用下测得的。而许多机械零件在工作中，往往要受到冲击载荷的作用，如活塞销、锤杆、冲模和锻模等。制造这类零件所用的材料，其性能指标不能单纯用静载荷作用下的指标来衡量，而必须考虑材料抵抗冲击载荷的能力，即冲击韧性。韧性是指金属在断裂前吸收变形能量的能力。目前，夏比冲击试验是一种常用的评定金属材料韧性指标的动态试验方法。用 K 表示冲击吸收功，用字母 V 和 U 表示缺口几何形状，用下标数字 2 或 8 表示摆锤刀刃半径，如 KU_8 表示 U 形缺口试样在 8 mm 摆锤刀刃下的冲击吸收能量。

5. 疲劳强度(R_{-1})

许多机械零件，如轴、齿轮、轴承、叶片、弹簧等，在工作过程中各点的应力随时间作周期性的变化，这种随时间作周期性变化的应力称为交变应力(也称循环应力)。在交变应力作用下，虽然零件所承受的应力低于材料的屈服点，但经过较长时间的工作后产生裂纹或突然发生完全断裂的现象称为金属的疲劳，疲劳破坏是机械零件失效的主要原因之一。据统计，在机械零件失效中大约有 80% 以上属于"疲劳破坏"，而且疲劳破坏前没有明显的变形，所以疲劳破坏经常造成重大事故。

机械零件产生疲劳断裂的原因是由于材料表面或内部有缺陷(夹杂、划痕、显微裂纹等)，这些部位在交变应力反复作用下产生了微裂纹，致使其局部应力大于屈服点，从而产生局部塑性变形而导致开裂，并随着应力循环次数的增加，裂纹不断扩展使零件实际承受载荷的面积不断减少，直至减少到不能承受外加载荷的作用时产生突然断裂。

表 2-2-1　常用硬度测试方法的测量原理、特点、应用及表达方法

序号	测试方法	测量原理	特点	应用范围	表达方法示例
1	布氏硬度试验法	使用一定直径的硬质合金球，施加规定试验力 F 压入试样表面，经规定保持时间后卸除试验力。然后测量表面压痕直径，压痕表面积、作用载荷，再用公式计算求得布氏硬度	① 优点：采用的试验力大，球体直径也大，压痕直径也大，能较准确地反映出金属材料的平均性能；布氏硬度与其他力学性能(如抗拉强度)之间存在着一定的近似关系。 ② 缺点：操作时间较长；在进行高硬度材料试验时，测量结果不准确；不宜用于测量成品及薄件	布氏硬度是使用最早、应用最广的硬度试验方法，主要适用于测定灰铸铁、有色金属、各种软钢等硬度不是很高(硬度值必须小于 650)的材料	用符号 **HBW** 表示。 示例： 600 **HBW** 1/ 30/ 20 布氏硬度值 硬度符号 压入金属球直径，mm 施加的试验力对应的 kg 值 试验力保持时间(20 s)，在规定时间范围(10~15 s)可以省略
2	洛氏硬度试验法	采用金刚石圆锥体或淬火钢球压头，压入金属表面后，经规定保持时间后卸除主试验力，以测量的压痕深度来计算洛氏硬度值	① 优点：操作简单迅速，十分方便，能直接从刻度盘上读出硬度值；压痕较小，几乎不伤及工作表面，可用来测定成品及较薄工件 ② 缺点：压痕较小，当材料的内部组织不均匀时，硬度数据波动较大，测量值的代表性差，通常需要在不同部位测试数次，取其平均值来代表金属材料的硬度	可测从很软到很硬的金属材料。用一台硬度计测定从很软到很硬不同金属材料的硬度，可采用不同的压头和总试验力组成几种不同的洛氏硬度标尺，常用的洛氏硬度标尺是 Q、B、C、D、E、F、G、H、K、N、T 几种，其中 C 标尺应用最为广泛	符号 **HR** 前面的数字表示硬度值，**HR** 后面的字母表示不同洛氏硬度的标尺。 示例： 70HR30N：表示用总试验力为 294.2N 的 30N 标尺测得的表面洛氏硬度标尺的洛氏硬度值为 70

实际上，测定时金属材料不可能作无数次交变载荷试验。所以一般试验时规定，对于黑色金属应力循环取 10^2 周次，有色金属、不锈钢等取 10^8 周次。交变载荷时，材料不断裂的最大应力称为该材料的疲劳极限。

金属的疲劳极限受到很多因素的影响，如内部质量、工作条件、表面状态、材料成分、组织残余内应力等。避免断面形状的急剧变化、改善零件的结构形式、降低零件表面结构及采取各种表面强化的方法都能提高零件的疲劳极限。

2.2.2　金属材料的工艺性能

工艺性能是指金属材料在加工过程中是否易于加工成形的能力，它包括铸造性能、锻造性能、焊接性能和切削加工性能等。工艺性能直接影响零件的制造工艺和加工质量，是选材和制定零件工艺路线时必须考虑的因素之一。

1．铸造性能

金属及合金在铸造工艺中获得优良铸件的能力称为铸造性能。衡量铸造性能的主要指标有流动性、收缩性和偏析倾向等。金属材料中，灰铸铁和青铜的铸造性能较好。

2．锻造性能

用锻压成形方法获得优良锻件的难易程度称为锻造性能。锻造性能的好坏主要与金属的塑性和变形抗力有关，也与材料的成分和加工条件有很大关系。塑性越好，变形抗力越小，金属的锻造性能越好。例如黄铜和铝合金在室温状态下就有良好的锻造性能；碳钢在加热状态下锻造性能较好；铸铁、铸铝、锡青铜则几乎不能锻压。

3．焊接性能

焊接性能是指金属材料对焊接加工的适应性，也就是在一定的焊接工艺条件下，获得优质焊接接头的难易程度。对于碳钢和低合金钢，焊接性能主要与金属材料的化学成分有关(其中碳含量的影响最大)。例如低碳钢具有良好的焊接性能，高碳钢、不锈钢、铸铁的焊接性能较差。

4．切削加工性能

金属材料的切削加工性能是指金属材料在切削加工时的难易程度。切削加工性能一般从工件切削后的表面结构及刀具寿命等方面来衡量。影响切削加工性能的因素主要有工件的化学成分、组织状态、硬度、塑性、导热性和形变强度等。一般认为金属材料具有适当硬度(170～230HBW)和足够的脆性时较易切削，从材料的种类而言，铸铁、铜合金、铝合金及一般碳钢都具有较好的切削加工性能。所以铸铁比钢切削加工性能好，一般碳钢比高合金钢切削加工性能好。改变钢的化学成分和进行适当的热处理，是改善钢的切削加工性能的重要途径。

2.3　钢的热处理常识

热处理就是将固态金属或合金采用适当的方式进行加热、保温和冷却以获得所需组织结构的工艺，如图 2-3-1 所示。普通热处理都要经过如图 2-3-1 所示的三个阶段，不同的是加热温度、保温时间和冷却速度不同。

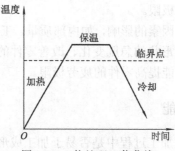

图 2-3-1　热处理工艺曲线

热处理工艺的特点是不改变金属零件的外形尺寸，只改变材料内部的组织与零件的性能。所以钢的热处理目的是消除材料的组织结构上的某些缺陷，更重要的是改善和提高钢的性能，充分发挥钢的性能潜力，这对提高产品质量和延长产品使用寿命有重要的意义。

根据加热和冷却方法不同，钢的热处理种类分为普通热处理和表面热处理两大类。常用的普通热处理有退火、正火、淬火和回火；表面热处理可分为表面淬火与化学热处理两类，如图 2-3-2 所示。

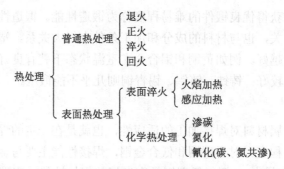

图 2-3-2　热处理的分类

由铁碳状态图可知，碳素钢在极其缓慢的加热和冷却过程中，其固态组织转变的临界温度可由 A_1 线(PSK 线)、A_3 线(GS 线)和 A_{cm} 线(ES 线)来确定。在实际热处理过程中，无论是加热或者冷却，都是在较快的速度下进行的，因此实际发生转变的温度与状态图中所示的临界温度之间有所偏离，加热时移向高温，而冷却时移向低温，这种现象称为"滞后"，并且滞后的量随着加热或冷却速度的增大而增大。通常我们把实际加热时发生相变的临界温度用 A_{c1}、A_{c3}、A_{ccm} 表示，而冷却时的临界温度用 A_{r1}、A_{r3} 表示。

2.3.1　钢的普通热处理

1. 退火

将钢加热到 500℃～600℃ 的温度，保温一定的时间，然后缓慢冷却(一般随炉冷却)至室温的热处理工艺称为退火。

退火的目的：

(1) 降低钢的硬度、提高塑性，以利于切削加工；

(2) 细化晶粒、均匀钢的组织，改善钢的性能，为以后的热处理作组织准备；

(3) 消除钢中的残余应力，以防止工件变形与开裂。

根据钢的成分及退火的目的不同，常用的退火方法有完全退火、球化退火、去应力退火、扩散退火等，参见表 2-3-1。

表 2-3-1 常用退火方法及应用

退火方法	工 艺 过 程	主 要 目 的	应用范围
完全退火	将工件加热至 A_{c3} 以上 20℃～30℃，保温一定时间后，缓慢冷却(炉冷或埋入砂中、石灰中冷却)至 500℃以下出炉空冷至室温	降低钢的硬度，细化晶粒，充分消除内应力，便于随后的加工	亚共析钢和合金钢的铸件、锻件、焊件及热轧型材；过共析钢不宜采用
球化退火	将共析钢或过共析钢加热到 A_{c1} 以上 20℃～30℃，保温一定时间后，随炉缓慢冷却至 600℃以下，再出炉空冷，或快冷到略低于 A_{r1} 温度，保温后炉冷到 600℃，再出炉空冷	降低硬度、改善切削加工性，并为以后的淬火作准备，减小工件淬火冷却时的变形和开裂	主要用于共析钢和过共析钢及合金
去应力退火	将钢件加热到 500℃～650℃，保温后，随炉缓冷至 300℃～200℃，再出炉空冷	消除残余应力，稳定尺寸，减小变形	铸、锻、轧、焊接件与切削加工工件等
扩散退火	将钢加热至 A_{c3} 以上 150℃～250℃，长时间保温，使钢中元素充分扩散，然后缓冷	减少金属铸锭、铸件或锻坯的化学成分偏析和组织不均匀性，以达到化学成分和组织均匀化	金属铸锭、铸件或锻坯

2. 正火

将钢加热到 500℃～600℃，保温一段时间，然后在炉外空气中冷却至室温的热处理工艺称为正火。

正火的目的与退火基本相同，主要是：

(1) 细化晶粒，调整硬度，消除碳化物网，为后续加工及球化退火、淬火等做好组织准备。

(2) 改善铸件、锻件、焊接件的组织，降低工件硬度，消除内应力，为后续加工做准备。

正火的冷却速度比退火要快，过冷度较大。因此，正火后的组织比退火组织要细小些，钢件的强度、硬度比退火高些，同时正火与退火相比具有操作简便、生产周期短、生产效率较高或成本低等特点。所以，正火常在以下生产中应用：

(1) 改善切削加工性。因低碳钢和某些低碳合金钢的退火组织中铁素体量较多，硬度偏低，在切削加工时易产生"黏刀"现象，增加表面结构值。采用正火能适当提高硬度，改善切削加工性。

(2) 消除网状碳化物，为球化退火做好组织准备。对于过共析钢或合金工具钢，因正火冷却速度较快，可抑制渗碳体呈网状析出，并可细化层片状珠光体，有利于球化退火。

(3) 用于普通结构零件或某些大型非合金钢工件的最终热处理，以代替调质处理。

(4) 用于淬火返修零件，消除内应力，细化组织，以防重新淬火时产生变形和开裂。

3. 淬火

淬火是将钢加热到一定温度，经保温后再在冷却液(水、油)中快速冷却的热处理工艺。其目的是提高钢件的硬度和耐磨性，改善零件使用性能。

淬火时，首先需把钢加热至临界温度以上，使钢变为奥氏体组织。亚共析钢的淬火温度必须超过临界温度 A_{c3} 以上 30℃～50℃，这样才能使钢全部转变成奥氏体，淬火后才有可能全部获得马氏体组织。

淬火操作难度比较大，主要因为淬火时要求得到马氏体，冷却速度必须大于钢的临界冷却速度 V_k，而快冷总是不可避免地要造成很大的内应力，往往会引起钢件的变形与开裂。怎样才能既得到马氏体又最大限度地减小变形与避免开裂呢？主要可以从两方面着手，其一是寻找一种比较理想的淬火介质，其二是改进淬火冷却方法。常用的淬火冷却介质有水、矿物油、盐水溶液等。常用的淬火冷却方法如图 2-3-3 所示。

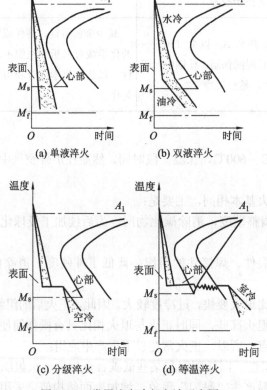

图 2-3-3　常用淬火冷却方法示意图

常用淬火冷却方法的操作方法、特点及应用参见表 2-3-2。

表 2-3-2　常用淬火冷却方法的操作方法、特点及应用

冷却方法	操 作 方 法	主要特点	应用范围
单液淬火	将加热后的钢件在一种冷却介质中进行淬火。通常碳钢用水冷却，合金钢用油冷却	操作简单，易于实现机械化和自动化。但某些钢件(如外形复杂的中、高碳钢工件)水淬易变形、开裂，油淬易造成硬度不够	碳钢及合金钢机器零件在绝大多数的情况下均用此法
双液淬火	将工件加热到淬火温度后，先在冷却能力较强的介质中冷却至 400℃～300℃，再把工件迅速转移到冷却能力较弱的冷却介质中继续冷却至室温的淬火	可减少淬火内应力，但操作比较困难	用于高碳工具钢制造的易开裂工件，如丝锥、板牙等
分级淬火	将工件加热到临界温度 A_{c3}(亚共析钢)或 A_{c1}(过共析钢)以上温度，保温一段时间，使之成为全部或部分奥氏体化的工件，将其放入温度为 200℃左右(M_s 附近)的热介质(熔化的盐类物质或热油)中冷却，并在该介质中作短时间停留，然后取出工件空冷至室温	有效避免和减小零件开裂与变形	主要适用于合金钢零件或尺寸较小、形状复杂的碳钢工件
等温淬火	把奥氏体化的钢放入稍高于 M_s 温度的盐浴中，保温足够时间，使奥氏体转变为下贝氏体，目的是为了获得下贝氏体组织	产生的内应力很小，所得到的下贝氏体组织具有较高的硬度和韧性	用于处理形状复杂，要求强度、韧性较好的工件，如各种模具、成形刀具等

4. 回火

钢件淬火后，在硬度、强度提高的同时，其韧性却大为降低，并且还存在很大的内应力(残余应力)，使用中很容易破断损坏。为了提高钢的韧性，消除或减小钢的残余内应力，必须进行回火。此外，淬火组织处于亚稳定(即不够稳定)状态，它有向较稳定组织进行转变的自发趋势，这将影响着零件的尺寸精度及性能稳定，因此淬火后要进行适当的回火处理，以稳定组织，进而稳定零件尺寸。回火工艺看起来很简单，是热处理的最后工序，但它决定着钢的使用性能，所以是一个很重要的热处理工序。

在生产中由于对钢件性能的要求不同，回火可分为三类，如表 2-3-3 所示。

表 2-3-3　常用的回火方法

类型	回 火 方 法	作 用 及 应 用
高温回火 (调质)	钢件淬火后，加热到 500℃～650℃，经保温后再冷却到室温	具有良好的综合力学性能(既有一定的强度、硬度，又有一定的塑性、韧性)。一般中碳钢和中碳合金钢常采用淬火后的高温回火处理。轴类零件应用最多
中温回火	钢件淬火后，加热到 250℃～500℃，经保温后再冷却到室温	获得较高的弹性和强度，用于各种弹簧的制造
低温回火	钢件淬火后，加热到 250℃以下，经保温后再冷却到室温	降低内应力和脆性，用于各种工、模具及渗碳或表面淬火工件

2.3.2　钢的表面热处理

1. 表面淬火

表面淬火，就是用高速加热法使零件表面层很快地达到淬火温度，而不等其热量传至内部，立即迅速冷却使表面层淬硬的工艺方法。也就是仅把零件需耐磨的表层淬硬，而中心仍保持未淬火的高韧性状态。表面淬火用的钢材必须是中碳(0.35%)以上的钢，常用 40、45 钢或中碳合金钢 40Cr 等。

1) 火焰加热表面淬火

用高温的氧-乙炔火焰或氧与其他可燃物(煤气、天然气等)的火焰，将零件表面迅速加热到淬火温度，然后立即喷水冷却。

2) 感应加热表面淬火

利用感应电流，使钢表面迅速加热而后淬火的一种方法。此法具有效率高、工艺易于操作和控制等优点，所以目前在机床、机车、拖拉机以及矿山机器等机械制造工业中得到了广泛的应用。常用的有高频和中频感应加热两种。

2. 化学热处理

将工件放在一定的活性介质中加热，使某些元素渗入工件表层，以改变表层化学成分和组织，从而改善表层性能的热处理工艺，称为化学热处理。化学热处理是通过改变钢件表层化学成分，使表层和心部组织不同，从而使表面获得与心部不同的性能。

化学热处理的方法很多，已用于生产的化学热处理方法见表 2-3-4。

表 2-3-4　常用的化学热处理方法

化学热处理方法	工 艺 方 法	特 点 及 应 用
渗碳	将钢件放入含碳的介质中，加热并保温，使钢件表层提高含碳量的工艺方法	渗碳件经淬火和低温回火后，表面具有高硬度、高耐磨性及较高的抗疲劳强度，而心部仍保持良好的韧性和塑性。低碳钢或低碳合金钢可采用渗碳处理

化学热处理方法	工 艺 方 法	特 点 及 应 用
渗氮	在一定温度下，使活性氮原子渗入工件表面的化学热处理工艺	和渗碳相比，渗氮层有更高的硬度、耐磨性和抗疲劳强度、耐蚀性。渗氮后不需淬火，变形小，但渗氮生产周期长、工艺复杂、成本高、需用专用渗氮钢，如 38CrMoA1A
碳氮共渗	在一定温度下，将碳、氮同时渗入工件表层，并以渗碳为主的化学热处理工艺	碳氮共渗与渗碳相比，不仅加热温度低、零件不易过热、变形小，而且渗层有较高的硬度、耐磨性、抗疲劳强度。适用钢种有低、中碳钢及合金钢
渗金属	将金属工件放在含有渗入金属元素的渗剂中，加热到一定温度，保持适当时间后，使一种或多种金属原子渗入金属工件表层内，从而改变工件表层的化学成分、组织和性能的化学热处理工艺	这种处理方法是使钢的表面层合金化，以使工艺表面具有某些合金钢、特殊钢的特性，如耐热、耐磨、抗氧化、耐腐蚀等。生产中常用的有渗铝、渗铬、渗硼、渗硅等

无论哪一种化学热处理方法，都是通过以下三个基本过程来完成的：

(1) 分解：介质在一定的温度下，发生化学分解，产生渗入元素的活性原子。

(2) 吸收：活性原子被工件表面吸收。例如活性碳原子溶入铁的晶格中形成固溶体、与铁化合成金属化合物。

(3) 扩散：渗入的活性原子，在一定的温度下，由表面向中心扩散，形成一定厚度的扩散层(渗层)。

随着科技的发展，金属材料的热处理，还有变形热处理及真空热处理等方法，近年来在冶金和机械制造业中已获得广泛应用。

2.4 新材料及其发展趋势展望

1. 新材料的历史地位

人们通常把材料、信息和能源并列为现代科学技术的三大支柱，这三大支柱是现代社会赖以生存和发展的基本条件之一，而材料科学显得尤为重要。从古至今，材料一直在扮演着划分时代的主角，可以说，材料是人类社会进步的里程碑，整个人类社会的物质文明史也就是一部材料发展的历史，特别是高性能、多用途的先进材料，是人类社会发展的重要推力，新材料将继续成为科研和应用的重点。材料工业将成为未来社会发展的重要组成部分。

2. 新材料概述

现代的材料按化学组成可分为金属材料、高分子材料和无机材料。一般而言，材料可分为"传统材料"和"新材料"两大类，新材料是指那些新近开发或正在开发的、具有优异性能的材料，在众多新材料中，纤维增强树脂复合材料、硅基电子材料是当今工业中最重要的材料，而信息功能材料、纳米材料、智能材料、生物材料、高温与结构陶瓷等将是新时代材料研究开发的重点。新材料对高科技和技术具有非常关键的作用，没有新材料就没有发展高科技的物质基础，新材料的掌握是一个国家在科技上处于领先地位的标志之一。

3. 新材料的研究与应用现状

现代科学技术发展具有学科之间相互渗透、综合交叉的特点，科学和经济之间的相互作用，推动了当前最活跃的信息和材料科学的发展，又导致了一系列高新技术和高性能材料的诞生。功能材料是指具有优良的电、磁、声、光、热、化学和生物功能及其相互转化的功能，被用于非结构目的的高技术材料。功能材料是当代新技术如能源技术、信息技术、激光技术、计算技术、空间技术、海洋工程技术、生物工程技术的物质基础，是新技术革命的先导。目前，信息功能材料、高温结构材料、复合材料、生物材料、智能材料、纳米材料等取得了较大的发展，它们正成为国民经济发展的重要驱动力。

4. 新材料发展趋势展望

数据显示，目前，全球新材料市场规模每年已经超过 4000 亿美元，而由新材料带动而产生的新产品和新技术市场则更为广阔，年营业额已突破 2 万亿美元。据《中国新材料产业发展报告》预测，未来一段时期，中国新材料产业市场的年均扩张速度将保持在 20% 以上，将引发多资本进入，从而进一步加快扩张速度。2010 年，中国新材料产业的市场规模超过 800 亿元，至 2015 年，这一数值达到 2000 亿元左右，增长空间巨大。

机械产品的可靠性和先进性，除设计因素外，在很大程度上取决于所选用材料的质量和性能，新型材料是发展新型产品和提高产品质量的物质基础。各种高强度材料的发展，为发展大型结构件和逐步提高材料的使用强度等级，减轻产品自重提供了条件；高性能的高温材料、耐腐蚀材料为开发和利用新能源开辟了新的途径。现代发展起来的新型材料有新型纤维材料、功能性高分子材料、非晶质材料、单晶体材料、精细陶瓷和新合金材料等。对于研制新一代的机械产品有重要意义，如碳纤维比玻璃纤维强度和弹性高，用于制造飞机和汽车等结构件，能显著减轻自重而节约能源；精细陶瓷如热压氮化硅和部分稳定结晶氧化硅，有足够的强度，比合金材料有更高的耐热性，能大幅度提高热机的效率，是绝热发动机的关键材料。还有不少与能源利用和转换密切有关的功能材料的突破，将会引起现代产品的巨大变革。

随着科学技术的发展，尤其是材料测试分析技术的不断提高，如电子显微技术、微区成分分析技术等的应用，材料的内部结构和性能间的关系不断被揭示，对于材料的认识也从宏观领域进入微观领域。在认识各种材料的共性基本规律的基础上，人们目前正在探索按指定性能来设计新材料的途径。

新材料发展趋势主要表现在下述方向：

(1) 高分子材料。资源丰富、原料广，轻质、高强度，成形工艺简易；提高工作温度是研制高分子材料的重要课题。各种塑料、合成橡胶和合成纤维将有很大发展，成为重要的新材料。

(2) 特种陶瓷。高强度高温结构陶瓷、电工电子功能陶瓷和复合陶瓷是新材料中普遍注重的发展方向。

(3) 功能材料。这是新材料中发展很快的一个重要方向，如半导体、激光、红外、超导、电子、磁性、发光、液晶、换能、传感材料等，品种繁多，前景广阔。

(4) 能源材料。太阳能、磁流体发电、氢能等新能源发展，同时促进了各种高温、储能、换能材料的发展。

(5) 高性能、高强度结构材料。

(6) 复合材料。纤维增强型、弥散粒子型、叠层复合型复合材料以及碳纤维、石墨纤维、硼纤维、金属纤维、晶须的研制发展，将使被称为"21世纪材料"的复合材料更放光彩。

(7) 金属新材料。非晶态金属(金属玻璃)、记忆合金、防振合金、超导合金和金属氢等。

(8) 极限材料。在超高压、超高温、超低温、超高真空等极端条件下应用和制取的各种材料，如超导、超硬、超塑性、超弹性、超纯、超晶格膜等材料。

(9) 原子分子设计材料。这是在材料科学深入研究的基础上，对表面、非晶态、结构点阵与缺陷、固态杂质、非平衡态、相变以及变形、断裂、磨损等领域研究探索的发展方向，以期获得原子、分子组成结构按性能要求设计的新材料。

(10) 稀土材料。稀土金属在激光、荧光、磁性、红外、微波、核能、特种陶瓷以及化工材料中有奇异的性能，稀土材料已成为重要的开发领域。我国稀土资源储量居世界首位，因此稀土的开发对我国更为重要。

学 后 评 量

1. 试述碳素钢的分类。
2. 解释碳素钢牌号：Q235A-F、45、T10、ZG200-400 的含义，并举例说明它们的用途。
3. 试述合金钢的分类。
4. 解释合金钢牌号：20CrMnTi、40Cr、60Si2Mn、GCr9、9SiCr、Cr12、CrMn、0Cr19Ni9、15CrMn、ZGMn13 的含义，并举例说明它们的用途。
5. 试述灰口铸铁的类型、性能特点及应用。
6. 解释铸铁牌号：HT200、KTH330-08、RuT340、QT400-18、RTCr16 的含义，并举例说明它们的用途。
7. 试述变形铝合金的类型、性能特点及应用。
8. 解释有色金属牌号：L3、LC4、LD5、ZL202、T2、H62、ZCuZn38、HPb59-1、QSn4-3、B19 的含义。
9. 试述常用工程陶瓷的类型、性能特点及其应用。
10. 什么是金属材料的力学性能？它包括哪些方面？
11. 什么是金属材料的强度？它有哪些衡量指标？各指标的符号是什么？
12. 什么是金属材料的塑性？它有哪些衡量指标？
13. 什么是金属材料的硬度？
14. 简述金属材料常用硬度测试方法的原理、特点及表达方法。
15. 什么是金属材料的冲击韧性、抗疲劳强度？

16. 什么是金属材料的工艺性能？它包括哪些方面？
17. 什么是热处理？其目的是什么？
18. 什么是退火？其目的是什么？
19. 简述常用的退火方法及其应用。
20. 什么是正火？其目的是什么？在哪些生产中经常使用？
21. 什么是淬火？其目的是什么？
22. 简述常用淬火冷却法的具体操作方法及其应用。
23. 什么是回火？其目的是什么？
24. 简述常用的回火方法及其应用。
25. 什么是表面淬火？常用的表面淬火方法有哪些？
26. 什么是化学热处理？其目的是什么？
27. 简述常用的化学热处理方法及其应用。
28. 简述新材料的发展趋势。

第3章　常用机构和机械传动

【学习目标】

(1) 熟悉铰链四杆机构的组成、运动特点及应用、演化形式。

(2) 了解平面四杆机构急回运动特性和死点位置等运动现象。

(3) 了解凸轮机构的组成、特点及应用；学会分析从动件的运动规律。

(4) 了解步进运动机构的种类及应用。

(5) 了解摩擦传动的种类及应用；了解带传动的工作原理、特点、类型和应用。

(6) 了解 V 带的结构和规格、V 带轮的材料和结构、V 带传动的选用；会正确安装、张紧、调试和维护 V 带传动。

(7) 了解啮合传动的种类、特点、应用场合。

(8) 熟悉齿轮传动的基本参数、正确啮合条件及其应用场合。

(9) 熟悉链传动的安装与维护。

(10) 了解常用螺纹的类型、特点和应用。

(11) 熟悉螺纹连接的主要形式和应用、结构尺寸、螺纹结构件、防松结构；会对螺纹连接进行拆装。

(12) 了解螺旋传动的类型和应用；会正确地拆装螺纹连接件。

3.1　平面连杆机构

3.1.1　铰链四杆机构

1. 基本概念

机构是由构件组成的系统，其功用是传递运动和动力，一般情况下，各构件间的相对运动是确定的，组成也是有规律的。无论在生活中，还是在生产中，各种各样的机构都在为人们服务。

(1) 连杆机构。构件间全部用转动副和移动副连接而成的机构称为连杆机构，又称低副机构。

(2) 平面连杆机构。由一些刚性构件用转动副和移动副相互连接而组成的在同一平面或相互平行平面内运动的机构，称为平面连杆机构。

(3) 平面四杆机构。由四个构件组成的平面连杆机构称为平面四杆机构，它是平面连杆机构中最为常见的形式，是组成多杆机构的基础。

(4) 铰链四杆机构。若平面四杆机构中的连接全部都是转动副，则称其为铰链四杆机构，它是平面四杆机构的基本形式，其他形式的平面四杆机构都可看成是在它的基础上演化而成的。

2. 平面连杆机构的特点

平面连杆机构是各种机器中应用最为广泛的机构之一，其主要特点如表 3-1-1 所示。

表 3-1-1   平面连杆机构的特点

序号	主 要 特 点	关 于 特 点 的 解 释
1	使用寿命较长	构件间用低副连接，接触表面为平面或圆柱面，故单位面积压力小，且便于润滑，磨损较小，因而寿命较长
2	易于制造	连杆机构以杆件为主，结构简单，故制造加工比较容易
3	可实现远距离操纵控制	连杆易于制成较长的构件，故可实现远距离操纵控制
4	可实现预定的运动轨迹或预定的运动规律	连杆机构中存在作平面运动的构件，其上各点的轨迹和运动规律丰富多样，所以连杆机构常常用来作为实现预定运动轨迹或预定运动规律的机构
5	连杆机构的设计计算比较复杂繁琐	精确设计机构运动轨迹困难，因而所实现的运动规律精度往往不高

连杆机构由于具有上述特点，因而广泛应用于各种机械和仪表中，例如图 3-1-1 所示为雷达天线俯仰角的调整机构、图 3-1-2 所示为摄影车的升降机构、图 3-1-3 所示为电风扇的摇头机构等。

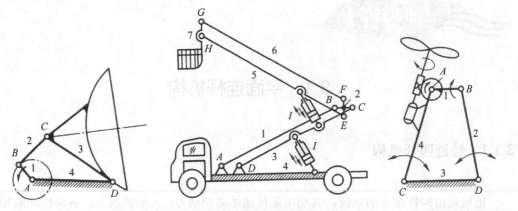

图 3-1-1   雷达天线俯仰角的调整机构   图 3-1-2   摄影车的升降机构   图 3-1-3   电风扇的摇头机构

3. 铰链四杆机构的基本形式

1) 铰链四杆机构的组成

铰链四杆机构的简图如图 3-1-4 所示。杆 1 固定不动，称为机架(又称静件、固定件)；与机架相对的杆 3(不与机架直接相连的构件)称为连杆；与机架直接相连的杆 2、杆 4 称为连架杆，连架杆按其运动特征可分为曲柄和摇杆两种：能作整周回转运动的连架杆称为曲柄，仅能在某一角度内摆动的连架杆称为摇杆。

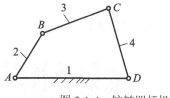

1—机架；
2、4—连架杆；
3—连杆

图 3-1-4　铰链四杆机构

2) 铰链四杆机构的基本形式

根据两连架杆运动形式的不同，铰链四杆机构有三种基本形式：

(1) 曲柄摇杆机构(见图 3-1-5)。两连架杆中一个是曲柄，另一个是摇杆；一般以曲柄为原动件，作等速转动，摇杆为从动件，作往复变速摆动。

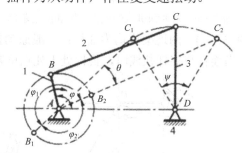

(a) 机构简图

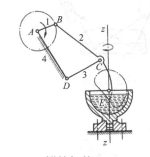  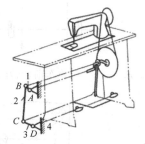 

搅拌机构　　　　　脚踏砂轮机构　　　　缝纫机踏板机构　　　　汽车雨刮器机构

(b) 应用示例

图 3-1-5　曲柄摇杆机构的机构简图和应用示例

(2) 双曲柄机构(见图 3-1-6)。两连架杆均为曲柄；一般原动曲柄作等速转动，从动曲柄作周期性变速转动。双曲柄机构中，若相对的两杆长度分别相等，则称为平行双曲柄机构。它有正平行双曲柄(两曲柄转向相同)与反平行双曲柄(两曲柄转向相反)两种形式。正平行双曲柄机构的运动有不确定性，可采取三种措施消除：① 依靠构件惯性；② 添加辅助构件；③ 同组机构错列。

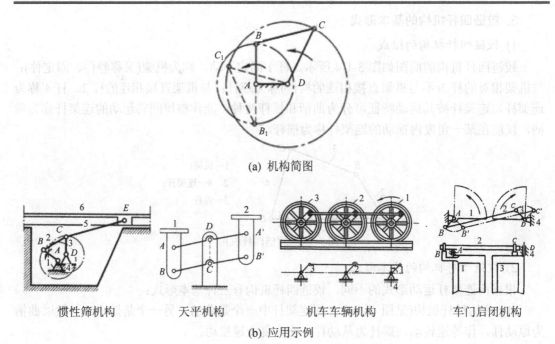

(a) 机构简图

惯性筛机构　　　　　天平机构　　　　　机车车辆机构　　　　车门启闭机构

(b) 应用示例

图 3-1-6　双曲柄机构的机构简图和应用示例

(3) 双摇杆机构(见图 3-1-7)。两连架杆均为摇杆；一般原动摇杆作等速往复摆动，从动摇杆作变速往复摆动。当连杆与摇杆共线时，机构处于死点位置。

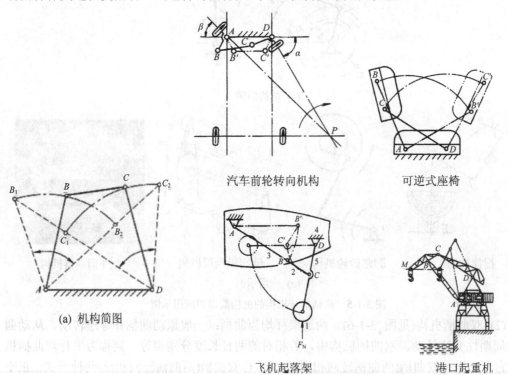

汽车前轮转向机构　　　　　可逆式座椅

(a) 机构简图

飞机起落架　　　　　港口起重机

(b) 应用示例

图 3-1-7　双摇杆机构的机构简图和应用示例

3.1.2　铰链四杆机构的演化形式

工程实际中，除了上述三种形式的铰链四杆机构外，还广泛采用其他多种多样的四杆机构，其中绝大多数是在铰链四杆机构的基础上通过用移动副取代转动副、变更杆件长度、变更机架和扩大转动副等途径发展和演化而来的。

1．曲柄滑块机构

1) 演化

如图 3-1-8(a)所示的曲柄摇杆机构中，摇杆 3 上 C 点的轨迹是以 D 为圆心、CD 为半径的圆弧 $\overparen{mm}$。如将转动副 D 的半径扩大，使其半径等于 CD，并在机架上按 C 点的近似轨迹 $\overparen{mm}$ 做出一弧形槽，摇杆 3 做成与弧形槽相配合的弧形滑块，如图 3-1-8(b)所示。此时，尽管转动副 D 的外形改变了，但机构的相对运动性质未变。若将弧形槽的半径增至无穷大，即将转动副 D 的回转中心移至无穷远处，此时弧形槽变成了直槽，弧形滑块变成了平面滑块，滑块 3 上 C 点的轨迹变成了直线，转动副 D 也就演化成了移动副，曲柄摇杆机构就演化为曲柄滑块机构，如图 3-1-8(c)所示。此时移动方位线 $\overline{mm}$ 不通过曲柄回转中心 A，故称为偏置曲柄滑块机构。曲柄回转中心至其移动方位线 $\overline{mm}$ 的垂直距离称为偏心距 e；当移动方位线 $\overline{mm}$ 通过曲柄回转中心 A 时(即 $e=0$)，则称为对心曲柄滑块机构，如图 3-1-8(d)所示。

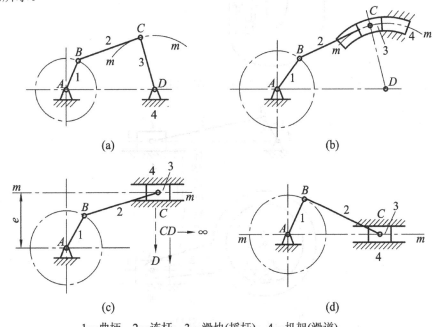

(a)　　　　　　　　　　　(b)

(c)　　　　　　　　　　　(d)

1—曲柄；2—连杆；3—滑块(摇杆)；4—机架(滑道)

图 3-1-8　曲柄滑块机构的演化

2) 应用

曲柄滑块机构的用途很广，主要用于将转动变为往复移动。如自动送料机构(见图 3-1-9)、手动冲孔钳(见图 3-1-10)和内燃机配气机构等，都应用了曲柄滑块机构。

当对心曲柄滑块机构的曲柄长度较短时，常把曲柄演化为一个几何中心与转动中心不重合的圆盘(见图 3-1-11)，该机构称为偏心轮机构。偏心轮两中心间的距离等于曲柄的长度，从而使连杆结构简化。偏心轮机构广泛应用于剪床、冲床、内燃机、颚式破碎机等机械设备中。

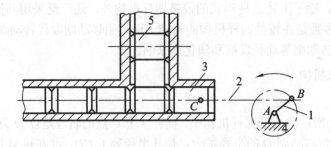

图 3-1-9　自动送料机构

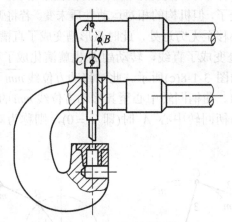

图 3-1-10　手动冲孔钳

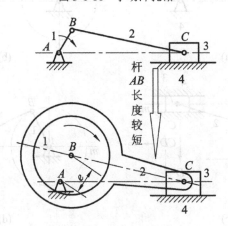

图 3-1-11　偏心轮机构

2. 导杆机构

1) 演化

如图 3-1-12 所示的曲柄滑块机构中，杆 1 是曲柄，杆 4 是机架。若取杆 1 为机架，杆 2 为原动件，就得到导杆机构。若 $L_1 < L_2$，杆件 2 作连续转动时，导杆 4 也作连续转动，称为转动导杆机构；若 $L_1 > L_2$，杆件 2 作连续转动时，导杆 4 只能作往复摆动，称为摆动导杆机构。

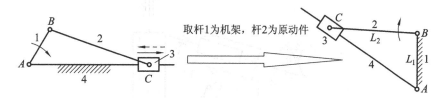

图 3-1-12 导杆机构的演化

2) 应用

导杆机构应用广泛。如简易刨床的主运动机构(见图 3-1-13)、牛头刨床中的主运动机构(见图 3-1-14)、回转式油泵(见图 3-1-15)及插齿机(见图 3-1-16)等均应用了导杆机构。

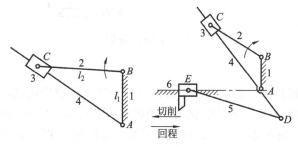

图 3-1-13 简易刨床的主运动机构

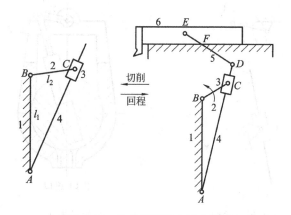

图 3-1-14 牛头刨床的主运动机构

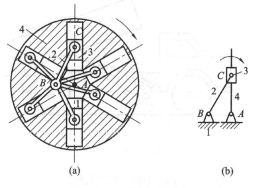

图 3-1-15 回转式油泵

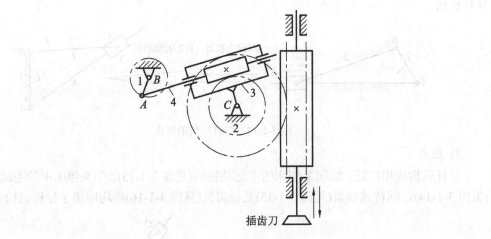

插齿刀

图 3-1-16　插齿机

3. 摇块机构

　　上述曲柄滑块机构中，若取杆件 2 为机架，杆件 1 作整周运动，则滑块 3 成了绕机架上 C 点作来回摆动的摇块，机构演化为摇块机构(见图 3-1-17(a))。该机构常用于摆动液压泵(见图 3-1-17(b))、液压驱动装置、自卸汽车的翻斗机构(见图 3-1-17(c))。

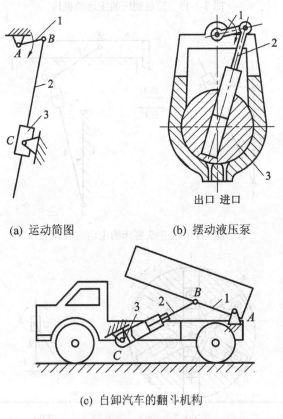

(a) 运动简图　　　　　(b) 摆动液压泵

出口 进口

(c) 自卸汽车的翻斗机构

图 3-1-17　摇块机构

4. 定块机构

上述曲柄滑块机构中，若取滑块 3 为机架，即得到定块机构(见图 3-1-18(a))。手动压水机(见图 3-1-18(b))和抽油泵等机器或设备常用定块机构。

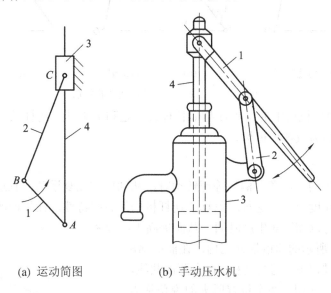

(a) 运动简图　　　　　(b) 手动压水机

图 3-1-18　定块机构

总之，铰链四杆机构的各种形式都是以铰链四杆机构中的曲柄摇杆机构、含有一个移动副的曲柄滑块机构以及含有两个移动副的四杆机构为基础，通过分别选取此三种机构中的不同构件为机架而获得的。

3.1.3　铰链四杆机构的运动特性

1. 曲柄存在的条件

铰链四杆机构中是否存在曲柄，取决于机构中各杆的长度关系和机架的选择。即要使连架杆能作整周转动而成为曲柄，各杆长度必须满足一定的条件，这就是所谓的曲柄存在的条件。

根据运动分析，可得铰链四杆机构中曲柄存在的条件是：

(1) 最短杆与最长杆长度之和小于等于其余两杆长度之和；

(2) 连架杆或机架中有一个为最短杆。

上述两条件必须同时满足，否则机构中无曲柄存在。

根据曲柄存在条件，可以推出铰链四杆机构三种基本形式的判别方法：

(1) 若铰链四杆机构中的最短杆与最长杆长度之和小于或等于其余两杆长度之和，则可能有以下几种情况：

① 以最短杆的相邻杆作机架时，为曲柄摇杆机构(见图 3-1-19(a))。

② 以最短杆为机架时，为双曲柄机构(见图 3-1-19(b))；

③ 以最短杆的相对杆为机架时，为双摇杆机构(见图 3-1-19(c))。

(a) 最短杆为连架杆　　　　　(b) 最短杆为机架　　　　　(c) 最短杆为连杆

图 3-1-19　铰链四杆机构类型的判别

(2) 若铰链四杆机构中的最短杆与最长杆长度之和大于其余两杆长度之和，则不论以哪一杆为机架，均为双摇杆机构。

2. 急回特性

在某些连杆机构中，当曲柄作等速转动时，从动件作往复运动，且返回时的平均速度比前进时的平均速度要大，这种现象称为连杆机构的急回特性。在生产实际中，利用连杆机构的急回特性可以缩短非生产时间，从而提高生产效率。

如图 3-1-20 所示的曲柄摇杆机构，在曲柄 AB 等速转动一周的过程中，它与连杆 BC 有两次共线，在此两位置时，曲柄相应两个位置所夹的锐角称为极位夹角，以 θ 表示，此时从动件摇杆 CD 分别位于两极限位置 C_1D 和 C_2D。当曲柄顺时针从 AB_1 转到 AB_2 位置时，转过角度 $\varphi_1 = 180° + \theta$，摇杆由 C_1D 摆至 C_2D，所需时间为 t_1，C 点的平均速度为 v_1。当曲柄顺时针从 AB_2 转到 AB_1 位置时，转过角度 $\varphi_2 = 180° - \theta$，摇杆由 C_2D 摆至 C_1D，所需时间为 t_2，C

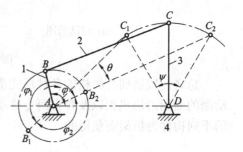

图 3-1-20　曲柄摇杆机构

点的平均速度为 v_2。由于曲柄等速转动，且 φ_1 大于 φ_2，所以 $t_1 > t_2$，因为摇杆 CD 来回摆动的行程相同，所以 $v_2 > v_1$。这说明曲柄摇杆机构具有急回特性。

连杆机构急回特性用行程速比系数 K 来表示，即

$$K = \frac{\text{从动件空回行程平均速度}}{\text{从动件工作行程平均速度}} = \frac{v_2}{v_1} = \frac{t_2}{t_2} = \frac{\varphi_1}{\varphi_2} = \frac{180° + \theta}{180° - \theta}$$

经变形后可得

$$\theta = 180° \frac{K-1}{K+1}$$

由上式可见，连杆机构的急回特性取决于极位夹角 θ 的大小，θ 角越大，K 值越大，机构的急回程度越高，若 $\theta = 0°$，则 $K = 1$，机构无急回特性。如对心曲柄滑块机构，极位夹角为零，所以无急回特性；偏置曲柄滑块机构，因极位夹角 $\theta \neq 0°$，所以有急回特性；导杆机构，其极位夹角 θ 等于导杆摆角 ψ，不可能等于零，所以有急回特性。

3. 死点

在铰链四杆机构中，当连杆与从动件处于共线位置时，如图 3-1-21 所示，若不计各运动副中的摩擦阻力、各杆件的质量、惯性力，则主动件摇杆通过连杆传给从动件的驱动力

必通过从动件铰链的中心，也就是说，驱动力对从动件的回转力矩等于零。此时，无论施加多大的驱动力，均不能使从动件转动，且转向也不能确定。我们把机构中的这种位置称为死点位置。

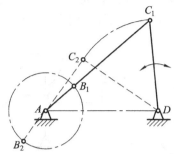

图 3-1-21　曲柄摇杆机构的死点位置

　　四杆机构中是否存在死点，取决于从动件是否与连杆共线。对曲柄摇杆机构，若以曲柄为原动件，因连杆与从动摇杆无共线位置，故不存在死点；若以摇杆为原动件，连杆与从动件曲柄会出现两次共线，这两个位置都是死点位置。

　　从传动的角度来看，机构中存在死点是不利的，因为这时从动件会出现卡死或运动不确定的现象(如缝纫机踏不动或倒车)。为克服死点对传动的不利影响，应采取相应措施使需要连续运转的机器顺利通过死点。比如，在机器上加装惯性较大的飞轮，利用惯性来通过死点(如缝纫机)或利用错位排列的方法通过死点。

　　工程上有时也利用死点来实现一定的工作要求。如图 3-1-22 所示的夹具，工件被夹紧后 B、C、D 成一条直线，此时夹紧机构处于死点位置，即使工件反力很大也不能使夹紧机构反转，使工件的夹紧牢固可靠。再如图 3-1-23 所示的折叠椅也是利用死点位置来承受外力。

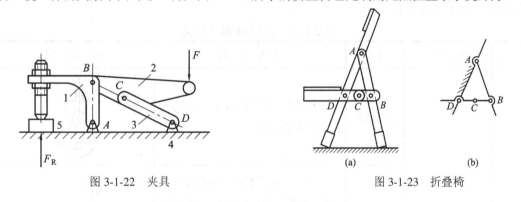

图 3-1-22　夹具　　　　　　　　　　　　　　图 3-1-23　折叠椅

3.2　凸轮机构

3.2.1　凸轮机构的组成、特点及应用

　　凸轮机构是通过凸轮与从动件之间的接触来传递运动和动力的，是一种常用的高副机构，只要做出适当的凸轮轮廓，就可以使从动件得到预定的复杂运动规律。因此，在各种机械设备中很常用，尤其在汽车及其他自动化、半自动化机器的控制机构中应用更广。

1. 凸轮机构的组成

由图 3-2-1 可以看出，凸轮机构主要由凸轮、从动件和机架三个基本构件组成。在凸轮机构中，凸轮通常是主动件并作等速回转或移动，借助其曲线轮廓使从动件作相应的运动。通过改变凸轮轮廓的外形，可使从动件实现设计要求的运动。

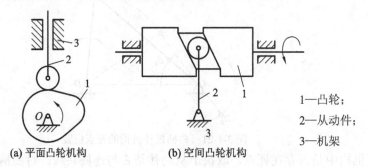

(a) 平面凸轮机构　　　(b) 空间凸轮机构

1—凸轮；

2—从动件；

3—机架

图 3-2-1　凸轮机构的组成

2. 凸轮机构的特点

与平面连杆机构相比，凸轮机构有以下特点：

(1) 结构简单、紧凑，工作可靠。

(2) 设计方便。只需要设计出适当的凸轮轮廓，就可使从动件实现任何预期的运动规律。

(3) 易磨损。因为凸轮副是高副，容易磨损，故凸轮机构主要用于传递动力不大的场合。

3. 凸轮机构的分类

凸轮机构的类型很多，通常可按凸轮的形状、从动件端部的结构、从动件的运动形式等分类，参见表 3-2-1。

表 3-2-1　凸轮机构的分类

序号	分类方法	类型	主 要 特 点	示 意 图
1	按照凸轮的形状分类	盘形凸轮	凸轮是绕固定轴线转动并具有变化向径的盘形构件	
		移动凸轮	当盘形凸轮的转动中心趋于无穷远时，凸轮的外形呈板状。工作时凸轮作往复移动，从动件与凸轮在同一平面内移动	
		圆柱凸轮	凸轮是一个具有曲线凹槽的圆柱形构件	

续表

序号	分类方法	类型	主　要　特　点	示　意　图
2	按照从动件端部的结构形式分类	尖顶从动件	从动件的端部为尖顶，能与任意复杂的凸轮轮廓曲线保持接触，可以实现复杂的运动规律，而且结构简单。但尖顶容易磨损，只用于低速、轻载的场合	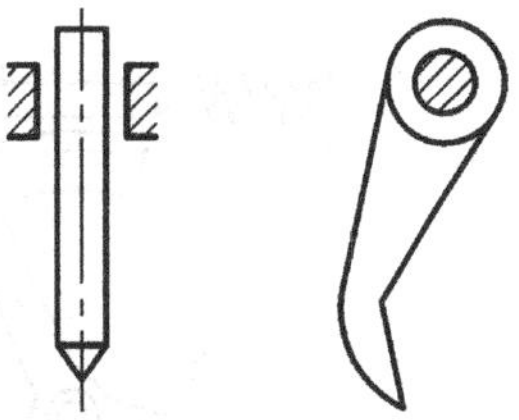
		滚子从动件	在从动件的端部安装一个可自由转动的滚子，即成为滚子从动件，滚子改善了从动件与凸轮轮廓曲线间的接触状况，使滑动摩擦变成滚动摩擦，减少了磨损。因此，滚子从动件可承受较大的载荷，应用较广	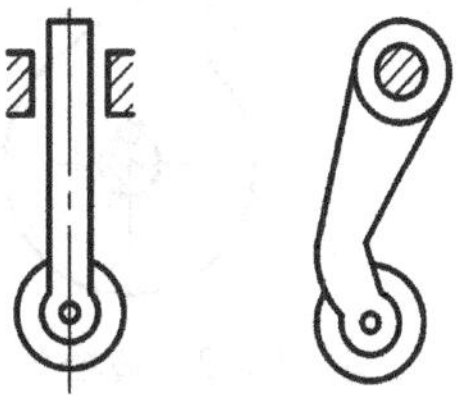
		平底从动件	从动件的端部为一平底，结构简单。在一定的条件下与凸轮轮廓曲线接触处容易形成润滑油膜，传动效率较高，而且传力性能较好，常用于高速场合	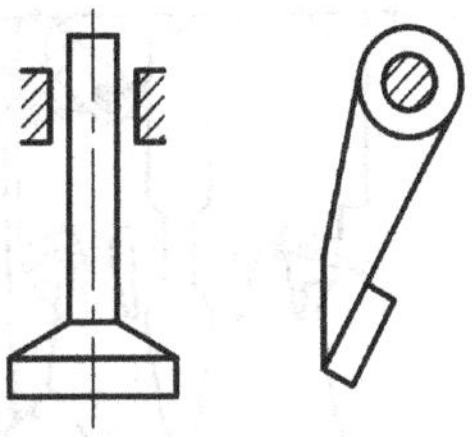
3	按照从动件的运动形式分类	直动从动件	从动件可相对于机架作往复移动	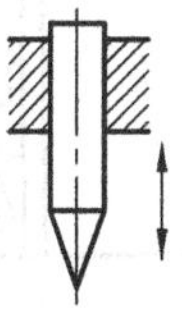
		摆动从动件	从动件可相对于机架作往复摆动	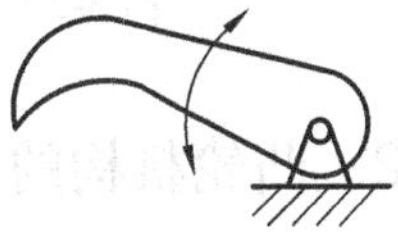

4. 凸轮机构的应用

凸轮机构是一种常用机构，应用较为广泛。凸轮机构应用实例：

图 3-2-2 所示为单轴转塔车床上的刀架进给凸轮机构，原动件凸轮 1 匀速转动时，其轮廓驱使扇形齿轮 2 按预期运动规律绕 O 轴转动，带动与刀架固定在一起的齿条 3 作往复进给运动。图 3-2-3 所示为内燃机的配气机构，原动件凸轮 1 做匀速转动时，通过其向径的变化驱使从动件阀杆 2 按预期运动规律做上下往复运动，从而实现气阀的开启和关闭。

图 3-2-4 为汽车快怠速机构，图中节气门联动臂 5 拨动快怠速凸轮 4 顺时针方向转动，并带动联动杆 3 和阻风门摆臂 1 使阻风门 2 打开。

图 3-2-5 为车床仿形机构，移动凸轮可使从动杆沿凸轮轮廓运动，从而带动刀架进退，进而完成与凸轮轮廓曲线相同的工件的加工。

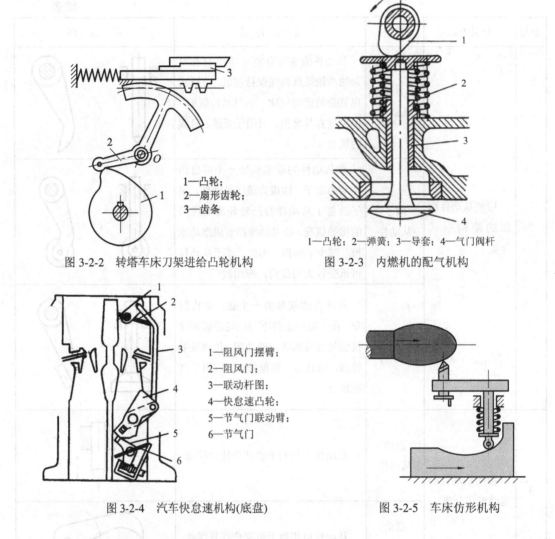

图 3-2-2　转塔车床刀架进给凸轮机构

1—凸轮；
2—扇形齿轮；
3—齿条

1—凸轮；2—弹簧；3—导套；4—气门阀杆

图 3-2-3　内燃机的配气机构

1—阻风门摆臂；
2—阻风门；
3—联动杆图；
4—快怠速凸轮；
5—节气门联动臂；
6—节气门

图 3-2-4　汽车快怠速机构(底盘)

图 3-2-5　车床仿形机构

3.2.2　凸轮机构的运动分析

在凸轮机构中，从动件的运动是由凸轮轮廓曲线的形状决定的。进行凸轮机构运动分析的目的在于分析从动件的运动规律，即从动件的位移 s、速度 v 和加速度 a。

1. 凸轮机构的运动过程

凸轮机构中最常用的运动形式为凸轮作等速回转运动，从动件作往复移动。凸轮回转时，从动件作"升→停→降→停"的运动循环。

图 3-2-6(a)所示为一对心直动尖顶从动件盘形凸轮机构，在凸轮上，以凸轮的最小向径 r_b 为半径所作的圆称为基圆，r_b 称为基圆半径。此凸轮机构运动过程如下：点 A 为凸轮轮廓曲线的起点，当凸轮与从动件在 A 点接触时，从动件处于距凸轮轴心 O 最近的位置。当凸轮以匀角速度 ω_1 逆时针转动 δ_0 时，凸轮轮廓 AB 段的向径逐渐增加，推动从动件以一定的运动规律达到最远位置 B'，这个过程称为推程。这时从动件移动的距离 h 称为升程，对应的凸轮转角 δ_0 称为推程运动角。当凸轮继续转动 δ_s 时，凸轮轮廓 BC 段的向径不变，此

时从动件处于最远位置停留不动，这个过程称为远停程，对应的凸轮转角 δ_s 称为远休止角。当凸轮继续转动 δ_0' 时，凸轮轮廓 CD 段的向径逐渐减小，从动件在重力或弹力的作用下，以一定的运动规律回到最低位置，这个过程称为回程，对应的凸轮转角 δ_0' 称为回程运动角。当凸轮继续转动 δ_s' 时，凸轮轮廓 DA 段的向径不变，此时从动件处于最低位置停留不动，这个过程称为近停程，对应的凸轮转角 δ_s' 称为近休止角。当凸轮继续转动时，从动件重复上述规律循环运动。一般情况下，推程是凸轮机构的工作行程。

以从动件的位移 s 为纵坐标，对应的凸轮转角 δ(或时间 t)为横坐标，依据上述凸轮与从动件的运动关系，可逐点画出从动件的位移 s(等于从动件与凸轮轮廓接触点到基圆上的向径长)与凸轮转角 δ(或时间 t)间的关系曲线，称为从动件位移曲线，如图 3-2-6(b)所示。

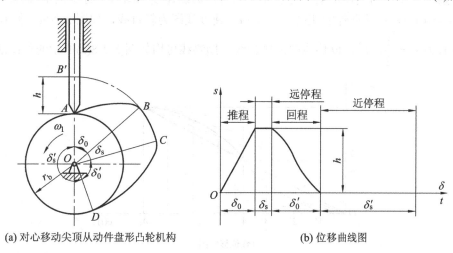

(a) 对心移动尖顶从动件盘形凸轮机构　　　　(b) 位移曲线图

图 3-2-6　凸轮机构的运动过程

2. 从动件常用的运动规律

如前所述，当凸轮作等速转动时，从动件的运动规律取决于凸轮轮廓曲线的形状。在实际生产中，对从动件运动规律的要求是多种多样的，这就要求设计具有不同轮廓曲线的凸轮，以满足不同的要求。下面介绍几种常用的从动件运动规律。

1) 等速运动规律

等速运动规律是指当凸轮作等角速度旋转时，从动件上升或下降的速度为一常数。图 3-2-7 所示为从动件在推程中作等速运动时的位移 s、速度 v 和加速度 a 的运动线图。

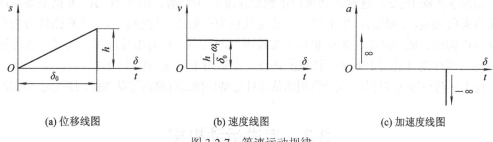

(a) 位移线图　　　　　　(b) 速度线图　　　　　　(c) 加速度线图

图 3-2-7　等速运动规律

在推程阶段，经过时间 t_0(凸轮作匀速转动时，相应的凸轮转角为 δ_0)，从动件的速度为 $v = h/t_0 =$ 常数，速度线图为水平直线(见图 3-2-7(b))；从动件的位移为 $s = vt$，其位移线图为一斜直线(见图 3-2-7(a))；从动件的加速度 a 曲线如图 3-2-7(c)所示，在从动件运动的起点和终点处，从动件的瞬时速度发生变化，从而使得瞬时加速度在理论上趋于无穷大，因此引起机构的强烈冲击，这种现象称为刚性冲击。因此，等速运动规律只适用于中、小功率和低速场合。在实际应用时，很少单独使用这种运动规律，经常是在其起点和终点处进行必要的修正，以避免刚性冲击。

2) 等加速等减速运动规律

当凸轮作等角速度旋转时，从动件在升程(或回程)的前半程作等加速运动，后半程作等减速运动，且通常两部分加速度的绝对值相等，这种运动规律称为等加速等减速运动规律。以前半个推程为例，从动件等加速运动时，其加速度线图为平行于横坐标轴的直线，如图 3-2-8(c)所示；从动件的速度为 $v_2 = a_2 t$，速度线图为斜直线，如图 3-2-8(b)所示；从动件的位移为 $s_2 = \dfrac{1}{2} a_2 t^2$，位移线图为抛物线，抛物线可用如图 3-2-8(a)所示的作图法绘出。

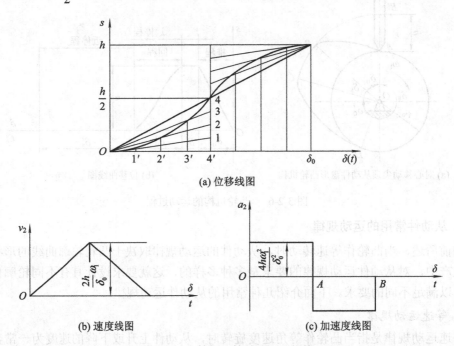

(a) 位移线图

(b) 速度线图

(c) 加速度线图

图 3-2-8 等加速等减速运动规律

由图 3-2-8(c)可知，这种运动规律虽然加速度 a_2 为常数，但在 O、A、B 诸点处加速度出现有限值突变，由此而产生的惯性力的变化也为有限值。这种由加速度和惯性力的有限变化对机构所造成的冲击、振动和噪声要较刚性冲击小，称为柔性冲击。所以，等加速等减速运动规律也只适用于中速、轻载的场合，不适用于高速凸轮传动。

除上述两种运动规律外，其他常用的从动件运动规律还有简谐运动规律、摆线运动规律等。

3.3 步进运动机构

在机器工作的时候，常常需要将主动件的连续运动变换为从动件的周期性的运动和停歇。如机械加工中成品或工件的输送运动，各种机器工作台的转位运动等。这种能够实现单向周期性间歇运动的机构，称为步进运动机构。应用较广泛的有棘轮机构和槽轮机构。

3.3.1　棘轮机构

1. 棘轮机构的类型、组成、工作原理

棘轮机构的类型、组成、工作原理参见表 3-3-1。

表 3-3-1　棘轮机构的类型

序号	分类方法	类型	工作原理及主要特点	组成示意图
1	根据结构特点分	齿式棘轮机构	① 棘轮外缘或内缘上具有刚性轮齿，依靠棘爪与棘轮齿间的啮合传递运动； ② 结构简单，制造方便，运动可靠，棘轮的转角可以在一定的范围内有级调节； ③ 在运动开始和终止时，会产生噪声和冲击，运动的平稳性较差，轮齿容易磨损，高速时尤其严重。因此，常用于低速、轻载和转角要求不大的场合	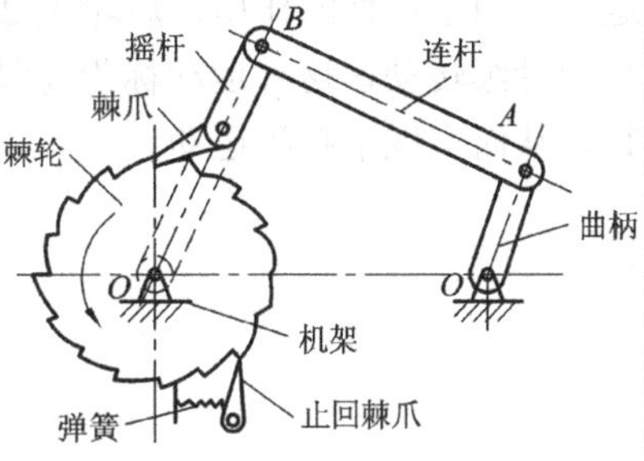 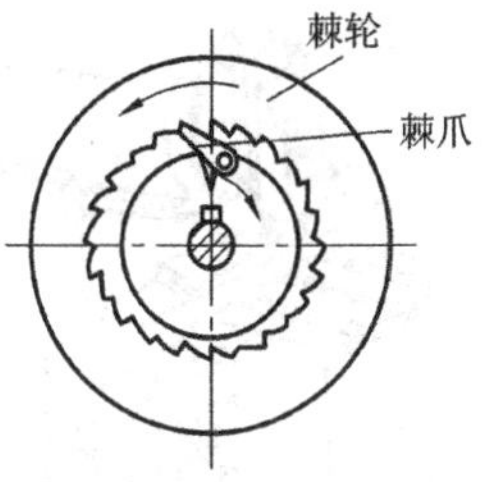
		摩擦式棘轮机构	① 采用没有棘齿的棘轮，棘爪为扇形的偏心轮； ② 依靠棘爪与棘轮之间的摩擦力传递运动； ③ 可以实现棘轮转角的无级调节，传动中很少发生噪声，传递运动较平稳。但由于靠摩擦楔紧传动，在其接触表面之间容易发生滑动现象，因而运动的可靠性和准确性较差，不宜用于运动精度要求高的场合	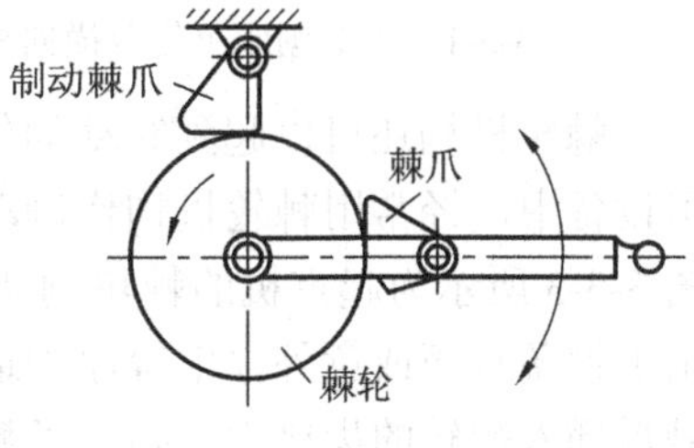
2	根据啮合方式分	外啮合棘轮机构	棘轮机构的轮齿分布在棘轮的外缘	参见示意图(a)
		内啮合棘轮机构	棘轮机构的轮齿分布在棘轮的内缘	参见示意图(b)

2. 应用实例

在生产中，棘轮机构的单向间歇运动的特性可满足多种要求。

图 3-3-1 所示为牛头刨床上用于控制工作台横向进给的齿式棘轮机构。当主动曲柄 1 转动时，摇杆 3 作往复摆动，通过棘爪使棘轮作单向间歇运动，从而带动工作台 4 作横向进给运动。

棘轮机构除了能够实现间歇运动外，还能实现超越运动。图 3-3-2 所示为自行车后轴上的飞轮结构，这是一种典型的超越机构。当脚蹬踏板时，链条带动内圈具有棘齿的链轮 1 顺时针转动。通过棘爪 4 的作用，带动后轮轴 2 一起在后轴 3 上作顺时针转动，从而驱使自行车前进。在前进的过程中，如果脚不踏动踏板，则踏板不动，链轮也就停止转动。这时，由于惯性的作用，后轮轴 2 带动棘爪 4 从棘轮的齿上滑过，使得后轮轴 2 超越链轮 1 而继续转动，这种运动称为超越运动。因此，在不蹬踏板的时候，自行车仍能自由地滑行，从而实现了超越运动。

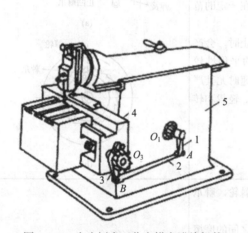

图 3-3-1　牛头刨床工作台横向进给机构

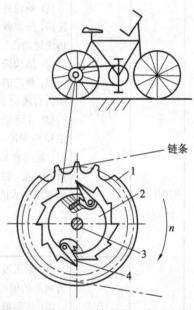

图 3-3-2　自行车后轴上的飞轮超越机构

棘轮机构还可以起到制动的作用。在一些起重设备或牵引设备中，经常用棘轮机构作制动器，以防止机构的逆转。图 3-3-3 所示为起重机的棘轮制动器。在提升重物的过程中，由于设备故障或意外停电等原因造成动力源被切断，此时，棘爪插入棘轮的齿槽中，制止了棘轮在重物作用下的顺时针转动，使得重物停留在这个瞬时位置上，从而防止重物坠落而造成事故。

当重物提升到任何需要的高度位置时，为了节省能源，也可以人为地切断动力源而保持重物不动。

此外，棘轮机构在钟表机构以及电器设备中，也得到了广泛的应用。

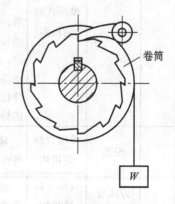

图 3-3-3　棘轮制动器

3.3.2　槽轮机构

1．槽轮机构的组成和工作原理

1）槽轮机构的组成

图 3-3-4 所示为单圆柱销外啮合槽轮机构。它由带有圆柱销 A 的拨盘 1、具有径向槽的槽轮 2 和机架所组成。

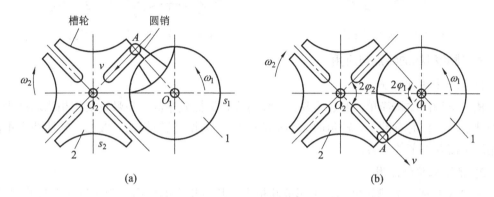

图 3-3-4　单圆柱销外啮合槽轮机构

2）工作原理

在槽轮机构中，通常拨盘 1 为主动件，槽轮 2 为从动件。当拨盘 1 以等角速度 ω_1 作逆时针的连续转动时，驱动槽轮 2 作顺时针间歇转动。

当拨盘 1 上的圆柱销 A 尚未进入槽轮的径向槽时，槽轮 2 的内凹锁止弧 S_2 被拨盘 1 的外凸圆弧 S_1 卡住，槽轮 2 静止不动。在图 3-3-4(a)所示的位置上，拨盘 1 的圆柱销 A 开始进入槽轮 2 的径向槽，此时锁止弧 S_2 被松开，圆柱销 A 驱使槽轮 2 顺时针转动。当拨盘 1 与槽轮各自转过角度 $2\varphi_1$ 和 $2\varphi_2$ 之后，圆柱销 A 到达图 3-3-4(b)所示的位置，开始从槽轮的径向槽中脱出。此时，槽轮 2 的下一个内凹锁止弧又被拨盘 1 的外凸圆弧卡住，致使槽轮 2 又静止不动。圆柱销 A 继续转过角度 $360° - 2\varphi_1$ 以后，拨盘 1 即转过了一周，这称为一个运动循环。当圆柱销 A 再进入槽轮 2 的下一个径向槽时，又会重复上述的运动循环。这样，拨盘 1 的连续等速转动就转换为槽轮的单向间歇转动。

2．槽轮机构的类型

1）根据啮合情况分类

根据啮合的情况，槽轮机构也可分为外啮合和内啮合两种类型。在外啮合槽轮机构中，如图 3-3-4 所示，主动件的转动方向与从动件的转动方向相反。在内啮合的槽轮机构中，如图 3-3-5 所示，两个构件的转动方向相同，而且内啮合槽轮机构的结构比较紧凑。

2）根据圆柱销数分类

圆柱销可以是一个，也可以是多个。在单圆柱销槽轮机构中，拨盘转动一周，槽轮转动一次，如图 3-3-4 所示。如果有多个圆柱销，拨盘转动一周，则槽轮转动多次。如图 3-3-6 所示为双圆柱销外啮合槽轮机构，在这种机构中，拨盘 1 转动一周，槽轮转动两次。

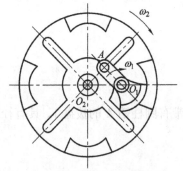

图 3-3-5　内啮合槽轮机构

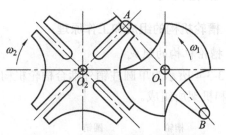

图 3-3-6　双圆柱销外啮合槽轮机构

3．槽轮机构的特点与应用

1) 槽轮机构的特点

槽轮机构的结构简单，制造容易，工作可靠，机械效率高，与棘轮机构相比运动平稳。它的缺点是工作时有冲击，转角的大小不能调节。因此，槽轮机构一般用于转速要求不高，且角度不需要调节的场合。

2) 槽轮机构的应用

图 3-3-7 所示为槽轮机构在电影放映机中送片机构上的应用。为了适应人眼的视觉暂留现象，要求胶片作间歇地移动。槽轮上有 4 个径向槽，当拨盘转动一周时，圆柱销拨动槽轮转过 1/4 周，将胶片上的一幅画面移到方框中，并停留一定的时间。这样，利用槽轮机构的间歇运动，使得胶片上的画面依次通过方框，从而获得连续的场景。在某些机床上刀架的转位装置中，使用槽轮机构作为转位机构，实现刀架的间歇转动，如图 3-3-8 所示。

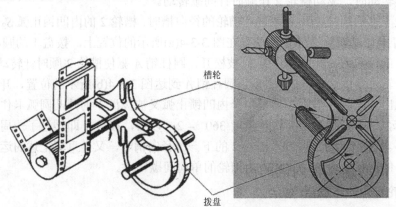

图 3-3-7　电影放映机中的槽轮机构　　　　图 3-3-8　刀架转位机构

3.4　摩擦传动

3.4.1　摩擦轮传动

1．摩擦轮传动的工作原理

摩擦轮传动是利用两轮直接接触所产生的摩擦力来传递运动和动力的一种机械传动。

图 3-4-1 所示为最简单的摩擦轮传动，由两个相互压紧的圆柱形摩擦轮组成。在正常传动时，主动轮依靠摩擦力的作用带动从动轮转动，并保证两轮面的接触处有足够大的摩擦力，使主动轮产生的摩擦力矩足以克服从动轮上的阻力矩。如果摩擦力矩小于阻力矩，两轮面接触处在传动中会出现相对滑移现象，这种现象称为"打滑"。

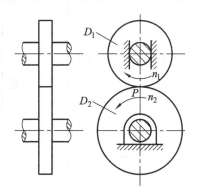

图 3-4-1　两轴平行的外接摩擦轮传动

提高摩擦轮传动能力的方法参见表 3-4-1。

表 3-4-1　提高摩擦轮传动能力的方法

序号	方法	具 体 措 施	注 意 事 项
1	增大正压力	在摩擦轮上安装弹簧或其他的施力装置	会增加作用在轴与轴承上的载荷，导致增大传动件的尺寸，使机构笨重，故正压力只能适当增加
2	增大摩擦因数	将其中一个摩擦轮用钢或铸铁材料制造，在另一个摩擦轮的工作表面，粘上一层石棉、皮革、橡胶布、塑料或纤维材料等	轮面较软的摩擦轮宜作为主动轮，以避免传动中产生打滑，致使从动轮的轮面遭受局部磨损而影响传动质量

2. 摩擦轮传动的特点

与其他传动相比较，摩擦轮传动具有下列特点：

(1) 结构简单，使用、维修方便，适用于两轴中心距较近的传动。

(2) 传动时噪声小，并可在运转中变速、变向。

(3) 过载时有安全保护作用。

(4) 在两轮接触处有打滑的可能，不能保持准确的传动比。

(5) 传动效率较低，不宜传递较大的转矩，主要适用于高速、小功率传动的场合。

3. 摩擦轮传动的类型和应用场合

按两轮轴线相对位置，摩擦轮传动可分为两轴平行和两轴相交的摩擦轮传动两类，参见表 3-4-2。直接接触的摩擦轮传动一般应用于摩擦压力机、摩擦离合器、制动器、机械无级变速器及仪器的传动机构等场合。

表 3-4-2　摩擦轮传动的类型

序号	类　　型	传 动 示 意 图
1	两轴平行的摩擦轮传动	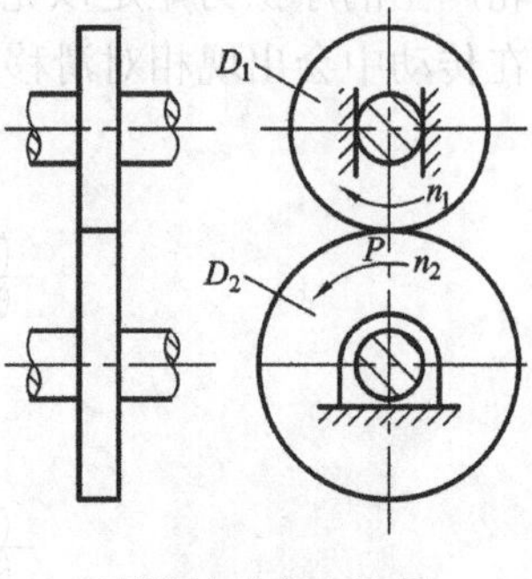 外接圆柱式 两轴转动方向相反
		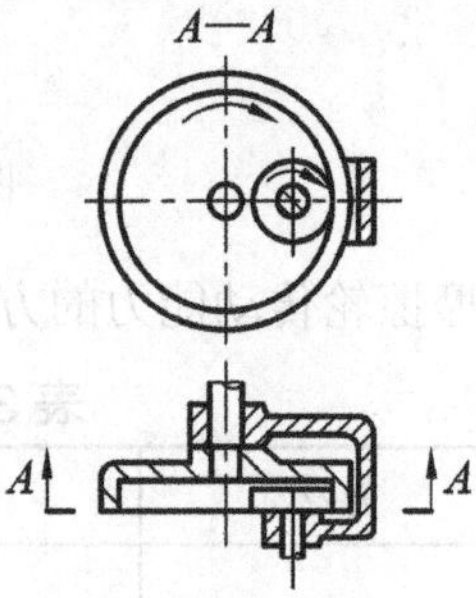 内接圆柱式 两轴转动方向相同
2	两轴相交的摩擦轮传动	外接圆锥式 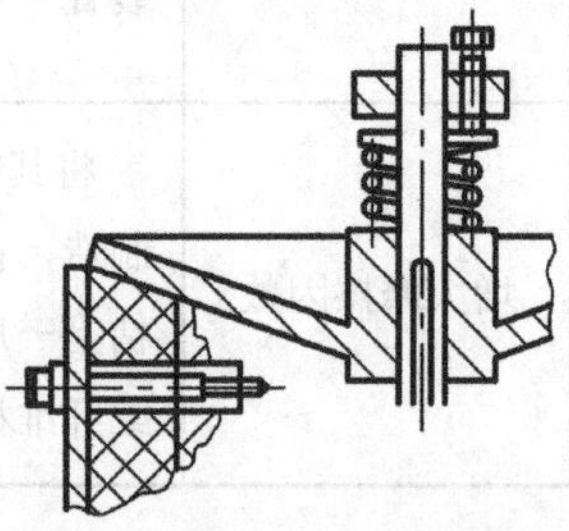
		内接圆锥式 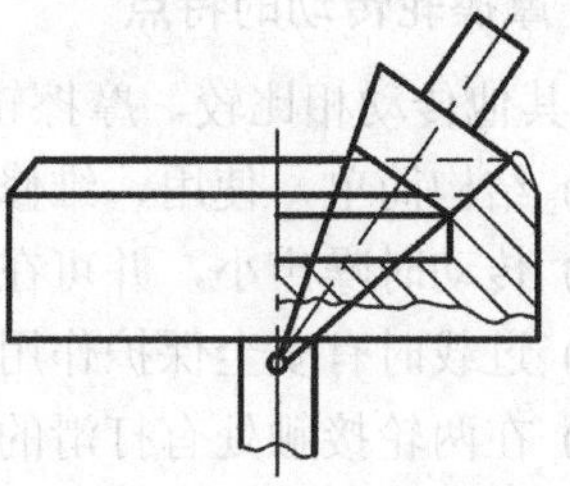

3.4.2　带传动

在机械传动中，带传动是常见形式之一，带传动主要由主动轮、从动轮、紧套在两轮上的带、机架等组成，如图 3-4-2 所示。按带传动工作原理的不同，可分为摩擦带传动和啮合带传动两类。

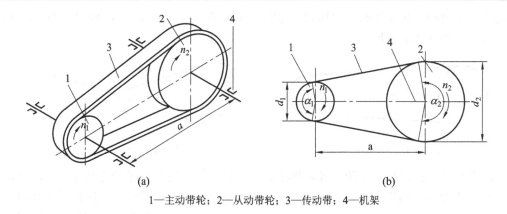

1—主动带轮；2—从动带轮；3—传动带；4—机架

图 3-4-2　带传动的组成

1. 带传动的工作原理

对于摩擦带传动，由于带紧套在两轮上，使带与带轮之间在接触面上产生正压力，当主动轮转动时，带与带轮之间就会产生摩擦力，带传动就是靠此摩擦力来传递运动和动力的。在摩擦带传动中，带与带轮接触弧长所对应的中心角称为包角(见图 3-4-2)，包角越大，带与带轮间产生的总摩擦力越大，一般规定小带轮的包角不应小于120°。

啮合带传动是依靠带上的齿与带轮上的齿相互啮合来传递运动和动力的。

2. 带传动的类型

除了按工作原理将带传动分为摩擦带传动和啮合带传动两类外，带传动的类型主要是根据带的横截面形状不同进行分类。

根据带的横截面形状不同，摩擦带传动可分为平带传动(截面为扁平矩形，工作面为内表面)，如图 3-4-3(a)所示，主要用于两轴平行、转向相同的较远距离的传动，如汽车发动机制冷设备的风扇常和发动机一起由曲轴带轮通过平带驱动；V 带传动(截面为梯形，工作面为带的两侧面)，如图 3-4-3(b)所示，在机械传动中应用极为广泛，如汽车发动机附件(发电机、空调压缩机和水泵)常采用两根 V 带驱动；多楔带传动(截面以平带为基体，且内表面具有等距的纵向楔，工作面为楔的侧面)，如图 3-4-3(c)所示，多用于结构要求紧凑的大功率传动中，在汽车中也很常用；圆形带传动(截面为圆形)，如图 3-4-3(d)所示，其传递能力较小，仅用于如缝纫机、仪器等低速、小功率的传动。

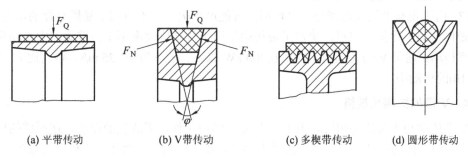

(a) 平带传动　　　(b) V带传动　　　(c) 多楔带传动　　　(d) 圆形带传动

图 3-4-3　带传动的类型

带传动还可以按照主、从动轮的转向分为开口式带传动和交叉式带传动。在开口式带传动中，主动轮和从动轮的转向相同，如图 3-4-4 所示；交叉式带传动的主动轮和从动轮转向相反，如图 3-4-5 所示。

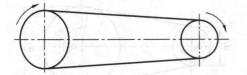 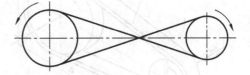

图 3-4-4　开口式带传动　　　　　　　　　图 3-4-5　交叉式带传动

啮合带的横截面形状如图 3-4-6 所示，由于这种形状的带与带轮之间无相对滑动，带与带轮的线速度是同步的，所以又称为同步带传动。同步带传动除保持摩擦带传动的优点外，还具有传递功率大，传动比准确等优点，多用于要求传动平稳，传动精度较高的场合，如汽车、录音机、电子计算机、数控机床、纺织机械等。

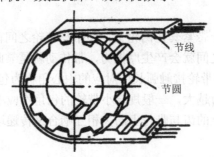

图 3-4-6　同步带传动

3. 带传动的特点及应用

带传动的主要特点：

(1) 带富有弹性，能够缓冲、吸振，传动平稳，噪声低，无油污染。

(2) 过载时产生打滑，可防止其他零部件的损伤，起到安全保护作用。

(3) 结构简单，便于加工、装配，维护方便，成本低。

(4) 适用于两轴中心距较大的传动，并可通过增减带长适应不同的中心距要求。

(5) 带传动外廓尺寸较大，传动效率低，带的寿命短，传动中对轴的作用较大。

(6) 当带传动依靠摩擦传动时，带与带轮之间存在弹性滑动，不能保证准确的传动比，不能用于要求传动比精确的场合。

(7) 由于带与带轮间的摩擦生电作用，可能产生火花，不宜用于易燃易爆的地方。

带传动的上述优、缺点，决定了带传动常用于传动比要求不十分准确的中小功率的较远距离传动。通常 V 带传动用于功率在 100 kW 以下、带速为 5～25 m/s、传动比 $i \leqslant 7$(少数可达 10)的传动中。

4. V 带的结构和规格

V 带传动与平带传动相比，由于 V 带靠两侧面工作，形成楔面摩擦，在同样的压紧力作用下，V 带传动的摩擦力比平带传动人得多，故传递的功率也比平带传动大很多。此外，V 带传动允许有较大的传动比，结构紧凑、传动平稳，且 V 带已标准化，价格低，故机械中多采用 V 带传动。

普通 V 带为无接头的环形带,其两侧面的夹角为 40°。V 带的横截面结构如图 3-4-7 所示。其中图 3-4-7(a)是帘布结构;图 3-4-7(b)是绳芯结构,这两种结构的 V 带均由以下四部分组成:伸张层——由胶料构成,带弯曲时受拉;强力层——由几层挂胶的帘布或浸胶的尼龙绳构成,工作时主要承受拉力;压缩层——由胶料构成,带弯曲时受压;包布层——由挂胶的帘布构成。

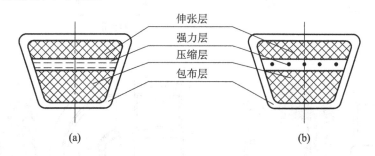

伸张层
强力层
压缩层
包布层

(a)　　　　　　　　　　　　(b)

图 3-4-7　V 带的横截面结构

一般用途的带传动主要用帘布结构的 V 带。绳芯结构比较柔软,抗弯强度高,抗拉强度稍差,适用于转速较高、载荷不大或带轮直径较小的场合。

普通 V 带按截面尺寸由小到大分为 Y、Z、A、B、C、D、E 七种型号,各型号普通 V 带截面尺寸、基准长度系列可查阅相关手册。

普通 V 带的标记为:带型　基准长度　国标号。

例如,A 型普通 V 带,基准长度为 1000 mm。其标记为:A 1000 GB/T11544—1997。

5. V 带轮的结构和材料

V 带轮的结构如图 3-4-8 所示,由起支承作用的轮毂、起连接作用的腹板和工作轮缘组成。

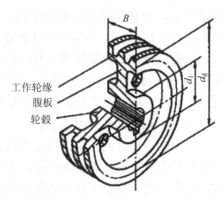

工作轮缘
腹板
轮毂

图 3-4-8　V 带轮的结构

轮缘是带轮外圈环形部分,在其表面制有轮槽,轮槽尺寸可根据手册查得。轮槽角有 32°、34°、36° 和 38° 等几种。带轮直径越小,轮槽角也越小。为了减少带的磨损,槽侧面的表面结构值不应大于 3.2～1.6 μm。

腹板(轮辐)是连接轮毂与轮缘的中间部分。其型式有实心式、腹板式、孔板式、轮辐式,如图 3-4-9 所示。

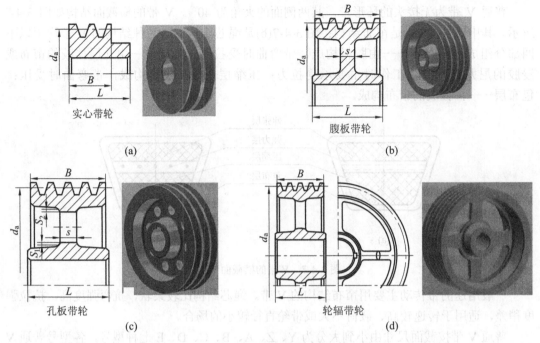

实心带轮 (a)   腹板带轮 (b)

孔板带轮 (c)   轮辐带轮 (d)

图 3-4-9　V 带轮腹板的型式

V 带轮的材料常选用灰铸铁。当圆周速度 V 小于 25 m/s 时，通常采用 HT150；当 V 接近或等于 25 m/s 时，可采用 HT200；对于特别重要或速度较高的带轮可选用铸钢；为了减轻带轮的重量，也可用铝合金及工程塑料。

6. V 带传动的选用

选用普通 V 带传动时，首先根据所需传递的功率和主动带轮的转速选用 V 带的型号和根数，其次选用 V 带轮基准直径 d_d，再确定带的基准长度 L_d，并进行各项验算。

(1) 选用合适的带轮直径，保证 $d_d \geq d_{min}$。小带轮的基准直径 d_d，是一个重要的参数。在一定的传动比下，小带轮的基准直径小，大带轮的基准直径相应地也小，则带传动的外廓尺寸小，结构紧凑、重量轻。但小带轮的基准直径过小，将会使传动带的弯曲应力增大，导致传动带的寿命降低。为了避免产生过大的弯曲应力，在 V 带传动的设计计算中，对于每种型号的 V 带传动都规定了相应的最小带轮基准直径。

(2) V 带的线速度要合适。如果带速过高，则因离心力过大而降低传动带和带轮之间的正压力，降低了摩擦力，使得最大有效拉力 F 相应减小，带传动中易出现打滑。另离心应力增大，也降低了传动带的疲劳强度，降低了传动带的寿命。但如果带的速度过小，在一定的有效拉力作用下，传动带所能传递的功率就会减少。通常应使带速在 5～25 m/s 范围内，否则应重新选取传动带的基准直径。

(3) 中心距要合适。当传动的中心距较小时，结构较为紧凑，但传动带的基准长度较短，包角也会减小；而且在带速一定的情况下，使得传动带绕过带轮的次数增多，降低了传动带的寿命。而当传动的中心距过大时，则传动的外廓尺寸较大，而且带速较高时容易引起带的抖动，影响传动带的正常工作。

7. V 带传动的安装与使用维护

1) V 带传动的安装

① 安装带时，应先缩小中心距后再套上带，而后张紧之，不要硬撬，以免损坏带，降低使用寿命。

② V 带必须正确安装在轮槽中，一般带顶面与带轮轮槽顶面取齐，如图 3-4-10 所示。

③ 两带轮的轴线要保持平行，且两轮对应轮槽的对称平面应重合，如图 3-4-11 所示。

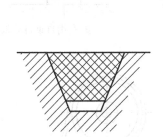

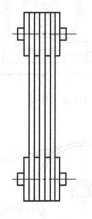

图 3-4-10　V 带在轮槽中的正确位置　　　　图 3-4-11　两带轮轴线及轮槽的正确位置关系

④ V 带的张紧程度要适当。在中等中心距情况下，V 带安装后，用大拇指能将带按下 15 mm 左右，则张紧程度合适，如图 3-4-12 所示。

图 3-4-12　V 带的张紧程度

2) V 带传动的使用维护

为了保证带传动的正常工作，延长带的使用寿命，对带传动的使用和维护必须予以重视：

① 严防带与矿物油、酸、碱等腐蚀性介质接触。

② 带不宜在阳光下曝晒，带的工作温度不应超过 60℃。

③ 为保证安全生产，带传动必须安装防护罩。

④ 定期检查并及时调整。调换 V 带时，要成组更换，不能只换坏了的几根。

⑤ V 带传动的包角不能小于 120°。

⑥ 应考虑合适的张紧方式。V 带在工作一定时间后，会要产生永久变形，导致带逐渐

松弛，影响带传动的质量，因此需要有张紧装置重新将带张紧。常用的张紧方法有调整中心距和使用张紧轮，如图 3-4-13 所示。

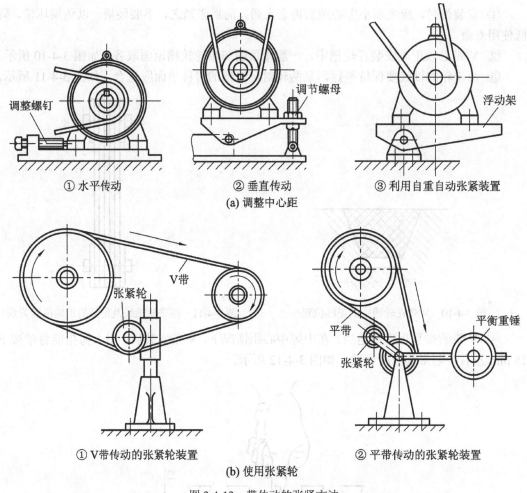

① 水平传动　　　　　② 垂直传动　　　　　③ 利用自重自动张紧装置

(a) 调整中心距

① V带传动的张紧轮装置　　　　　　② 平带传动的张紧轮装置

(b) 使用张紧轮

图 3-4-13　带传动的张紧方法

3.5　链传动和齿轮传动

3.5.1　链传动

1. 链传动的组成和工作原理

链传动是由主动链轮 1、从动链轮 2、套在两个链轮上的链条 3 和机架组成的，如图 3-5-1 所示。工作时，主动链轮转动，依靠链条的链节和链轮齿的啮合将运动和动力传递给从动链轮。链传动是一种以链条作中间挠性件的啮合传动。设链传动中主动链轮 1 的齿数为 z_1，转速为 n_1，从动链轮 2 的齿数为 z_2，转速为 n_2。显然，在单位时间内两链轮转过的齿数 n_1z_1 和 n_2z_2 相等，即 $n_1z_1 = n_2z_2$，则链传动的传动比 $i = n_1 / n_2 = z_2 / z_1$。

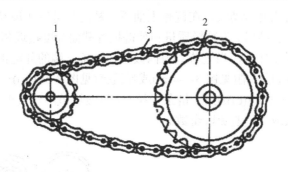

图 3-5-1　链传动

2. 链传动的类型、特点及应用

1) 链传动的类型

按用途的不同，链条可分为传动链、曳引链和输送链。传动链主要用来传递动力和运动，一般工作速度小于 20 m/s；曳引链主要用于起重机械中提升重物，其工作速度不大于0.25 m/s；输送链主要用于输送机械中进行物料传送，其工作速度不超过 2.4 m/s。

2) 链传动的特点

与带传动相比，链传动的主要特点如下：

① 由于是啮合传动，没有相对滑动，能保持准确的平均传动比。

② 张紧力小，故工作时作用在轴上的载荷较小，有利于延长轴承寿命，效率也比带传动高。

③ 对工作条件要求较低，可在高温、油污、潮湿等环境恶劣情况下可靠工作。

④ 传递功率较大，结构比较紧凑，中心距使用范围较大，维护方便。

⑤ 运行平稳性差，从动链轮瞬时转速不均匀，高速运转时不如带传动平稳，且噪声和振动大。

⑥ 对制造和安装的精度要求较带传动高，制造成本较高。

⑦ 不能实现过载保护；只能用于平行轴间的传动。

3) 链传动的应用

链传动主要用于要求平均传动比准确，而且两轴间距较远，工作条件恶劣，不宜采用带传动和齿轮传动的场合。通常链传动的传动比 $i \leqslant 8$，传递功率 $P \leqslant 100$ kW，中心距 $a \leqslant 6$ m，链速 $v \leqslant 15$ m/s，传动效率约为 $0.94 \sim 0.98$。链传动在现代工业中应用较广，如自行车、摩托车、汽车等常见交通工具中都有链传动。

3. 链条和链轮

1) 链条

机械中传递动力的传动链主要有滚子链(套筒滚子链)和齿形链两种。齿形链(见图 3-5-2)由许多齿形链板通过铰链连接而成，运转较平稳，噪声小，但质量大，成本较高，一般用于高速传动，链速可达 40 m/s。

滚子链(见图 3-5-3)由内链板、滚子、套筒、外链板、销轴等组成。内链板与套筒、外链板与销轴均为过盈配合；套筒与销轴、滚子与套筒均为间隙配合，这样链节就像铰链一样，内、外链板间有相对转动，可在链轮上曲折，从而与链轮实现啮合，同时，还可减少链条与链轮间的摩擦和磨损。为减轻质量和使链板各截面强度接近相等，链板制成 8 字形。使用时，滚子链为封闭环形，当链节数为偶数时，链条一端的外链板正好与另一端的销轴相连接，在接头处，用开口销(见图 3-5-4(a))或弹簧夹(见图 3-5-4(b))连接；若链节数为奇数，则采用过渡链节(见图 3-5-4(c))连接。链条受拉时，过渡链节的弯链板承受附加的弯矩作用，所以，设计时链节数应尽量避免取奇数。

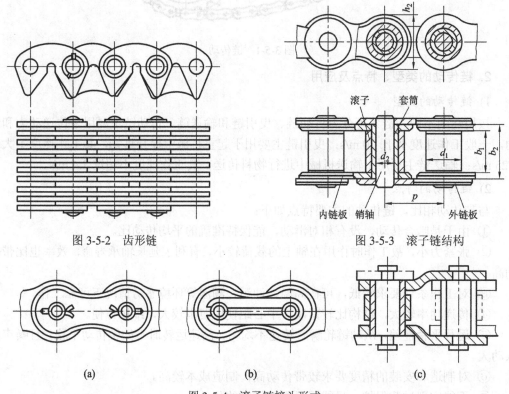

图 3-5-2　齿形链　　　　　　　　　　　　　　　图 3-5-3　滚子链结构

(a)　　　　　　　　　(b)　　　　　　　　　(c)

图 3-5-4　滚子链接头形式

滚子链是标准件，共分 A、B 两个系列，我国主要采用 A 系列。

滚子链的标记内容为链号-排数×整链链节数　标准号

如 A 系列 10 号链，双排，88 节滚子链，表示为 10A-2×88 GB/T1243—1997。

2) 链轮

链轮的齿形应保证链节能平稳、顺利地进入和退出啮合，受力均匀，不出现脱链现象，并便于加工。链轮的标准齿形由 GB/T1243—1997 规定，并用标准刀具加工。常见的链轮结构如图 3-5-5 所示。链轮尺寸较小时，可制成如图 3-5-5(a)所示的实心式，中等直径的链轮可制成如图 3-5-5(b)所示的孔板式，直径较大的链轮可采用装配式，如图 3-5-5(c)、(d)所示，齿圈磨损后可以更换。

链轮的材料应保证轮齿具有足够的耐磨性和强度，常用材料有碳钢(如 45、50、ZG310-570)、灰铸铁(HT 200)，重要的链轮可采用合金钢(如 40Cr、35SiMn)，齿面要经热处理。

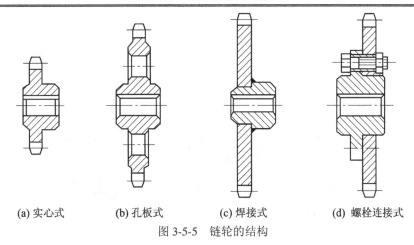

(a) 实心式　　　　(b) 孔板式　　　　(c) 焊接式　　　　(d) 螺栓连接式

图 3-5-5　链轮的结构

4. 链传动的安装与维护

1) 链传动的布置

链传动的布置方式如图 3-5-6 所示，有垂直布置、倾斜布置和水平布置。其中，水平布置最好，尽量避免垂直布置。

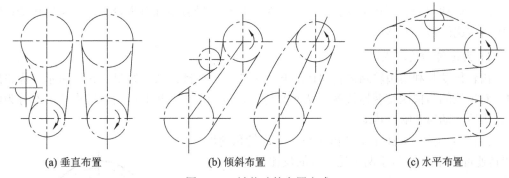

(a) 垂直布置　　　　　　(b) 倾斜布置　　　　　　(c) 水平布置

图 3-5-6　链传动的布置方式

链传动布置时要考虑的原则有：

① 两链轮轴线应平行，两链轮端面应位于同一铅垂平面内。

② 应使链条紧边在上，松边在下，以免松边垂度过大时干扰链与轮齿的正常啮合。

③ 为了安全与防尘，链传动应装防护罩。

2) 链传动的张紧

链传动是靠链条和链轮的啮合传递运动和转矩的，不需要很大的张紧力。链传动张紧的目的是为了避免链条磨损后，链节距伸长而使松边产生振动、跳齿和脱链。链传动的张紧方法有：

① 通过调整链轮中心距来张紧链条。

② 采用张紧轮张紧，张紧轮常设在链条松边的内侧或外侧，如图 3-5-6 所示。

③ 拆除 1～2 个链节，缩短链长，使链张紧。

3) 链传动的润滑

润滑有利于缓冲、减小摩擦、降低磨损，润滑是否良好对链传动的承载能力与寿命有很大的影响。链速越高，润滑方式要求越高。常用的润滑方式如图 3-5-7 所示。

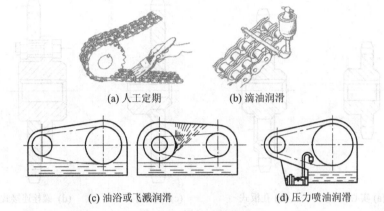

(a) 人工定期　　　　　　(b) 滴油润滑

(c) 油浴或飞溅润滑　　　　　(d) 压力喷油润滑

图 3-5-7　链传动的润滑

3.5.2　齿轮传动

1. 齿轮传动概述

齿轮传动是应用最为广泛和特别重要的一种机械传动形式，它可以用于传递空间任意轴之间的运动和动力。在工程机械以及汽车、机械式钟表中都有齿轮传动，齿轮传动是机器中所占比例最大的传动形式。

1) 齿轮传动的组成

齿轮传动是利用齿轮副来传递运动和动力的一种机械传动，如图 3-5-8 所示。齿轮副的一对齿轮的齿依次交替地接触，从而实现一定运动规律的相对运动的过程和形态称为啮合。齿轮传动属于啮合传动。

齿轮传动的传动比是主动齿轮与从动齿轮角速度(或转速)的比值，也等于两齿轮齿数的反比，即

$$i = \frac{\omega_1}{\omega_2} = \frac{n_1}{n_2} = \frac{z_2}{z_1}$$

式中，ω_1、n_1 分别为主动齿轮角速度和转速；ω_2、n_2 分别为从动齿轮角速度和转速；z_1、z_2 分别为主动齿轮齿数和从动齿轮齿数。

2) 齿轮传动的应用特点

齿轮传动与摩擦轮、带传动和链传动等相比，具有以下优点：

(1) 能保持瞬时传动比的恒定，传动平稳可靠。

(2) 传递功率和速度范围大。

(3) 传动效率高。一般传动效率为 $\eta = 0.94 \sim 0.98$。

(4) 结构紧凑、维护简便、使用寿命长。

齿轮传动也存在一定不足：

(1) 齿轮的制造、安装精度要求高，成本高。

(2) 不能实现无极变速，没有过载保护作用，工作时有噪声。

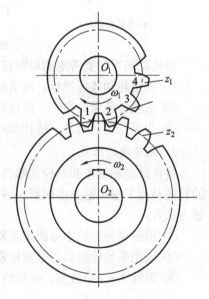

图 3-5-8　齿轮传动

(3) 不适宜用于中心距较大的场合。

3) 齿轮传动的常用类型

表 3-5-1 列出了几种齿轮传动的常用类型。

表 3-5-1　齿轮传动的常用类型

序号	分 类 方 法	类 型	应 用 举 例
1	根据齿轮副两传动轴的相对位置不同	平行轴齿轮传动	 人字齿齿轮传动
		相交轴齿轮传动	 斜齿锥齿轮传动
		交错轴齿轮传动	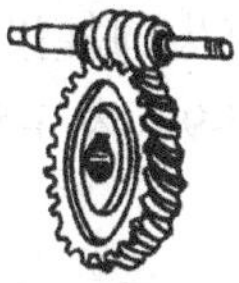 蜗杆传动
2	根据齿轮分度曲面不同	圆柱齿轮传动	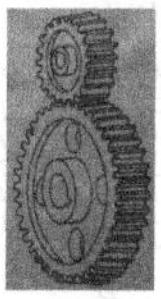 直齿齿轮传动
		锥齿轮传动	 直齿锥齿轮传动
3	根据齿线形状不同	直齿齿轮传动	 内啮合直齿齿轮传动
		斜齿齿轮传动	 交错轴斜齿轮传动
	根据齿线形状不同	曲线齿齿轮传动	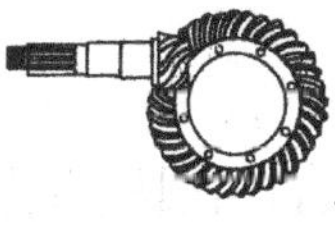 准双曲面齿轮传动

序号	分 类 方 法	类 型	应 用 举 例
4	根据齿轮传动的工作条件不同	闭式齿轮传动	汽车变速器齿轮、减速器齿轮、机床主轴箱齿轮
		开式齿轮传动	水泥搅拌机齿轮、卷扬机齿轮
5	根据轮齿齿廓曲线不同	渐开线齿轮传动	常用机械上的齿轮传动
		摆线齿轮传动	钟表和某些仪器中的齿轮传动
		圆弧齿轮传动	高速重载的汽轮机、压缩机和低速重载的轧钢机上的齿轮传动

2. 渐开线齿轮

1) 渐开线齿轮的主要参数

(1) 渐开线直齿圆柱齿轮的几何要素及基本参数：渐开线直齿圆柱齿轮几何要素的名称及代号见图 3-5-9、表 3-5-2。

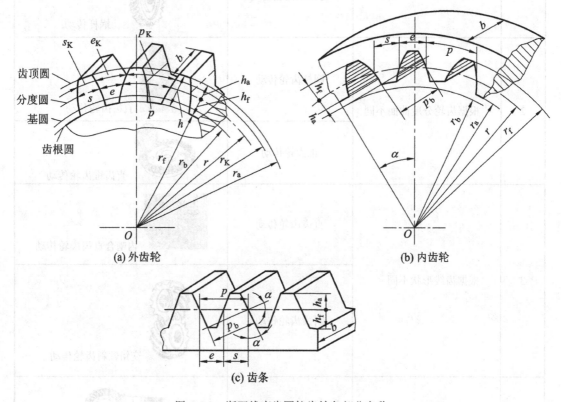

(a) 外齿轮　　(b) 内齿轮

(c) 齿条

图 3-5-9　渐开线直齿圆柱齿轮各部分名称

渐开线直齿圆柱齿轮的基本参数有：齿数 z、模数 m、齿形角 α、齿顶高系数 h_a^* 和顶隙系数 c^*，代号及其说明参见表 3-5-3。基本参数是齿轮各部分几何尺寸计算的依据。

表 3-5-2　渐开线直齿圆柱齿轮几何要素的名称及代号

序号	名　称	相　关　说　明	代号
1	端平面	在圆柱齿轮上，垂直于齿轮轴线的表面	
2	齿顶圆	圆柱齿轮的齿顶曲面称为齿顶圆柱面。齿顶圆柱面与端平面的交线称为齿顶圆	d_a
3	齿根圆	圆柱齿轮的齿根曲面称为齿根圆柱面。齿根圆柱面与端平面的交线称为齿根圆	d_f
4	分度圆	圆柱齿轮的分度曲面称分度圆柱面。分度圆柱面与端平面的交线称为分度圆。分度圆是一个假想的圆，齿轮的轮齿尺寸均以此曲面为基准而加以确定	d
5	齿宽	齿轮的有齿部位分度圆柱直母线方向度量的宽度	b
6	齿距	两个相邻而同侧的端面齿廓间的分度圆弧长	p
7	齿厚	一个齿的两侧端面齿廓之间的分度圆弧长	s
8	齿槽宽	一个齿槽的两侧端面齿廓之间的分度圆弧长	e
9	齿顶高	齿顶圆与分度圆之间的径向距离	h_a
10	齿根高	齿根圆与分度圆之间的径向距离	h_f
11	全齿高	齿顶圆与齿根圆之间的径向距离	h
12	基圆	形成齿廓渐开线的圆	d_b
13	基圆齿距	两个相邻而同侧的端面齿廓间的基圆弧长	p_b

表 3-5-3　直齿圆柱齿轮的基本参数及其代号

序号	名　称	相　关　说　明	代号
1	齿数	一个齿轮的轮齿总数。当齿轮的模数一定时，齿数越多，齿轮的几何尺寸越大。轮齿渐开线的曲率半径也越大，齿廓曲线越平直	z
2	模数	齿距除以 π 所得的商（$m = p/\pi$，有理数）。单位为 mm，模数已经标准化。模数越大，轮齿的尺寸越大，承载能力也越强	m
3	齿形角	通常指分度圆上的齿形角。国家标准规定渐开线圆柱齿轮分度圆上的齿形角 $\alpha = 20°$	α
4	齿顶高系数	齿顶高与模数之比。标准直齿圆柱齿轮的齿顶高系数 $h_a^* = 1$	h_a^*
5	顶隙系数	一齿轮齿顶圆与另一齿轮齿根圆之间的径向距离称为顶隙。顶隙可避免传动时一齿轮的齿顶与另一齿轮的齿根相碰撞，而且能储存润滑油，有利于齿轮的啮合传动。顶隙与模数之比称为顶隙系数。标准直齿圆柱齿轮的顶隙系数 $c^* = 0.25$	c^*

(2) 斜齿轮的主要参数：

① 螺旋角 β。斜齿轮的齿廓曲面与分度圆柱面相交为一螺旋线，该螺旋线上的切线

与齿轮轴线的夹角称为斜齿轮的螺旋角，一般 $\beta = 8° \sim 20°$，人字齿轮的螺旋角可达 $25° \sim 40°$。根据螺旋线的方向，斜齿轮有左旋和右旋之分。

② 端面参数和法向参数。垂直于斜齿轮轴线的平面称为斜齿轮的端平面，垂直于分度圆柱上螺旋线切线方向的平面称为斜齿轮的法平面。在切制斜齿轮时，由于刀具是沿齿轮分度圆柱上螺旋线方向进刀，因此斜齿轮在法平面内的参数(称法面参数，如 m_n、α_n、h_{an}^*、c_n^*)与刀具的参数相同。规定斜齿轮的法面参数为标准值且与直齿圆柱齿轮的标准值相同，法向压力角 $\alpha_n = 20°$，而法面齿顶高系数和法面顶隙系数分别为 $h_{an}^* = 1$，$c_n^* = 0.25$。

尽管斜齿轮的法面参数是标准值，但斜齿轮的直径和传动中心距等几何尺寸的计算却是在端面内进行的。因此要了解斜齿轮的法面模数 m_n 和法面压力角 α_n 与端面模数 m_t 和端面压力角 α_t 之间的换算关系。

$$m_n = m_t \cos\beta, \quad \tan\alpha_n = \tan\alpha_t \cos\beta$$

斜齿轮的法面齿顶高系数和法面顶隙系数与端面齿顶高系数和顶隙系数的换算公式为

$$h_{at}^* = h_{an}^* \cos\beta, \quad c_t^* = c_n^* \cos\beta$$

(3) 标准直齿锥齿轮的主要参数。标准直齿锥齿轮的大端模数为标准模数，法向齿形角 $\alpha = 20°$，齿顶高等于模数，齿高等于 $2.2 m$。

2) 标准直齿圆柱齿轮的几何尺寸计算

标准直齿圆柱齿轮的几何尺寸计算公式参见表 3-5-4。

表3-5-4　　渐开线标准直齿圆柱齿轮传动几何尺寸(mm)

名　称	外　齿　轮	内　齿　轮
分度圆直径 d	$d = mz$	$d = mz$
顶隙 c	$c = c^* m = 0.25m$	$c = c^* m = 0.25m$
齿顶高 h_a	$h_a = h_a^* m$	$h_a = h_a^* m$
齿根高 h_f	$h_f = h_a + c = (h_a^* + c^*)m = 1.25m$	$h_f = h_a + c = (h_a^* + c^*)m = 1.25m$
齿高 h	$h = h_a + h_f = (2h_a^* + c^*)m = 2.25m$	$h = h_a + h_f = (2h_a^* + c^*)m = 2.25m$
齿顶圆直径 d_a	$d_a = d + 2h_a = m(z + 2h_a^*) = m(z + 2)$	$d_a = d - 2h_a = m(z - 2h_a^*) = m(z - 2)$
齿根圆直径 d_t	$d_t = d - 2h_t = m(z - 2h_a^* - 2c^*) = m(z - 2.5)$	$d_f = d + 2h_f = m(z + 2h_a^* + 2c^*) = m(z + 2.5)$
基圆直径 d_b	$d_b = mz \cos\alpha$	$d_b = mz \cos\alpha$
齿距 p	$p = \pi m$	$p = \pi m$
齿厚 s	$s = \dfrac{p}{2} = \dfrac{\pi m}{2}$	$s = \dfrac{p}{2} = \dfrac{\pi m}{2}$
齿槽宽 e	$e = \dfrac{p}{2} = \dfrac{\pi m}{2}$	$e = \dfrac{p}{2} = \dfrac{\pi m}{2}$
中心距 a	$a = \dfrac{m}{2}(z_1 + z_2)$	$a = \dfrac{m}{2}(z_2 - z_1)$

例： 一对标准直齿圆柱齿轮传动，已知两齿轮传动的标准中心距 $a = 225$ mm。小齿轮的齿数 $z_1 = 24$，齿顶圆直径 $d_a = 130$ mm，试计算这对齿轮中大齿轮的主要几何尺寸。

解：

$$m = \frac{d_{a1}}{z_1 + 2h_a^*} = \frac{130}{24 + 2} = 5 \text{ mm}$$

$$a = \frac{1}{2}m(z_1 + z_2), \quad z = 66$$

$$d_2 = mz_2 = 5 \times 66 = 330 \text{ mm}$$

$$d_{a2} = m(z_2 + 2h_a^*) = 5 \times (66 + 2 \times 1) = 340 \text{ mm}$$

$$d_f = m(z_2 - 2h_a^* - 2c^*) = 5 \times (66 - 2 \times 1 - 2 \times 0.25) = 317.5 \text{ mm}$$

$$h_a = h_a^* m = 1 \times 5 = 5 \text{ mm}$$

$$h_f = (h_a^* + c^*)m = (1 + 0.25) \times 5 = 6.25 \text{ mm}$$

$$h = h_a + h_f = (5 + 6.25) = 11.25 \text{ mm}$$

$$p = \pi m = 3.14 \times 5 = 15.70 \text{ mm}$$

$$s = e = \frac{p}{2} = \frac{15.70}{2} = 7.85 \text{ mm}$$

3) 渐开线圆柱齿轮的正确啮合条件

(1) 直齿圆柱齿轮的正确啮合条件：要使两齿轮能正确啮合，即两轮齿之间不产生间隙或卡住，就必须满足两齿轮的法向齿距相等的条件，亦即

$$p_{b1} = p_{b2}$$

而

$$p_b = \frac{\pi d_b}{z} = \frac{\pi d \cos \alpha}{z} = \pi m \cos \alpha$$

故有

$$m_1 \cos \alpha_1 = m_2 \cos \alpha_2$$

由于模数和压力角都已标准化，所以要满足上式，应使

$$m_1 = m_2 = m$$
$$\alpha_1 = \alpha_2 = \alpha$$

即一对渐开线直齿圆柱齿轮正确啮合的条件是：两齿轮的模数和压力角应分别相等。

(2) 斜齿圆柱齿轮的正确啮合条件：在端面内，斜齿圆柱齿轮和直齿圆柱齿轮一样，都是渐开线齿廓。因此一对斜齿圆柱齿轮传动时，正确啮合条件为

$$m_{n1} = m_{n2} = m_n$$
$$\alpha_{n1} = \alpha_{n2} = \alpha_n$$
$$\beta_1 = \pm\beta_2$$

式中："−"号用于外啮合，表示两齿轮轮齿旋向相反；"+"号用于内啮合，表示两齿轮轮齿旋向相同。

(3) 直齿锥齿轮的正确啮合条件。分度曲面为圆锥面的齿轮称为锥齿轮。齿线是分度圆锥面的直母线的锥齿轮称为直齿锥齿轮。直齿锥齿轮用于相交轴齿轮传动，两轴的交角通常为 90°，其正确啮合条件如下：

① 两齿轮的大端端面模数相等，即 $m_1 = m_2$。

② 两齿轮的齿形角相等，即 $\alpha_1 = \alpha_2$。

3.6　螺　旋　传　动

3.6.1　螺纹

1. 螺纹的形成

图 3-6-1 中动点 A 在圆柱表面上绕轴向做匀角速度旋转运动，同时沿着轴线做匀速直线运动，那么动点 A 的运动轨迹为圆柱螺旋线。

当一个平面图形(如三角形、矩形、梯形、锯齿形、圆弧形等)，在圆柱、圆锥等回转面上沿着螺旋线运动时形成的螺旋体在工程上称为螺纹，如图 3-6-2 所示。在圆柱体上形成的螺纹称为圆柱螺纹，在圆锥体上形成的螺纹称为圆锥螺纹。螺纹在其轴向剖面内有相同的连续凸起和沟槽。

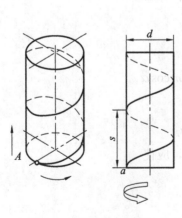

图 3-6-1　螺旋线的形成

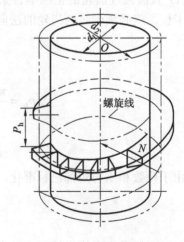

图 3-6-2　螺纹的形成

在圆柱体或圆锥体外表面上形成的螺纹，称为外螺纹；而在圆柱或圆锥孔内表面上形成的螺纹，称为内螺纹。

2．螺纹的基本要素

图 3-6-3 所示为圆柱内螺纹和外螺纹，螺纹的基本要素包括螺纹的牙型、直径、线数、螺距和导程、旋向以及升角。

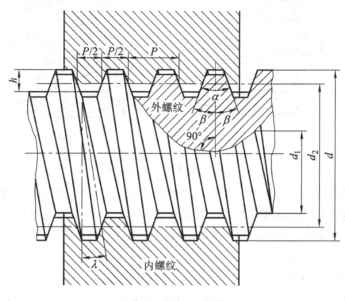

图 3-6-3　螺纹的基本要素

1) 螺纹的牙型

① 螺纹牙。螺纹凸起的部分称为螺纹牙，其顶端称为螺纹的牙顶；螺纹沟槽部分的底部称为螺纹的牙底。

② 牙型。在通过螺纹轴线的剖面上，螺纹的轮廓形状称为牙型。常见的螺纹牙型有三角形、梯形和锯齿形等。

③ 牙型角。在通过螺纹轴线的剖面上，螺纹牙型的两个侧边之间的夹角，用 α 表示。

④ 牙侧角。螺纹牙型的侧边与螺纹轴线的垂线之间的夹角，用 β 表示。

⑤ 牙型高度。牙顶到牙底的垂直距离，用 h 表示。

2) 螺纹的直径

① 大径。大径是螺纹的最大直径，即与外螺纹牙顶或内螺纹牙底相重合的假想圆柱的直径。外螺纹的大径用 d 表示，内螺纹的大径用 D 表示。在有关螺纹的标准中，大径称为螺纹的公称直径。

② 小径。小径是螺纹的最小直径，即与外螺纹牙底或内螺纹牙顶相重合的假想圆柱的直径。内螺纹、外螺纹的小径分别用 D_1 和 d_1 表示。

③ 中径。中径位于螺纹的大径和小径之间。中径是一个假想圆柱的直径，其母线称为中径线，在中径线上，牙型上的凸起和沟槽宽度相等。内、外螺纹的中径分别用 D_2 和 d_2 表示。

3) 螺纹的线数

在形成螺纹时，所沿螺旋线的条数称为线数，用 n 表示。沿一条螺旋线所形成的螺纹称为单线螺纹，如图 3-6-4(a)所示。图 3-6-4(b)所示为双线螺纹。

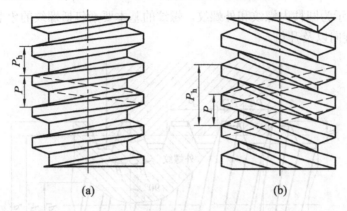

图 3-6-4　单线螺纹和双线螺纹

单线螺纹的自锁性好，常用于连接，工程上常用的是单线螺纹。沿两条或两条以上，且在轴向等距离分布的螺旋线所形成的螺纹称为双线螺纹或多线螺纹。在垂直于螺纹轴线的平面内，多线螺纹是均匀分布的。多线螺纹的传动效率高，常用于传动。为了制造方便，螺纹的线数一般不超过四条。

4) 螺纹的螺距和导程

如图 3-6-4 所示，在中径线上，相邻两个螺纹牙对应两个点之间的轴向距离称为螺距，用 P 表示。在同一条螺旋线上，相邻两个螺纹牙在中径线上对应两个点之间的轴向距离称为导程，用 P_h 表示。对于多线螺纹，导程 P_h、螺距 P 和螺纹线数之间的关系为

$$P_h = n \cdot P$$

5) 螺纹的旋向

按照螺旋线的旋向，螺纹有左旋和右旋之分。沿着螺纹的轴线方向观察，如果螺旋线以左下、右上的方向倾斜，则称为右旋，如图 3-6-4(a)所示；如果螺旋线以左上、右下的方向倾斜，则称为左旋，如图 3-6-4(b)所示；右旋螺纹顺时针旋转时旋入，逆时针旋转时退出；而左旋螺纹则相反。在工程实际中，一般采用右旋螺纹。有特殊要求时，才采用左旋螺纹。

6) 螺纹升角

将螺纹的中径圆柱展开，螺旋线与垂直于螺纹轴线的平面所夹的锐角，用 λ 表示，如图 3-6-3 所示。

3. 常用螺纹的类型、特点和应用

螺纹的分类方法较多。除了上面已经介绍的可分为圆柱螺纹和圆锥螺纹、内螺纹和外螺纹、单线螺纹和多线螺纹、左旋螺纹和右旋螺纹外，还可以按照用途和牙型特点等分为连接螺纹和传动螺纹两大类。连接螺纹的特点是牙型均为三角形，常用的有普通螺纹与管螺纹两种；传动螺纹是用来传递运动和动力的，常用的有梯形螺纹和锯齿形螺纹。

常用螺纹的类型、特点和应用参见表 3-6-1。

表 3-6-1　常用螺纹的类型、特点和应用

螺纹类型	牙 型 图	特 点 和 应 用
普通螺纹	60°	牙型角 $\alpha = 60°$，当量摩擦系数大，自锁性能好。同一公称直径，按螺距 P 的大小分为粗牙和细牙。粗牙螺纹用于一般连接，细牙螺纹常用于细小零件和薄壁件的连接，也可用于微调机构
圆柱管螺纹	55°	牙型角 $\alpha = 55°$，牙顶有较大的圆角，内、外螺纹旋合后无径向间隙。该螺纹为英制细牙螺纹，公称直径近似为管子内径，紧密性好，用于压力在 1.5 MPa 以下的管路连接
梯形螺纹	30°	牙型角 $\alpha = 30°$，牙根强度高，对中性好，传动效率较高，是应用较广的传动螺纹
锯齿形螺纹	30°　3°	工作面的牙型斜角为 3°，非工作面的牙型斜角为 30°，传动效率较梯形螺纹高，牙根强度也高，用于单向受力的传动螺纹机构，如用于轧钢机的压下螺纹和螺旋压力机等机械上
矩形螺纹		牙型斜角为 0°，传动效率高，但牙根强度差，磨损后无法补偿间隙，定心性能差，一般很少采用

3.6.2　螺纹连接

1. 螺纹连接件

在机械制造中，常见的螺纹连接件有螺栓、双头螺柱、螺钉、螺母和垫圈等，如图 3-6-5 所示。

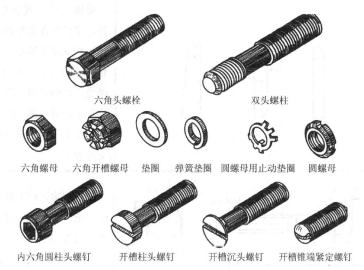

六角头螺栓　　　　　　双头螺柱

六角螺母　六角开槽螺母　垫圈　弹簧垫圈　圆螺母用止动垫圈　圆螺母

内六角圆柱头螺钉　开槽柱头螺钉　开槽沉头螺钉　开槽锥端紧定螺钉

图 3-6-5　常见的螺纹连接件

　　常见的螺纹连接件的结构形式和尺寸都已标准化，设计时应根据有关标准选用。螺纹连接件的结构特点和使用情况见表 3-6-2。

表 3-6-2　螺纹连接件的结构特点及应用

类型	图　　型	结构特点及应用
六角螺母		根据六角螺母厚度的不同，分为标准、厚、薄等三种。六角螺母的制造精度和螺栓相同，分为 A、B、C 三级，分别与相同级别的螺栓配用
圆螺母	圆螺母 止动片	圆螺母常与止动垫圈配用，装配时，将垫圈内舌插入轴上的槽内，而将垫圈的外舌嵌入圆螺母的槽内，螺母即被锁紧。它常作为轴上零件的轴向固定用
垫圈		垫圈是螺纹连接中不可缺少的零件，常放置在螺母和被连接件之间，起保护支承面等作用。平垫圈按加工精度分为 A 级和 C 级两种，用于同一螺纹直径的垫圈又分为特大、大、普通和小四种规格，特大垫圈主要在铁木结构上使用，斜垫圈只用于倾斜的支撑面上
六角头螺栓		种类很多，应用最广，分为 A、B、C 三级，通用机械制造中多用 C 级。螺栓杆部可制出一段螺纹或全螺纹，螺纹可用粗牙或细牙(A、B)级

续表

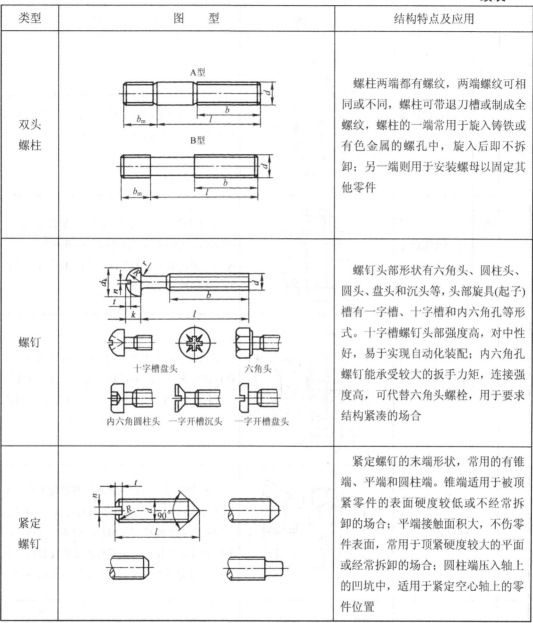

类型	图　　型	结构特点及应用
双头螺柱	A型 / B型	螺柱两端都有螺纹，两端螺纹可相同或不同，螺柱可带退刀槽或制成全螺纹，螺柱的一端常用于旋入铸铁或有色金属的螺孔中，旋入后即不拆卸；另一端则用于安装螺母以固定其他零件
螺钉	十字槽盘头　六角头　内六角圆柱头　一字开槽沉头　一字开槽盘头	螺钉头部形状有六角头、圆柱头、圆头、盘头和沉头等，头部旋具(起子)槽有一字槽、十字槽和内六角孔等形式。十字槽螺钉头部强度高，对中性好，易于实现自动化装配；内六角孔螺钉能承受较大的扳手力矩，连接强度高，可代替六角头螺栓，用于要求结构紧凑的场合
紧定螺钉		紧定螺钉的末端形状，常用的有锥端、平端和圆柱端。锥端适用于被顶紧零件的表面硬度较低或不经常拆卸的场合；平端接触面积大，不伤零件表面，常用于顶紧硬度较大的平面或经常拆卸的场合；圆柱端压入轴上的凹坑中，适用于紧定空心轴上的零件位置

　　根据 GB/T 3103.1—2002 的规定，螺纹连接件分为三个精度等级，其代号为 A、B、C 级。A 级精度的公差小，精度最高，用于要求配合精度高、防止振动等重要零件的连接；B 级精度多用于受载较大且经常装拆、调整或承受变载荷的连接；C 级精度多用于一般的螺纹连接。常用的标准螺纹连接件(螺栓、螺钉)，通常选用 C 级精度。

2. 螺纹连接的类型

　　根据螺纹连接件的类型不同，常用的螺纹连接有螺栓连接、双头螺柱连接、螺钉连接和紧定螺钉连接。它们的特点及应用参见表 3-6-3。

表 3-6-3　常用的螺纹连接

序号	类型		示意图	主要特点及应用场合
1	螺栓连接	普通螺栓连接	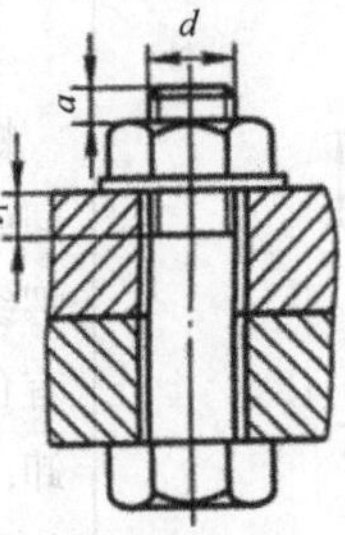	被连接件上的通孔和螺栓间留有间隙，故通孔的加工精度低，结构简单，装拆方便，使用时不受被连接件材料的限制，应用极广
1	螺栓连接	铰制孔用螺栓连接	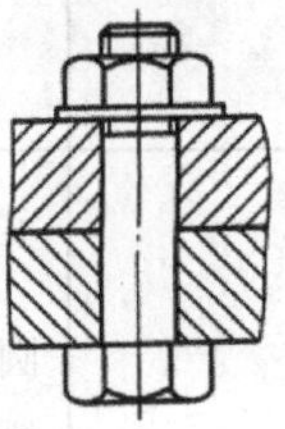	孔和螺栓杆多采用基孔制过渡配合(H7/m6、H7/n6)，能精确固定被连接件的相对位置，并能承受横向载荷，但螺栓制造成本较高，对孔的加工精度要求也较高
2	双头螺柱连接		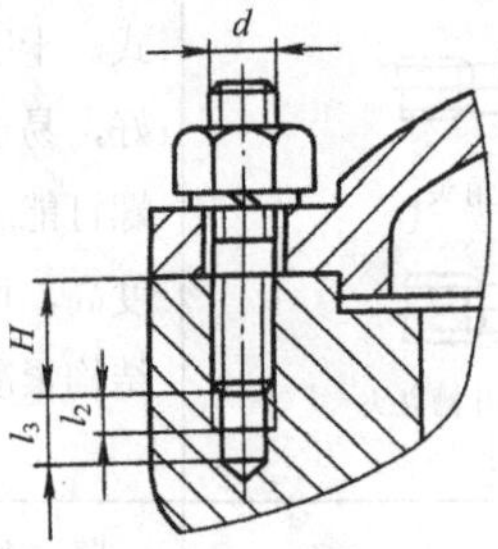	适用于结构上不能采用螺栓连接的场合。如被连接件之一太厚不宜制成通孔，材料又比较软(例如用铝镁合金制造的发电机壳体)，且需要经常拆装时，往往采用双头螺柱连接
3	螺钉连接		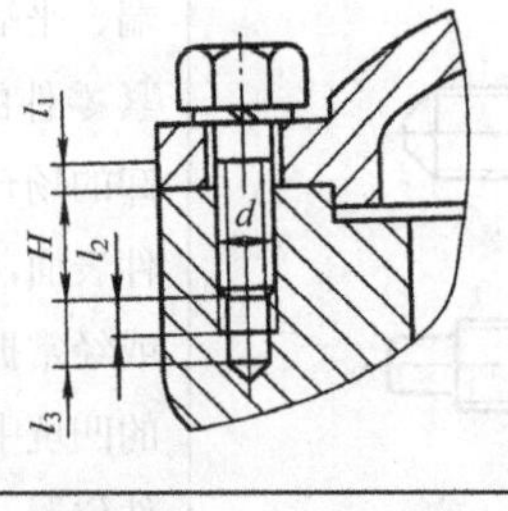	特点是螺钉直接拧入被连接件的螺纹孔，不用螺母，在结构上比双头螺柱连接简单、紧凑。其用途与双头螺柱连接相似，但如经常拆装，易使螺纹孔磨损，可能导致被连接件报废，故多用于受力不大，或不需要经常拆装的场合
4	紧定螺钉连接		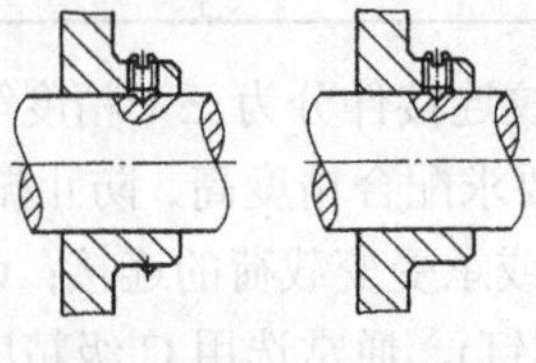	是利用拧入被连接件的螺纹孔中的螺钉末端，顶住另一零件的表面或顶入相应的凹坑中(如左图所示)，以固定两个零件的相对位置，并可以传递不大的力及转矩

3　螺纹连接的预紧和防松

1) 螺纹连接的预紧

多数螺纹连接在预紧时都需要拧紧，使连接件在承受工作载荷之前，预先受到力的作用。这个预加作用力称为预紧力。预紧的目的在于增强连接的可靠性和紧密性，以防止受载后被连接件之间出现缝隙或发生相对滑移。预紧力不足时，显然达不到目的。但预紧力过大时，则可能使连接件过载，甚至断裂破坏。装配时，需要预紧的螺纹连接，称为紧连接；不需要预紧的螺纹连接，称为松连接。

拧紧螺母时，施于螺母的拧紧力矩(扳手力矩)，需克服螺纹间的摩擦力矩和螺母环形支承面上的摩擦力矩。因此，对于只靠经验而对预紧力不加控制的重要连接，不宜采用小于 M12～16 的螺纹连接件，以免预紧时连接件发生过载失效。对于重要的连接，装配时，需要用测力扳手或定力矩扳手，以达到控制预紧力的目的。

2) 螺纹连接的防松

对于冲击振动的变载荷，或温度变化较大的环境，可能在某一瞬间，连接中的摩擦力消失，虽然螺纹连接的参数仍然满足自锁条件($\lambda \leqslant \rho v$)，但也可能松动，甚至松脱，这不仅影响机器正常工作，有时还会造成严重事故。因此，在这种情况下，必须采取必要的防松措施。常见的防松方法见表 3-6-4。

表 3-6-4　常见的防松方法及特点

防松原理	防松方法及特点		
利用摩擦防松：采用各种结构措施使螺旋副中的摩擦力不随连接的外载荷波动而变化，保持较大的防松摩擦力矩			
	对顶螺母	弹簧垫圈	弹性锁紧螺母
	利用两螺母对顶拧紧，螺栓旋合段承受拉力而螺母受压，从而使螺纹间始终保持相当大的正压力和摩擦力　其结构简单，可用于低速、重载场合。但螺栓和螺纹部分均需加长，不够经济，且增加了外廓尺寸和重量	弹簧垫圈的材料为高强度锰钢，装配后弹簧垫圈被压平，其反弹力使螺纹间保持压紧力和摩擦力，且垫圈切口处的尖角也能阻止螺母转动松脱　其结构简单，使用方便，但垫圈弹力不均，因而不十分可靠，多用于不太重要的连接	在螺母的上部做成有槽的弹性结构，装配前这一部分的内螺纹尺寸略小于螺栓的外螺纹。装配时利用弹性，使螺母稍有扩张，螺纹之间得到紧密的配合，保持经常的表面摩擦力　其结构简单，防松可靠，可多次装拆而不降低防松性能

4. 螺纹连接的拆装

1) 螺纹连接的装配工具

由于螺栓、螺柱和螺钉的种类繁多，螺纹连接的装拆工具也很多。使用时，应根据具体情况合理选用。螺纹连接常用装配工具参见表 3-6-5。

表 3-6-5　螺纹连接常用装配工具

工具名称		主要用途	示 意 图 片
	活动扳手	用来旋紧六角头、正方头螺钉和各种螺母	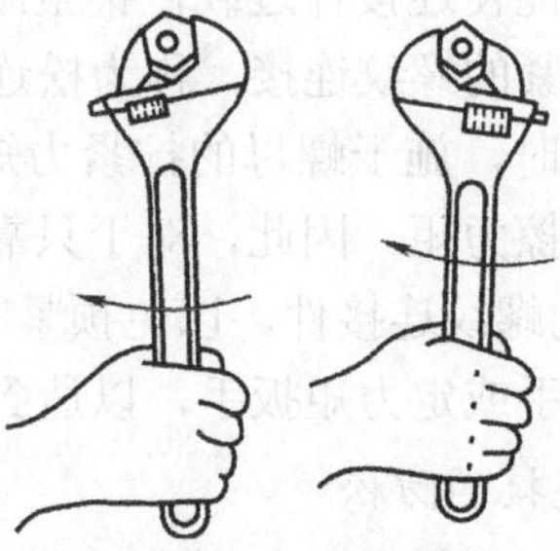 (a) 正确　　(b) 错误
	开口扳手		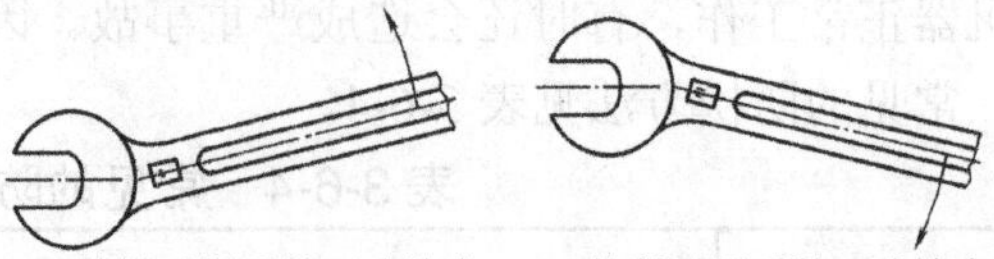 (a) 放松时扳手的正确施力　(b) 拧紧时扳手的正确施力
扳手	整体扳手	用来旋紧六角头、正方头螺钉和各种螺母	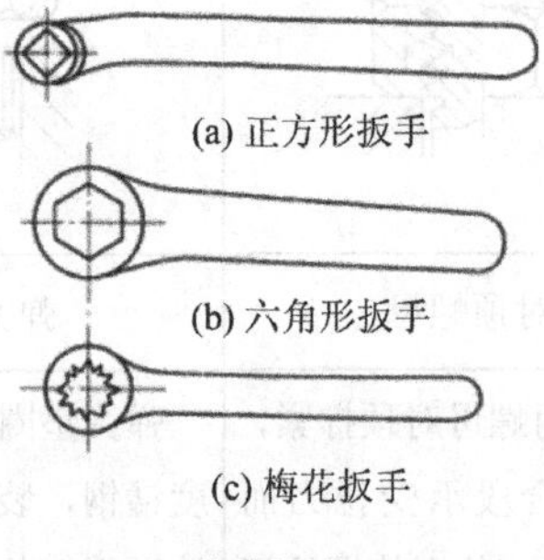 (a) 正方形扳手 (b) 六角形扳手 (c) 梅花扳手 整体扳手 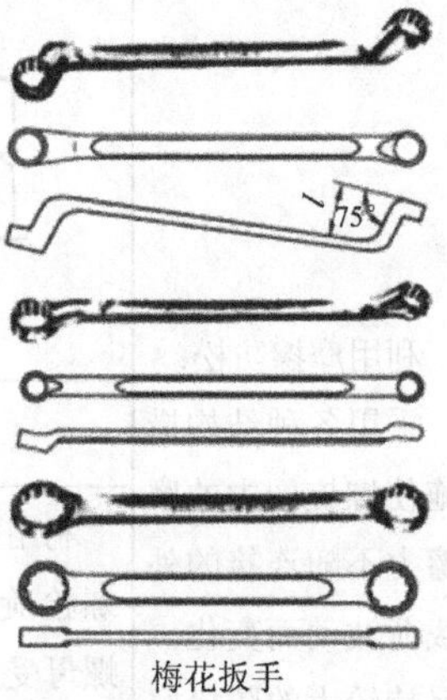　　梅花扳手
	成套套筒扳手		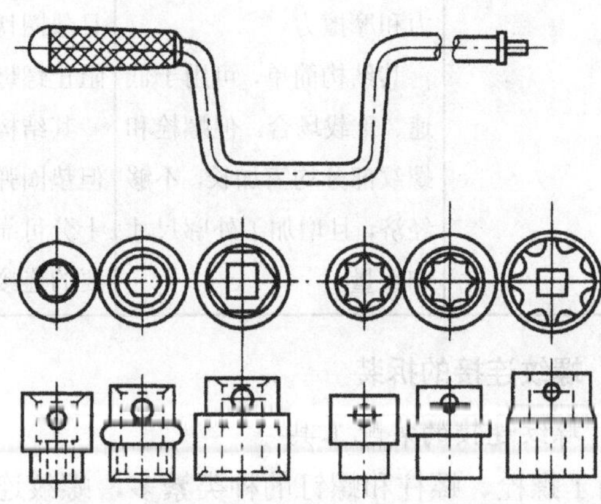

续表

工具名称		主要用途	示意图片
扳手	锁紧扳手	专门用来锁紧各种结构的圆螺母	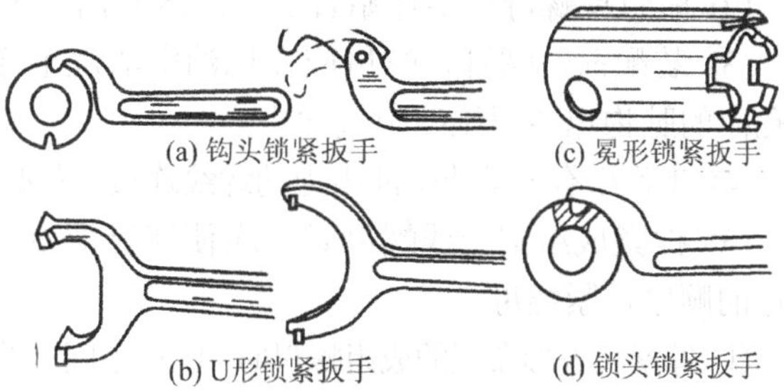 (a) 钩头锁紧扳手　(c) 冕形锁紧扳手 (b) U形锁紧扳手　(d) 锁头锁紧扳手
	内六角扳手	用于装拆内六角头螺钉	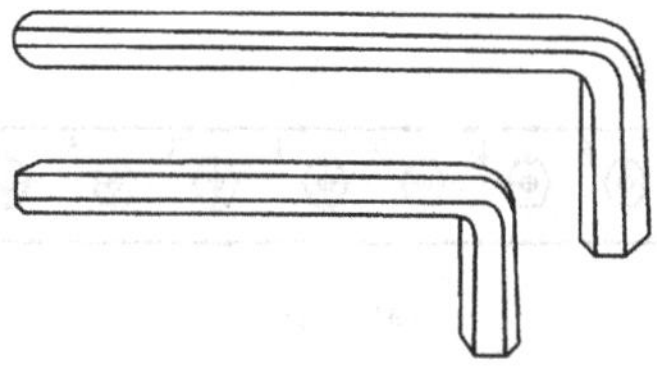
	特种扳手	用于快速、高效地拧紧螺母或螺钉	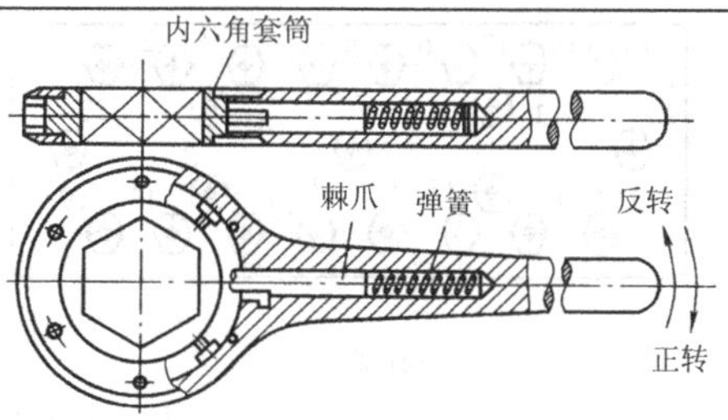 棘轮扳手
起子(螺丝刀)	标准起子	用于旋紧或松开头部带沟槽的螺钉	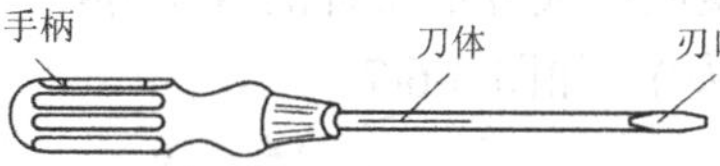 一字起子 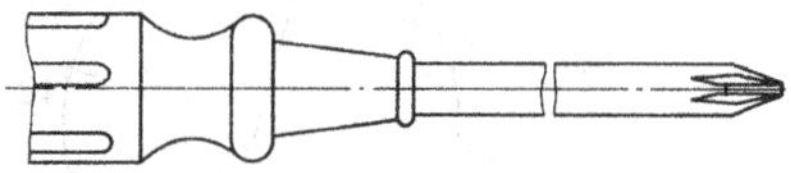 十字起子
	其他起子		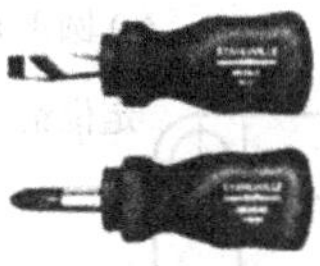 拳头起子 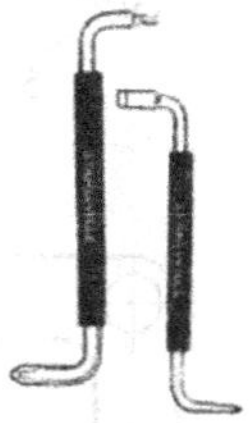　直角起子 　锤击起子 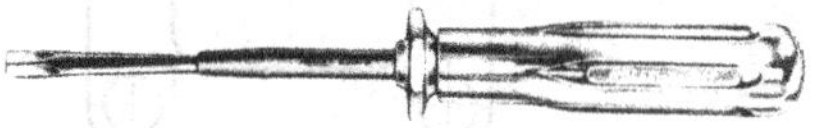 (a)  (b) 夹紧起子

2) 螺纹连接装配的基本要求

(1) 螺母和螺钉必须按一定的拧紧力矩拧紧。

(2) 螺钉或螺母与零件贴合的表面应光洁、平整，以防止易松动或使螺钉弯曲。

(3) 装配前，螺钉、螺母应在机油中清洗干净，保持螺钉或螺母与接触表面的清洁，螺孔内的脏物也要用压缩空气吹出。

(4) 工作中有振动或受冲击力的螺纹连接，都必须安装防松装置，以防止螺钉、螺母回松。

(5) 拧紧成组螺栓或螺母时，应使螺栓受力一致，根据零件形状及螺栓分布情况，按一定的顺序拧紧螺母。

① 拧紧长方形布置的成组螺母时，应从中间开始，逐步向两边对称地扩展，如图 3-6-6 所示。

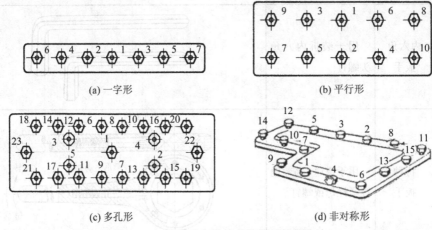

(a) 一字形　　　　　　　　　　(b) 平行形

(c) 多孔形　　　　　　　　　　(d) 非对称形

图 3-6-6　长方形布置的成组螺母拧紧方法

② 拧紧圆形或方形布置的成组螺母时，必须对称地进行(如有定位销，应从靠近定位销的螺栓开始)，如图 3-6-7 所示。

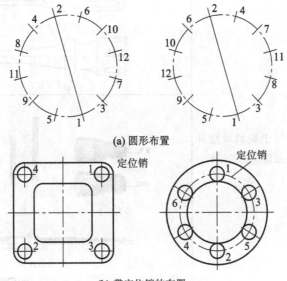

(a) 圆形布置

定位销　　　　　　　　定位销

(b) 带定位销的布置

图 3-6-7　圆形或方形布置的成组螺母拧紧方法

③ 拧紧时，不可一下拧紧，而应按顺序分 1～3 次逐步拧紧。

(6) 热装螺栓时，应将螺母拧在螺栓上同时加热，且尽量使螺纹少受热，加热温度一般不得超过400℃，加热装配连接螺栓须按对角顺序进行。

(7) 螺纹连接件应具有适当的强度和较好的互换性。

(8) 螺纹连接装配后要稳固、可靠、经久耐用。

3) 螺纹连接的拆卸

普通螺纹连接是容易拆卸的，只要使用各种扳手左旋即可。其拆卸虽然比较容易，但往往因重视不够、工具选用不当、拆卸方法不正确等而造成损坏。因此拆卸螺纹连接件时，一定要注意选用合适的呆扳手或一字旋具，尽量不用活扳手。对于较难拆卸的螺纹连接件，应先弄清楚螺纹的旋向，不要盲目乱拧或用过长的加力杆；拆卸双头螺柱，要用专用的扳手。

3.6.3 螺旋传动

螺旋传动是利用螺旋副(内螺纹、外螺纹相互旋合所形成的连接)来传递运动和动力的一种机械传动，可以方便地把主动件的回转运动转变为从动件的直线运动。

与其他将回转运动转变为直线运动的传动装置(如曲柄滑块机构)相比，螺旋传动具有结构简单、工作连续、平稳、承载能力大、传动精度高等优点，因此广泛应用于各种机械和仪器中。它的缺点是摩擦损失大，传动效率较低；但滚动螺旋传动的应用，已使螺旋传动摩擦大、易磨损和效率低的缺点得到了很大程度的改善。

常用的螺旋传动有普通螺旋传动、差动螺旋传动和滚珠螺旋传动等。

1. 普通螺旋传动

由构件螺杆和螺母组成的简单螺旋副实现的传动是普通螺旋传动。普通螺旋传动的应用形式参见表3-6-6。

表 3-6-6 普通螺旋传动的应用形式

序号	应用形式	示 意 图	运动说明	应用举例
1	螺母固定不动，螺杆回转并作直线运动		图为台虎钳示意图，螺母与固定钳口连接。当螺杆按图示方向作回转运动时，螺杆连同活动钳口向右作直线运动，与固定钳口实现对工件的夹紧；当螺杆反向回转时，活动钳口随螺杆左移，松开工件	通常应用于螺旋压力机、千分尺等
2	螺杆固定不动，螺母回转并作直线运动		图为螺旋千斤顶的一种结构形式，螺杆连接于底座固定不动，转动手柄使螺母回转并作上升或下降的直线运动，从而举起或放下托盘	常用于插齿机刀架传动等

续表

序号	应用形式	示　意　图	运动说明	应用举例
3	螺杆回转,螺母作直线运动	螺杆　螺母　机架　工作台	图为机床工作台移动机构,螺杆与机架组成转动副,螺母与螺杆以左旋螺纹啮合并与工作台连接。当转动手轮使螺杆按图示方向回转时,螺母带动工作台沿机架的导轨向右作直线运动	应用较广,如机床的滑板移动机构等
4	螺母回转,螺杆作直线运动	观察镜 螺杆 螺母 机架	图为观察镜螺旋调整装置,螺杆、螺母为左旋螺旋副。当螺母按图示方向回转时,螺杆带动观察镜向上移动;螺母反向回转时,螺杆连同观察镜向下移动	

2. 差动螺旋传动

由两个螺旋副组成的使活动的螺母与螺杆产生差动(即不一致)的螺旋传动称为差动螺旋传动。图 3-6-8 所示为一差动螺旋机构。螺杆 1 分别与活动螺母 2 和机架 3 组成两个螺旋副,机架上的为固定螺母(不能移动),活动螺母不能回转而只能沿机架的导向槽移动。设机架和活动螺母的旋向同为右旋,当按如图 3-6-8 所示方向回转螺杆时,螺杆相对机架向左移动,而活动螺母相对螺杆向右移动,这样活动螺母相对机架实现差动移动,螺杆每转 1 周,活动螺母实际移动距离为两段螺纹导程之差。如果机架上螺母螺纹旋向仍为右旋,活动螺母的螺纹旋向为左旋,则回转螺杆时,螺杆相对机架左移,活动螺母相对螺杆亦左移,螺杆每转 1 周,活动螺母实际移动距离为两段螺纹的导程之和。

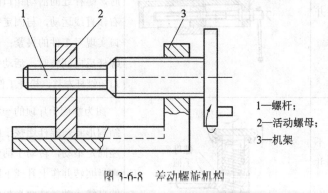

1—螺杆;
2—活动螺母;
3—机架

图 3-6-8　差动螺旋机构

差动螺旋传动机构可以产生极小的位移,而其螺纹的导程并不需要很小,加工较容易。所以差动螺旋传动机构常用于测微器、计算机、分度机及诸多精密切削机床、仪器和工具中。

3. 滚珠螺旋传动

在普通的螺旋传动中，螺杆与螺母之间的相对运动摩擦是滑动摩擦，传动阻力大，摩擦损失严重，效率低。为了改善螺旋传动的功能，经常用滚珠螺旋传动(见图 3-6-9)，用滚动摩擦来替代滑动摩擦。

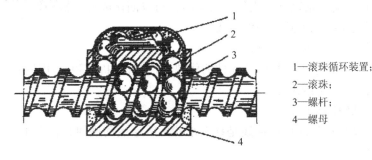

1—滚珠循环装置；
2—滚珠；
3—螺杆；
4—螺母

图 3-6-9　滚珠螺旋传动

滚珠螺旋传动主要由滚珠 2、螺杆 3、螺母 4 及滚珠循环装置 1 组成。其工作原理：在螺杆和螺母的螺纹滚道中，装有一定数量的滚珠(钢球)，当螺杆与螺母作相对螺旋运动时，滚珠在螺纹滚道内滚动，并通过滚珠循环装置的通道构成封闭循环，从而实现螺杆与螺母间的滚动摩擦。

滚珠螺旋传动具有滚动摩擦阻力很小、摩擦损失小、传动效率高、传动时运动稳定、动作灵敏等优点。但其结构复杂，外形尺寸较大，制造技术要求高，因此成本也较高。目前，其主要应用于精密传动的数控机床(滚珠丝杠传动)，以及自动控制装置、升降机构和精密测量仪器等。

学 后 评 量

1. 什么是四杆机构？什么是铰链四杆机构？
2. 试述机架、曲柄、连杆和摇杆在组成机构中的特征。
3. 铰链四杆机构有哪几种形式？举例说明其应用。
4. 铰链四杆机构中曲柄存在的条件是什么？曲柄是否一定为最短杆？
5. 根据题 5 图所示机构的尺寸和机架判断铰链四杆机构的类型。

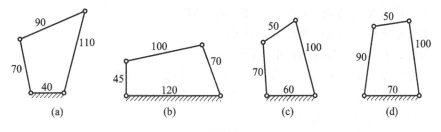

题 5 图

6. 何谓急回特性？急回特性系数 K 表示什么含义？

7. 何谓连杆机构的死点位置？什么情况下出现死点位置？通常采用哪些方法使机构顺利通过死点位置？

8. 什么是曲柄滑块机构？它是由什么机构演化而成的？什么情况下曲柄滑块存在死点位置？

9. 曲柄滑块机构分别以不同构件为机架时，可以演化成哪些机构？

10. 凸轮机构由哪几个基本构件组成？

11. 凸轮机构有哪些应用特点？

12. 试比较尖顶、滚子、平底从动件的优缺点，并说明它们的适用场合。

13. 举例说明凸轮的应用。

14. 什么是凸轮的基圆？

15. 等速运动从动件的位移曲线是什么形状？等速运动规律有什么工作特点？主要应用于什么场合？

16. 等加速等减速运动规律的从动件位移曲线是什么形状？与等速运动规律相比有什么优点？适用于什么场合？

17. 什么是步进运动？常用的步进运动机构有哪些？

18. 棘轮机构是如何实现步进运动的？

19. 比较齿式棘轮机构和摩擦式棘轮机构的工作特点。

20. 槽轮机构是如何实现步进运动的？与棘轮机构比较，槽轮机构传动有什么特点？

21. 举例说明棘轮机构与槽轮机构的实际应用。

22. 摩擦轮传动的工作原理是什么？摩擦轮传动有哪些特点？摩擦轮传动应用在什么场合？

23. 摩擦轮传动有哪些类型？如何提高它们的传动能力？

24. 试述带传动的工作原理。

25. 带传动有哪些主要特点？

26. 什么是包角？包角的大小对带传动有什么影响？平带与 V 带传动时，包角一般应不小于多少？

27. 为什么带传动要有张紧装置？常用的张紧方法有哪些？

28. 使用张紧轮张紧时，平带传动的张紧轮与 V 带传动的张紧轮安放位置一样吗？为什么？

29. 普通 V 带由几部分组成？各有何作用？国标规定普通 V 带分哪几种型号？各型号截面积大小次序如何排列？截面积大小与传递功率有何关系？

30. 如何选用 V 带传动？选用时应注意哪些问题？

31. 如何正确使用和维护普通 V 带传动？

32. 为什么要规定小带轮的最小直径？

33. 为什么要规定带传动中带的线速度在 5～25 m/s 范围内？

34. 什么是链传动？链传动有哪几种类型？链传动有什么特点？

35. 如何正确进行链传动的安装与维护？

36. 什么是齿轮传动？齿轮传动有哪些优缺点？

37. 斜齿轮的模数、齿形角各有哪几种？哪一种是标准值？计算斜齿轮齿形尺寸时应该用什么模数？它与标准模数有什么关系？

38. 直齿圆柱齿轮、斜齿圆柱齿轮、直齿锥齿轮传动的正确啮合条件分别是什么？

39. 一对直齿圆柱齿轮传动，标准中心距 $a = 120$ mm，传动比 $i = 3$ mm。试计算大齿轮的几何尺寸 d、d_a、d_f、d_b、p、s、h_a、h_f。

40. 仓库内有一标准直齿圆柱齿轮，已知齿数为 38，测得齿顶圆直径为 99.90 mm。现准备将其用在中心距为 120 mm 的传动中。试确定与之配对的齿轮齿数、模数、分度圆直径和齿顶圆直径。

41. 常用螺纹的种类有哪些？各用于何种场合？

42. 螺纹的基本要素有哪些？

43. 简述常用螺纹的类型、特点和应用。

44. 简述常用螺纹连接件的结构特点及应用。

45. 连接用螺纹和传动用螺纹各有哪些牙型？各有哪些特点？

46. 常用的螺纹连接有哪些类型？它们各有什么特点？应用在什么场合？

47. 螺纹连接为何要预紧？螺纹连接常用的防松方法有哪些？

48. 螺纹连接装配有哪些要求？

49. 什么是螺旋传动？普通螺旋传动的应用形式有哪些？各应用在什么场合？

50. 什么是差动螺旋传动？利用差动螺旋传动实现微量调节对两段螺纹的旋向有什么要求？

51. 滚珠螺旋传动由哪几部分组成？滚珠螺旋传动有哪些特点？

第 4 章 金属切削机床基础

【学习目标】

(1) 了解常用金属切削机床的分类和编号。

(2) 熟悉车床的类型、工艺范围及应用。

(3) 了解铣床的种类及工艺范围。

(4) 了解磨床的主要类型及工艺范围。

(5) 初步了解刨床、齿轮加工机床、数控机床、加工中心等机床知识。

【知识链接】

4.1 机 床 概 述

金属切削机床是用刀具切削的方法将金属毛坯加工成机器零件的机器，它是制造机器的机器，习惯上简称为机床。机床是机械制造的基础机械，其技术水平的高低、质量的好坏，对机械产品的生产率和经济效益都有重要的影响。金属切削机床从诞生至今已经有一百多年了，随着工业化的发挥，机床品种越来越多，技术也越来越复杂。

4.1.1 金属切削机床的分类

金属切削机床是用于制造机械的机器，也是唯一能制造机床自身的机器。金属切削机床品种和规格繁多，不同的机床，其构造不同，加工工艺范围、加工精度和表面质量、生产率和经济性、自动化程度和可靠性等都不同。为了给选用、管理和维护机床提供方便，应对机床进行适当的分类和编号。

按照国家标准，根据加工性质不同，机床可分为十一大类：车床、钻床、镗床、磨床、齿轮加工机床、螺纹加工机床、铣床、刨插床、拉床、锯床和其他机床。在每一类机床中，又按工艺范围、布局型式和结构性能分为若干组，每一组又分为若干个系。

除了上述基本分类方法外，还有以下常用的分类方法：

(1) 按照万能性程度(工艺范围的宽窄)分类，机床可分为如下三类：

① 通用机床(万能机床)。这类机床可以用于加工多种零件的不同工序，加工范围较广，通用性较大，但结构比较复杂，主要适用于单件小批生产。如，卧式车床、万能升降台铣床、万能外圆磨床等。

② 专门化机床：这类机床的工艺范围较窄，专门用于加工某一类或几类零件的某一道或几道特定工序。如，丝杆车床、凸轮轴车床等。

③ 专用机床：这类机床的工艺范围最窄，只能用于加工某一零件的某一道特定工序，适用于大批量生产。如，加工机床主轴箱体孔的专用镗床、加工机床导轨的专用导轨磨床等。组合机床也属于专用机床。

(2) 按照加工精度分类，机床可分为普通精度机床、精密机床和高精度机床。

(3) 按照质量和尺寸分类，机床可分为仪表机床，中型机床(一般机床)，大型机床(质量达到 10 t)，重型机床(质量在 30 t 以上)和超重型机床(质量在 100 t 以上)。

(4) 按照机床主要工作部件的数目分类，机床可分为单轴、多轴、单刀、多刀机床等。

(5) 按照自动化程度不同分类，机床可分为手动、机动、半自动、自动和程序控制机床。自动机床具有完整的自动工作循环，可自动装卸工件，能够连续地自动加工出工件。半自动机床也有完整的自动工作循环，但装卸工件还需人工完成，因此不能连续地加工。

(6) 按机床具有的数控功能分类，机床分为普通机床、一般数控机床、加工中心和柔性制造单元等。

4.1.2 金属切削机床的型号

机床型号是机床产品的代号，用以表明机床的类型、通用特性和结构特性、主要技术参数等。GB/T15375—2008《金属切削机床 型号编制方法》规定，我国的机床型号由基本部分和辅助部分组成，中间有"/"隔开，读作"之"。前者需统一管理，后者纳入型号与否由企业自定，型号构成如图 4-1-1 所示。

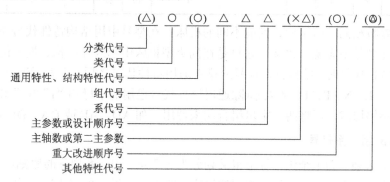

图 4-1-1 金属切削机床型号的构成

注 1：有"( )"的代号或数字，当无内容时，则不表示，若有内容则不带括号；

注 2：有"○"符号的，为大写的汉语拼音字母；

注 3：有"△"符号的，为阿拉伯数字；

注 4：有"◬"符号的，为大写的汉语拼音字母，或阿拉伯数字，或两者兼有之。

1. 机床的分类和代号

机床，按其工作原理划分，可分为车床、钻床、镗床、磨床、齿轮加工机床、螺纹加工机床、铣床、刨插床、拉床、锯床和其他机床等共十一类。

机床的类代号，用大写的汉语拼音字母表示，必要时，每类可分为若干分类。分类代号在类代号之前，作为型号的首位，并用阿拉伯数字表示。第一分类代号前的"1"省略，第"2""3"分类代号则应予以表示。机床的分类和代号见表 4-1-1。

表 4-1-1　机床的分类和代号

类别	车床	钻床	镗床	磨床			齿轮加工机床	螺纹加工机床	铣床	刨插床	拉床	锯床	其他机床
代号	C	Z	T	M	2M	3M	Y	S	X	B	L	G	Q
读音	车	钻	镗	磨	二磨	三磨	牙	丝	铣	刨	拉	割	其

2. 机床的通用特性和结构特性代号

通用特性代号位于类代号之后，用大写汉语拼音字母表示。当某种类型机床除有普通型外，还有如表 4-1-2 所示的某种通用特性时，则在类代号之后加上相应特性代号，如"CK"表示数控车床。如果同时具有两种通用特性时，则可按重要程度排列，用两个代号表示，如"MBG"表示半自动高精度磨床。机床的通用特性代号见表 4-1-2。

表 4-1-2　机床的通用特性代号

通用特性	高精度	精密	自动	半自动	数控	加工中心（自动换刀）	仿形	轻型	加重型	柔性加工单元	数显	高速
代号	G	M	Z	B	K	H	F	Q	C	R	X	S
读音	高	密	自	半	控	换	仿	轻	重	柔	显	速

对于主参数相同，而结构、性能不同的机床，在型号中用结构特性代号予以区分。结构特性代号在型号中无统一含义，它只是在同类型机床中起区分结构、性能的作用。当机床具有通用特性代号时，结构特性代号应排在通用特性代号之后，用大写汉语拼音字母 A、B、C、D、E、L、N、P、T、Y 表示(除通用特性代号已用的字母和"I""O"以外的字母)，当单个字母不够用时，可将两个字母组合起来使用。如 AD、AE 或 DA、DE 等。

3. 机床的组、系代号

将每类机床划分为十个组，每个组又划分为十个系，组、系划分的原则：① 在同一类机床中，主要布局或使用范围基本相同的机床，即为同一组；② 在同一组机床中，其主参数相同、主要结构及布局型式相同的机床，即为同一系。

机床的组，用一位阿拉伯数字，位于类代号或通用特性代号、结构特性代号之后；机床的系，用一位阿拉伯数字表示，位于组代号之后。

4. 主参数的表示方法

机床型号中主参数用折算值表示，位于系代号之后，当折算值大于 1 时，则取整数，前面不加"0"，当折算值小于 1 时，则取小数点后第一位数，并在前面加"0"。各类主要机床的主参数和折算系数见表 4-1-3。

表 4-1-3　各类主要机床的主参数和折算系数

机床	主参数名称	主参数折算系数
卧式车床	床身上最大回转直径	1/10
立式车床	最大车削直径	1/100
摇臂钻床	最大钻孔直径	1/1
卧式镗铣床	镗轴直径	1/10
坐标镗床	工作台面宽度	1/10
外圆磨床	最大磨削直径	1/10
内圆磨床	最大磨削孔径	1/10
矩台平面磨床	工作台面宽度	1/10
齿轮加工机床	最大工件直径	1/10
龙门铣床	工作台面宽度	1/100
升降台铣床	工作台面宽度	1/10
龙门刨床	最大刨削宽度	1/100
插床及牛头刨床	最大插削及刨削长度	1/10
拉床	额定拉力(t)	1/1

5. 通用机床的设计顺序号

某些通用机床，当无法用一个主参数表示时，则在型号中用设计顺序号表示，设计顺序号由 1 起始，当设计顺序号小于 10 时，由 01 开始编号。

6. 主轴数和第二主参数的表示方法

对于多轴车床、多轴钻床、排式钻床等机床，其主轴数应以实际数值列入型号，置于主参数之后，用"×"分开，读作"乘"，单轴，可省略，不予表示。

第二主参数(多轴机床的主轴数除外)，一般不予表示，如有特殊情况，需在型号中表示，在型号中表示的第二主参数，一般以折算或两位数为宜，最多不超过三位数，以长度、深度值等表示的，其折算系数为 1/100；以直径、宽度值表示的，其折算值为 1/10；以厚度、最大模数值等表示的，其折算系数为 1。当折算值大于 1 时，则取整数；当折算值小于 1 时，则取小数点后第一位数，并在前面加"0"。

7. 机床的重大改进顺序号

当机床的结构、性能有更高的要求，并需按新产品重新设计、试制和鉴定时，才按改进的先后顺序选用 A、B、C 等汉语拼音字母(I、O 除外)，加在型号基本部分的尾部，以区别原机床型号。

重大改进设计不同于完全的新设计，它是在原有机床的基础上改进设计，因此，重大改进后的产品与原型号的产品，是一种取代关系。凡属局部的小改进，或增减某些附件、测量装置及改变装夹工件的方法等，因对原机床的结构、性能没有作重大的改变，故不属重大改进，其型号不变。

8. 其他特性代号

其他特性代号用以反映各类机床的特性，用数字、字母或阿拉伯数字来表示。如对数控机床，可用来反映不同的数控系统；对于一般机床，可用以反映同一型号机床的变型等。其他特性代号可用汉语拼音字母、阿拉伯数字或二者的组合来表示。

通用机床型号示例：

(1) CM6132：C—车床类，M—精密型，61—卧式车床系，32—最大回转直径的1/10。

(2) C1336：C—车床类，1—单轴自动，13—单轴转塔自动车床系，36—最大车削直径的1/10。

(3) C2150×6：C—车床类，2—多轴自动半自动车床，21—多轴棒料自动机床系，50—最大棒料直径，6—轴数。

(4) Z3040×16：Z—钻床类，3—摇臂钻床，30—摇臂钻床系，40—最大钻孔直径，16—最大跨距。

(5) T4163B：T—镗床类，4—坐标镗床，41—单柱坐标镗床，63—工作台面宽度的1/10，B—第二次重大改进。

(6) XK5040：X—铣床类，K—数控，5—立式升降台铣床，50—立式升降台铣床系，40—工作台宽度的1/10。

(7) B2021A：B—刨床类，20—龙门刨床系，21—最大刨削宽度的1/10，A—第一次重大改进。

(8) MGB1432：M—磨床类，G—高精度，B—半自动，1—外圆磨床，14—万能外圆磨床，32—最大磨削直径的1/10。

4.1.3　机床的技术性能指标

为了能正确选择和合理使用机床，必须很好地了解机床的技术性能指标，常用的机床技术性能指标包括以下几个方面。

1. 机床的工艺范围

机床的工艺范围是指在机床上完成的零件类型和尺寸范围、工序种类、适用的生产规模等，实质上就是机床对生产要求的适应能力。一般情况下，通用机床可以加工一定尺寸范围内的各种零件，完成多种工序的加工，加工工艺范围很宽，但其结构比较复杂、自动化程度和生产率较低；专用机床是为完成一个零件的特定工序专门设计和制造的，生产率高，结构简单，易实现自动化，但工艺范围窄。

2. 加工精度和表面结构

通常所说的机床的加工精度和表面结构是指在正常加工条件下机床所能达到的加工表面质量程度。各种通用机床所能达到的加工精度和表面结构在机床精度国家标准中都有规定。选择机床时，应使机床的规格大小和精度等级与所加工对象相匹配。

3. 生产率和自动化程度

机床的生产率是指在单位时间内机床所能加工的零件数。机床的自动化程度越高，操作越方便，劳动强度越低，且工人的技术水平对零件加工质量的影响也越小，故产品质量稳定，生产率高，但机床的结构也会越复杂，价格越昂贵。

随着数控技术的发展，高度自动化的数控机床和加工中心已经越来越广泛地使用于生产中。选择机床时，应在保证加工质量和不提高成本的前提下，优先考虑选择生产率高的机床。

4. 其他方面

除上列的技术性能指标外，机床的技术性能指标还包括机床的标准化程度、操作维修方便、噪声小等其他要求。

4.1.4　机床的发展趋势

当前，机床发展的主要方向如下：

(1) 机床的工艺范围不断扩大。为了减少工件的装夹次数，提高机床的生产率和加工精度，要求毛坯安装到机床上后能完成尽可能多的工序。目前，某些车削中心上可以进行车、铣、钻(径向、轴向、斜向孔)、车螺纹、铰、锪、滚压、磨和测量等多道工序的加工。

(2) 向精密化方向发展。随着各种新技术不断应用到机床制造技术中，机床的工作精度日益提高，不断向精密化方向发展。目前，精密和超精密机床的精度已经达到亚微米和纳米级，表面结构已达超光滑镜面。

(3) 向高效化发展。随着高速轴承及高速主轴部件的快速发展，机床主轴转速已获得极大提高，使机床的加工效率大大提高。目前，高速切削已成为制造技术发展的一个重要方向，高速加工机床主轴最高转速可达每分钟几十万转。

(4) 向自动化柔性化发展。随着微电子技术、计算机技术的不断发展并在机械制造领域的不断应用，机床的自动化程度越来越高，数控机床的比例迅速上升，机械部件的比例不断下降，电子硬件和软件的比例不断上升。在发达国家，计算机数控机床已经成为机床制造业的主导产品。计算机不仅可以直接控制机床的加工过程，而且还可以进行质量监控、刀具磨损破损和换刀监控和物流监控等，大大提高了机床的自动化柔性化程度。

总之，高效、柔性生产、自动化、精密化、高速切削和产品多样化已成为机床发展的趋势。

4.2　车　　床

车床主要用于加工各种回转表面(如内外圆柱面、圆锥面、成形回转面等)和回转体的端面，有些车床还能车削螺纹表面。通常由工件旋转完成主运动，刀具沿平行或垂直于工件旋转轴线的移动完成进给运动。与工件旋转轴线平行的进给运动称为纵向进给运动；垂直的进给运动称为横向进给运动。

由于大多数机器零件都具有回转表面，在一般机器制造厂中，车床在金属切削机床中所占的比例最大，约占金属机床总台数的 20%～35%。由此可见，车床的应用是很广泛的。

4.2.1　车床的类型、工艺范围及应用

1. 车床的主要类型

为适应不同的加工要求，车床分为很多种类。按其结构和用途不同，可分为以下几类：

(1) 卧式车床及落地车床，如图 4-2-1 所示。

图 4-2-1　卧式车床及落地车床

(2) 立式车床，如图 4-2-2 所示。

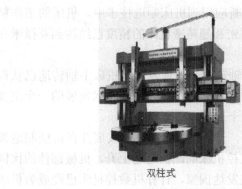

双柱式　　　　　　　　　　　　　单柱式

图 4-2-2　立式车床

(3) 转塔车床(六角车床)，如图 4-2-3 所示。

图 4-2-3　转塔六角车床

(4) 多刀半自动车床，如图 4-2-4 所示。

图 4-2-4　多刀半自动车床

(5) 仿形车床及仿形半自动车床，如图 4-2-5 所示。

图 4-2-5　仿形车床

(6) 单轴自动车床，如图 4-2-6 所示。

图 4-2-6　单轴自动车床

(7) 多轴自动车床及多轴半自动车床，如图 4-2-7 所示。

图 4-2-7　多轴自动车床

(8) 车削加工中心，如图 4-2-8 所示。

图 4-2-8　车削加工中心

此外，还有各种专门化车床，如凸轮轴车床、曲轴车床、铲齿车床等。

2. 车床的工艺范围及应用

车床的加工范围非常广泛，它适用于加工各种轴类、套筒类和盘类零件上的回转表面。典型的产品包括小到眼镜框铰链的螺钉，大到汽缸、炮管、蜗轮机轴等。图 4-2-9 所示是普通卧式车床上能完成的典型加工。

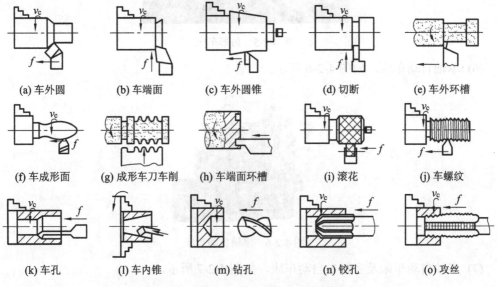

(a) 车外圆　　(b) 车端面　　(c) 车外圆锥　　(d) 切断　　(e) 车外环槽

(f) 车成形面　(g) 成形车刀车削　(h) 车端面环槽　(i) 滚花　(j) 车螺纹

(k) 车孔　　(l) 车内锥　　(m) 钻孔　　(n) 铰孔　　(o) 攻丝

图 4-2-9　普通卧式车床上能完成的典型加工

车削加工可分为粗车、半精车、精车等，用以满足不同的加工要求。粗车的尺寸公差为 IT2～IT11，表面结构为 $Ra25～12.5\ \mu m$；半精车的尺寸公差为 IT10～IT9，表面结构为 $Ra6.3～3.2\ \mu m$；精车的尺寸公差为 IT8～IT6，表面结构为 $Ra1.6～0.8\ \mu m$。

4.2.2　CA6140 型卧式车床

CA6140 型卧式车床的工艺范围很广，能适用于各种回转表面的加工，如车削内外圆柱面、圆锥面、环槽及成形回转面；车削端面及各种常用螺纹；还可以进行钻孔、扩孔、铰孔、滚花、攻螺纹和套螺纹等工作。

CA6140 型卧式车床的通用性较强，但机床的结构复杂且自动化程度低，加工过程中辅助时间较长，适用于单件、小批量生产及修理车间。

1. 组成及主要功用

CA6140 型卧式车床的外形及基本组成如图 4-2-10 所示。

(1) 床身。床身用于支撑和连接车床其他部件并保证各部件间的正确位置和相互运动关系。床身一般由铸铁材料制造。床身上有两条导轨，精度很高并且耐磨，是溜板箱和尾架移动的基准。床身左上方装有主轴箱，右上方装有尾架，前侧面装有进给箱。

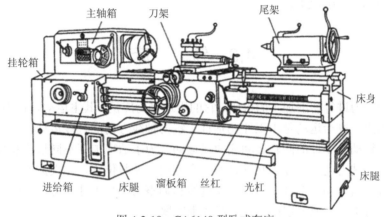

主轴箱　刀架　尾架　挂轮箱　床身　进给箱　床腿　溜板箱　丝杠　光杠

图 4-2-10　CA6140 型卧式车床

(2) 主轴箱。主轴箱用于安装主轴和主轴的变速机构。主轴前端安装卡盘以夹紧工件，并带动工件旋转实现主运动。为方便安装长棒料，主轴为空心结构。主轴箱的运动是从电机经过皮带和皮带轮传递过来的，这样可减少电机振动对主轴回转精度的影响。主轴箱内部装有一系列齿轮和操纵机构，通过齿轮变速机构可以给主轴提供各种转速，并可通过主轴箱前侧的调速手柄调定。

(3) 进给箱。进给箱固定在床身的左前侧，箱内装有进给运动的变速机构，它的作用是把从主轴经挂轮机构传来的运动传给光杠或丝杠，取得不同的进给量和螺距。

(4) 溜板箱。溜板箱固定在刀架纵向溜板的底部，其功用是接受光杠或丝杠传递的运动，以驱动大拖板和中、小拖板及刀架实现车刀的纵、横向进给运动。大拖板是纵向车削用的，中拖板是横向车削用和控制被吃刀量，小拖板是纵向车削较短工件或角度工件。

(5) 挂轮箱。挂轮箱固定在床身的左侧。其功用是将主轴的转动传给进给箱，调换箱内齿轮并和进给箱配合，可以车削不同螺距的螺纹。

(6) 刀架。刀架是用来安装车刀的。

(7) 尾架。尾架用来安装顶尖，支顶较长工件，还可安装中心钻、钻头、铰刀等其他切削刀具。

(8) 光杠和丝杠。光杠和丝杠左端装在进给箱上，右端装在床身前右侧挂脚上，中间穿过溜板箱。光杠专门用于普通车削，实现刀架的机动横向或纵向进给；丝杠专门用于车螺纹，可获得准确的螺距值。

2. 主要技术性能

CA6140 型卧式车床的主要技术性能包括以下几点：

(1) 床身上最大工件的回转直径：400 mm。

(2) 最大工件长度：750 mm、1000 mm、1500 mm、2000 mm。

(3) 刀架上最大工件的回转直径：210 mm。

(4) 主轴转速：正转 24 级为 10～1400 r/min；反转 12 级为 14～1580 r/min。

(5) 进给量：纵向 64 级为 0.028～6.33 mm/r，横向 64 级为 0.014～3.16 mm/r。

(6) 车削螺纹范围：米制螺纹 44 种为 $P = 1 \sim 192$ mm；英制螺纹 20 种为 $\alpha = 2 \sim 24$ 牙/in；模数螺纹 39 种为 $m = 0.25 \sim 48$ mm；径节螺纹 37 种为 $DP = 1 \sim 96$ 牙/in。

(7) 主电机功率为 7.5 kW。

4.3 铣 床

铣床是用铣刀进行切削加工的机床，它的用途极为广泛。其主运动是铣刀的旋转运动。在大多数铣床上，进给运动是由工件在垂直于铣刀轴线方向的直线运动来实现的；在少数铣床上，进给运动是工件的回转运动或曲线运动。为了适应加工不同形状和尺寸的工件，铣床保证工件与铣刀之间可在相互垂直的三个方向上调整位置，并根据加工要求，在其中任一方向实现进给运动。在铣床上，工作进给和调整刀具与工件相对位置的运动，根据机床类型不同，可由工件或分别由刀具及工件来实现。

铣床使用旋转的多刃刀具加工工件，生产率较高，且能改善加工表面结构。但由于铣刀每个刀齿的切削过程是断续的，同时每个刀齿的切削厚度又是变化的，这就使切削力相应地发生变化，容易引起机床振动，因此，铣床在结构上要求有较高的刚度和抗震性。

4.3.1 铣床的类型、工艺范围及应用

1. 铣床的类型

铣床的种类很多，根据构造特点及用途分，主要类型有卧式升降台铣床(见图 4-3-1)、立式升降台铣床(见图 4-3-2)、工具铣床(见图 4-3-3)、工作台不升降铣床(见图 4-3-4)、龙门铣床(见图 4-3-5)、仿形铣床(见图 4-3-6)。此外，还有仪表铣床、各种专门化铣床(如键槽铣床、曲轴铣床、凸轮铣床)等。随着机床数控技术的发展，数控铣床、镗铣加工中心的应用也越来越普遍。

图 4-3-1 卧式升降台铣床　　　　图 4-3-2 立式升降台铣床　　　　图 4-3-3 工具铣床

图 4-3-4　工作台不升降铣床　　　　图 4-3-5　龙门铣床　　　　图 4-3-6　仿形铣床

2. 铣床的工艺范围及应用

铣床适应的工艺范围较广，可以加工平面(水平面、垂直面等)、沟槽(键槽、T 形槽、燕尾槽等)、分齿零件(齿轮、链轮、棘轮、花键轴等)、螺旋形表面(螺纹、螺旋槽)及各种曲面。此外，还可用于对回转体表面及内孔进行加工，以及进行切断工作等。在铣床上采用不同类型的铣刀，配备万能分度头、回转工作台等附件，可以完成如图 4-3-7 所示的典型加工。

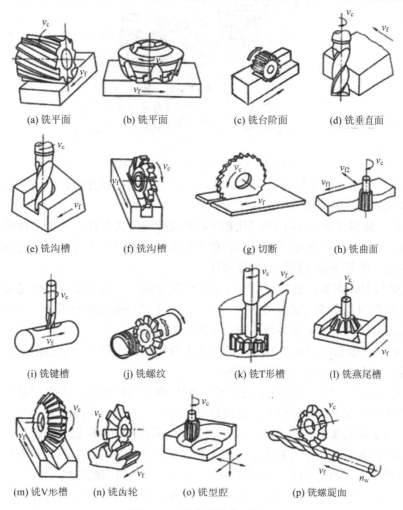

(a) 铣平面　　　　(b) 铣平面　　　　(c) 铣台阶面　　　　(d) 铣垂直面

(e) 铣沟槽　　　　(f) 铣沟槽　　　　(g) 切断　　　　(h) 铣曲面

(i) 铣键槽　　　　(j) 铣螺纹　　　　(k) 铣T形槽　　　　(l) 铣燕尾槽

(m) 铣V形槽　　　(n) 铣齿轮　　　(o) 铣型腔　　　(p) 铣螺旋曲

图 4-3-7　铣床上的典型加工

一般精铣后的精度等级可达 IT9～IT7，表面结构 Ra 值可达 6.3～1.6 μm。铣削加工既适用于成批大量生产，也适用于单件小批生产；既适用于大型箱体、底座等零件的加工，也适用于中小型支架、壳体等零件加工。因此，其广泛应用于汽车配件、电子制造、造船业、模具制造等领域，航空航天业也有应用。

4.3.2　X6132 型卧式万能升降台铣床

1. 组成及主要功用

X6132 型卧式万能升降台铣床主要由底座、床身、悬梁、刀杆支架、主轴、工作台、床鞍、升降台、回转盘等组成，如图 4-3-8 所示。

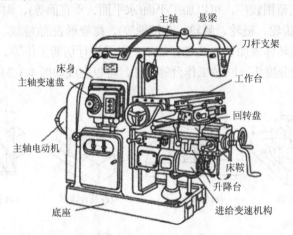

图 4-3-8　X6132 型卧式万能升降台铣床

(1) 底座。底座是整个铣床的支撑部件，用以支撑床身和升降台；底座是一个箱体，箱体内盛放切削液，供切削时使用。

(2) 床身。床身是机床的主体，用来固定和支撑铣床各部件。顶面上有供悬梁移动用的水平导轨；前壁有燕尾形的垂直导轨，供升降台上下移动；内部装有主电动机、主轴变速机构、主轴、电器设备及润滑油泵等部件。

(3) 悬梁与刀杆支架。悬梁装在床身顶部燕尾导轨上，前端安装刀杆支架。悬梁与刀杆支架的主要作用是支撑安装铣刀的长刀杆。转动手把，通过齿轮齿条，可以使悬梁沿床身顶部导轨前后移动，以安装各种不同长度的铣刀刀杆。

(4) 主轴。主轴是用来安装刀杆并带动铣刀旋转的。主轴是一空心轴，前端有 7∶24 的精密锥孔，其作用是安装铣刀刀杆锥柄。

(5) 工作台部分。工作台部分由工作台、回转盘和床鞍组成。工作台用来安装工件，并带动工件在回转盘上面的导轨上作纵向移动，台面上的 T 形槽用以安装夹具或工件；床鞍装在升降台上面的水平导轨上，用来带动工作台横向移动。床鞍与回转盘，合称工作台底座。床鞍两侧各安装一个夹紧手柄，用来将其锁紧在升降台上。回转盘可将纵向工作台在水平面内扳转一定的角度(正、反均为 0°～45°)，以便铣削螺旋槽等。

(6) 升降台。升降台安装在床身的导轨上，升降台内装有进给运动和快速移动装置及操纵机构，可以带动整个工作台部分沿床身的垂直导轨上下移动，以调整工件与铣刀的距离和垂直进给。

2. 主要技术参数

X6132 型卧式万能升降台铣床主要规格及技术参数，参见表 4-3-1。

表 4-3-1　X6132 型卧式万能升降台铣床主要规格及技术参数

工作台面积(宽 × 长)/mm	320 × 1320
工作台 T 形槽/mm	3-18 × 70
工作台行程(纵/横/垂)(手动)/mm	700 / 255 / 320
工作台行程(纵/横/垂)(机动)/mm	680 / 240 / 300
主轴锥孔	7∶24 ISO50
刀柄形式	XT50
主轴转速/(r · min^{-1})	18 级 30～1500
主轴电机功率/kW	5.5
工作台回转角度	±45°
卧主轴中心线到工作台面距离/mm	30～350
床身垂直导轨面至工作中心线距离/mm	215～470
进给速度范围(纵、横/垂)/(mm · min^{-1})	18 级 23.5～1180/8～394
快速进给 (纵、横/垂)/(mm · min^{-1})	2300/770
进给电机功率/kW	1.5
工作台最大承重/kg	500
机床重量(约)/kg	2650
机床外形尺寸(长 × 宽 × 高)/mm	2294 × 1770 × 1665

4.4　磨　床

凡是用磨料磨具(砂轮、砂带、油石和研磨料等)作为工具对工件表面进行切削加工的机床，统称为磨床。它们是由精加工和硬表面加工的需要而发展起来的。

磨床能作高精度和表面结构要求高的磨削，也能进行高效率的磨削，如强力磨削等。磨削加工是现代机械制造技术的主攻方向之一。现代机械制造中磨床的使用越来越广泛，它在金属切削机床中所占的比例不断上升。目前在工业发达的国家中，磨床在机床总数中的比例已达 30%～40%。

4.4.1　磨床的类型、工艺范围及应用

1. 磨床的类型

为了适应磨削各种加工表面、工件形状及生产批量的要求，磨床的种类很多，其主要类型有以下几种：

(1) 外圆磨床。外圆磨床包括万能外圆磨床、普通外圆磨床、无心外圆磨床等，主要用于磨削内、外圆柱和圆锥表面，也能磨阶梯轴的轴肩和端面。

(2) 内圆磨床。内圆磨床包括普通内圆磨床、无心内圆磨床、行星式内圆磨床等，用于磨圆柱孔和圆锥孔。

(3) 平面磨床。平面磨床包括卧轴矩台平面磨床、立轴矩台平面磨床、卧轴圆台平面磨床、立轴圆台平面磨床等，主要用于磨削各种工件上的平面。

(4) 工具磨床。工具磨床包括工具曲线磨床、钻头沟槽磨床、丝锥沟槽磨床等。工具磨床特别适用于刃磨各种中小型工具，如铰刀、丝锥、麻花钻头、扩孔钻头、各种铣刀、铣刀头、插齿刀。以相应的附具配合，可以磨外圆、内圆和平面，还可以磨制样板、模具。采用金刚石砂轮可以刃磨各种硬质合金刀具。

(5) 刀具刃磨磨床。刀具刃磨磨床包括万能刀具磨床、钻头刃磨床、拉刀刃磨床、滚刀刃磨床等，是专门用于工具制造和刀具刃磨的磨床。

(6) 各种专门化磨床。各种专门化磨床是专门用于磨削某一类零件的磨床，如曲轴磨床、凸轮轴磨床、花键轴磨床、活塞环磨床、齿轮磨床、螺纹磨床等。

(7) 其他磨床。其他磨床如珩磨机、研磨机、抛光机、超精加工机床、砂轮机等。

2. 磨床的工艺范围及应用

磨床可以加工各种表面。凡是车床、钻床、镗床、铣床、齿轮和螺纹加工机床等加工的零件表面，都能够在相应的磨床上进行磨削精加工。此外，还可以刃磨刀具和进行切断等，应用范围十分广泛。

磨削的加工精度可达 IT8～IT5，表面结构 Ra 值可达 1.6～0.2 μm。因此，广泛用于零件的精加工，尤其是淬硬钢件、高硬度特殊材料及非金属材料(如陶瓷)的精加工；也能加工脆性材料，如玻璃、花岗石等。

4.4.2　M1432A 型万能外圆磨床

M1432A 型万能外圆磨床主要用于磨削内外圆柱面、内外圆锥面、阶梯轴轴肩以及端面和简单的成形回转表面等。它属于普遍精度级机床，磨削精度可达 IT7～IT6 级，表面结构 Ra 值在 1.25～0.08 μm 之间。这种机床万能性强，但自动化程度较低，磨削效率不高，适用于工具车间、维修车间和单件小批生产类型。

1. 组成及主要功能

M1432A 型万能外圆磨床外形如图 4-4-1 所示。

(1) 床身。它是磨床的基础支撑件，用以支撑和定位机床的各个部件。

(2) 头架。它用于装夹和定位工件并带动工件作旋转运动。当头架体旋转一个角度时，可磨削短圆锥面；当头架体逆时针回转 90° 时，可磨削小平面。

(3) 工作台。它由上工作台和下工作台两部分组成。上工作台可绕下工作台的心轴在水平面内调至某一角度位置，用以磨削锥度较小的长圆锥面。工作台台面上装有头架和尾座，这些部件随着工作台一起，沿床身纵向导轨作纵向往复运动。

(4) 内圆磨具。它用于支撑磨内孔的砂轮主轴。内圆磨具主轴由单独的内圆砂轮电动机驱动。

(5) 砂轮架。它用以支撑并传动砂轮主轴高速旋转，砂轮架装在滑鞍上，回转角度为 ±30°，当需要磨削短圆锥面时，砂轮架可调至一定的角度位置。

(6) 尾座。尾座上的后顶尖和头架前顶尖一起支撑工件。

(7) 滑鞍及横向进给机构。转动横向进给手轮，通过横向进给机构带动滑鞍及砂轮架作横向移动；也可利用液压装置，通过脚踏操纵板使滑鞍及砂轮架作快速进退或周期性自动切入进给。

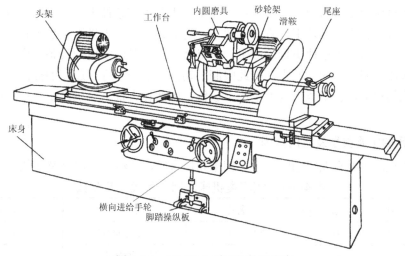

图 4-4-1　M1432A 型万能外圆磨床

2. 主要技术性能

外圆磨床的主要参数为磨削工件的最大直径，本机床的主参数为 320 mm。

外圆磨削直径：8～320 mm

外圆最大磨削长度：1000，1500，2000 mm

内孔磨削直径：30～100 mm

内孔最大磨削长度：125 mm

磨削工件最大质量：150 kg

砂轮尺寸：$\phi 400 \times 50 \times \phi 203$

砂轮转速：1670 r/min

头架主轴转速 6 级：25、50、80、112、160、224 r/min

内圆砂轮转速：10 000 r/min；15 000 r/min

工作台纵向移动速度(液压无级调速)：0.05～4 m/min

4.5　其他金属切削机床简介

4.5.1　刨床

1. 概述

刨床类机床主要用于加工各种平面(如水平面、垂直面及斜面等)和沟槽(如 T 形槽、燕尾槽、V 形槽等),有时也用于加工直线成形面。

刨床类机床的主运动是刀具或工件所作的直线往复运动。刨削加工只在刀具向工件(或工件向刀具)前进时进行,称为工作行程;返回时不进行切削,并且刨刀抬起——让刀,以避免损伤已加工表面和减轻刀具磨损,称为空行程。刨床类机床的进给运动由刀具或工件完成,其方向与主运动方向相垂直,它是在空行程结束后的短时间内进行的,因而是一种间歇运动。

刨床类机床由于所用刀具结构简单,在单件小批生产条件下,加工形状复杂的表面比其他刀具经济,且生产准备工作省时。此外,用宽刃刨刀以大进给量加工狭长平面时的生产率较高,因而多用于单件小批生产中,是机修、工具车间常用的设备。由于这类机床主运动反向时需克服较大的惯性力,因此限制了切削速度和空行程速度的提高,同时存在空行程所造成的损失,在多数情况下生产率较低,因此在大批大量生产中常被铣床和拉床所代替。

2. 刨床的主要类型及应用范围

刨床类机床主要有龙门刨床、牛头刨床和插床等,其组、系代号及参数见表 4-5-1。

表 4-5-1　刨床类机床的组、系代号及参数

类	组	系	机床名称	主参数	主参数的折算系数
刨插床	1	0	悬臂刨床	最大刨削宽度	1 / 100
	2	0	龙门刨床	最大刨削宽度	1 / 100
	5	0	插床	最大刨削长度	1 / 10
	6	0	牛头刨床	最大刨削长度	1 / 10
	8	8	磨具	最大刨削长度	1 / 10

1) 龙门刨床

龙门刨床用于加工大型或重型零件上的各种平面、沟槽和各种导轨面(如棱形、V 形导轨面),也可在工作台上一次装夹数个中小型零件进行多件加工。

图 4-5-1 所示是龙门刨床的外形图,主要由侧刀架、垂直刀架、横梁、立柱、工作台和床身组成。它因具有一个"龙门"式框架而得名。

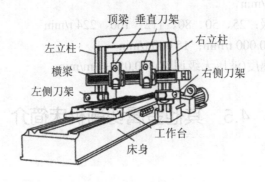

图 4-5-1　龙门刨床

龙门刨床工作时,工件装夹在工作台上,随工作台沿床身的水平导轨作直线往复运动,

实现切削过程的主运动。装在横梁上的垂直刀架可沿横梁导轨作间歇的横向进给运动，用以刨削工件的水平面；垂直刀架的溜板还可使刀架上下移动，作切入运动或刨竖直平面；刀架溜板还能绕水平轴调整至一定角度位置，以加工斜面或斜槽。横梁可沿左、右立柱的导轨作垂直升降调整垂直刀架位置，以适应不同高度工件的加工需要。装在左、右立柱上的侧刀架可沿立柱导轨作垂直方向的间歇进给运动，以刨削工件竖直平面。各刀架的自动进给运动是在工作台每完成一次直线往复运动后，由刀架沿水平或垂直方向移动一定距离，使刀具能够逐次刨削出待加工表面；快速移动则用于调整刀架的位置。

　　龙门刨床的主参数是最大刨削宽度和最大刨削长度。例如 B2012A 型龙门刨床的最大刨削宽度为 1250 mm，最大刨削长度为 4000 mm。

　　与牛头刨床相比，龙门刨床具有形体大、动力大、结构复杂、刚性好、工作稳定、工作行程长、适应性强和加工精度高等特点。龙门刨床的主参数是最大刨削宽度。它主要用来加工大型零件的平面，尤其是窄而长的平面，也可加工沟槽或在一次装夹中同时加工数个中、小型工件的平面。

　　2) 牛头刨床

　　图 4-5-2 所示为牛头刨床外形图，主要由床身、滑枕、刀架、工作台、横梁等组成，其因滑枕和刀架形似牛头而得名。

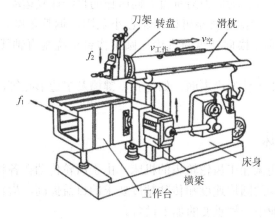

图 4-5-2　牛头刨床

　　与龙门刨床不同，牛头刨床的主运动是由刀具完成的，而进给运动则由工件或刀具沿垂直于主运动方向移动来实现。牛头刨床工作时，装有刀架的滑枕由床身内部的摆杆带动，沿床身顶部的导轨作直线往复运动，由刀具实现切削过程的主运动。夹具或工件则安装在工作台上，加工时，工作台带动工件沿横梁上导轨作间歇横向进给运动。横梁可沿床身的垂直导轨上下移动，以调整工件与刨刀的相对位置。刀架还可以沿刀架座上的导轨上下移动(一般为手动)，以调整刨削深度。在加工垂直平面和斜面作进给运动时，调整转盘，可以使刀架左右回旋，以便加工斜面和斜槽。

　　牛头刨床的刀具只在一个运动方向上进行切削，刀具在返回时不进行切削，空行程损失大，此外，滑枕在换向的瞬间，有较大的冲击惯性，因此主运动速度不能太高；加工时通常只能单刀加工，所以它的生产率比较低。它适用于单件小批量生产或机修车间，用来加工中小型零件的平面或沟槽。

牛头刨床的主参数是最大刨削长度。例如，B6050 型牛头刨床的最大刨削长度为 500 mm。

3) 插床

插床实质上是立式刨床，图 4-5-3 所示为插床外形图，主要由工作台、滑枕、滑枕导轨座、分度装置、床鞍、溜板等组成。

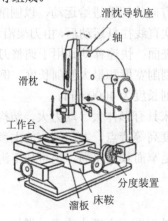

图 4-5-3　插床

插床的主运动是滑枕带动插刀沿垂直方向所作的直线往复运动。滑枕向下移动为工作行程，向上为空行程。滑枕导轨座可以绕轴在小范围内调整角度，以便加工倾斜面及沟槽。床鞍及溜板可分别作横向及纵向进给，圆工作台可绕垂直轴线回转完成圆周进给或进行分度。

插床主要用于加工工件的内表面，如内孔、键槽及多边形孔等，有时也用于加工成形内、外表面。

4.5.2　齿轮加工机床

齿轮加工机床是用来加工齿轮轮齿的机床。由于齿轮传动在各种机械及仪表中的广泛应用，以及对齿轮传动的圆周速度和传动精度要求的日益提高，齿轮加工机床已有很大发展，成为机械制造工业中一种重要的加工设备。

1. 齿轮加工机床的类型

按照被加工齿轮的种类不同，齿轮加工机床可分为圆柱齿轮加工机床和锥齿轮加工机床。

1) 圆柱齿轮加工机床

这类机床可分为圆柱齿轮切齿机床及圆柱齿轮精加工机床两类。切齿机床包括插齿机、滚齿机、花键铣床、车齿机等。精加工机床包括剃齿机、珩齿机及各种圆柱齿轮磨齿机等。此外，在圆柱齿轮加工机床中，还包括齿轮倒角机、齿轮噪声检查机等。

2) 锥齿轮加工机床

这类机床可分为直齿锥齿轮加工机床及曲线齿锥齿轮加工机床两类。直齿锥齿轮加工机床包括刨齿机、铣齿机、拉齿机以及精加工机床等。曲线齿锥齿轮加工机床包括用于加工各种不同曲线齿锥齿轮的铣齿机、拉齿机及精加工机床等。此外，锥齿轮加工机床还包括加工锥齿轮所需的倒角机、淬火机、滚动检查机等设备。

2. 齿轮加工机床的加工方法

齿轮加工方法主要有成形法和展成法。

1) 成形法

成形法是用于被加工齿轮齿槽形状相同的成形刀具切削轮齿，如图 4-5-4 所示。成形法加工的特点：机床结构简单，可以利用通用机床加工；但对于同一模数的齿轮，只要齿数不同，就需要采用不同的成形刀具，刀具储备量大；加工精度不高，生产效率也较低。成形法加工齿轮一般用于单件小批量生产或机修工作中，可加工直齿、斜齿和人字齿圆柱齿轮，也可加工重型机械中精度要求不高的大型齿轮。

图 4-5-4　成形法加工齿轮

2) 展成法

展成法利用齿轮的啮合原理加工齿轮，也叫范成法。把齿轮啮合副(齿条—齿轮、齿轮—齿轮)中的一个转化为刀具，另一个转化为工件，并强制刀具和工件作严格的啮合运动而范成切出齿廓，如图 4-5-5 所示。常用的展成法齿轮刀具有滚齿刀、插齿刀、剃齿刀等。

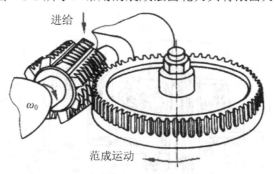

图 4-5-5　展成加工齿轮

展成法加工齿轮的特点：刀具通用性好；齿形精度及分度精度高；切削过程是连续的，生产率高；但必须采用专用加工机床，调整费时，刀具制造、刃磨困难，成本高。

3. 齿轮加工机床的应用

常用的齿轮加工机床有滚齿机、插齿机、铣齿机、剃齿机、磨齿机、珩齿机、挤齿机及齿轮倒角机等。滚齿机是用滚刀按展成法粗、精加工直齿、斜齿、人字齿轮和蜗轮等，加工范围广，可达到高精度或高生产率；插齿机是用插齿刀按展成法加工直齿、斜齿齿轮和其他齿形件，主要用于加工多联齿轮和内齿轮，它具有很高的效率和切割精度，且操作方便，在各大中型企业，在机床制造、造船、压力容器、工程机械、矿山机械、电力、桥梁建筑、钢结构等行业中广泛用于齿轮制造；铣齿机是用成形铣刀按分度法加工，主要用于加工特殊齿形的仪表齿轮；剃齿机是用齿轮式剃齿刀精加工齿轮的一种高效机床；磨齿机是用砂轮，精加工淬硬圆柱齿轮或齿轮刀具齿面的高精度机床；珩齿机是利用珩轮与被加工齿轮的自由啮合，消除淬硬齿轮毛刺和其他齿面缺陷的机床；挤齿机是利用高硬度无切削刃的挤轮与工件的自由啮合，将齿面上的微小不平碾光，以提高精度和光洁程度的机床；齿轮倒角机是对内外啮合的滑移齿轮的齿端部倒圆的机床，是生产齿轮变速箱和其他齿轮移换机构不可缺少的加工设备。

滚齿机是齿轮加工机床中应用最广泛的一种机床，在滚齿机上可切削直齿、斜齿圆柱齿轮，还可加工蜗轮、链轮等。滚齿机的加工方法是展成法，它可以加工直齿圆柱齿轮、斜齿圆柱齿轮、人字齿圆柱齿轮和蜗轮。当使用特制的滚刀时，它也可以用来加工花键、链轮等许多具有特殊齿形的工件。普通滚齿机的加工精度为 IT7～IT6 级，高精度滚齿机为 IT4～IT3 级，最大加工直径为 15.0 m，适用于成批、小批及单件生产圆柱斜齿轮和蜗轮，也可滚切一定参数范围的花健轴。

图 4-5-6 所示为 Y3150E 型滚齿机外形。其主要由立柱、刀架体及溜板、后立柱、工作台、床鞍和床身等组成。立柱固定在床身上，刀架溜板可沿立柱导轨上下移动；刀架体安装在刀架溜板上，可绕自己的水平轴线转位；滚刀安装在刀杆上，作旋转运动；工件安装在工作台的心轴上，随工作台一起转动；后立柱和工作台一起装在床鞍上，可沿机床水平导轨移动，用于调整工件的径向位置或作径向进给运动。滚刀的旋转是主运动；滚刀与工件之间的啮合是展成运动，由机床的内联系传动链实现。Y3150E 型滚齿机是一种中型通用滚齿机，主要用于加工直齿和斜齿圆柱齿轮，也可以采用径向切入法加工蜗轮。滚齿机可以加工的工件最大直径为 500 mm，最大模数 8 mm。

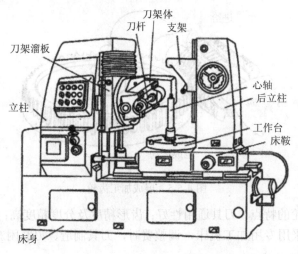

图 4-5-6　Y3150E 型滚齿机

4.5.3　数控机床

随着科学技术和社会生产的不断进步与发展，机械制造业所面临的加工对象精度高、形状复杂、批量小、改型频繁，尤其是在航空、航天、造船、机床和军事等领域，用普通机床、专用生产线、"刚性"自动化设备和仿形机床已不能满足要求。为此，一种新型的机床——数字程序控制机床(简称数控机床)便应运而生。

数字控制(Numerical Control)技术，简称数控(NC)技术，是指用数字指令来控制机器的动作。采用数控技术的控制系统称为数控系统。采用通用计算机硬件结构，用控制软件来实现数控功能的数控系统，称为计算机数控(CNC)系统。装备了数控系统的机床，称为数控机床，数控机床是一种高效自动化机床。

1. 数控机床的组成

数控机床主要由输入/输出设备、数控装置、伺服系统、测量反馈装置和机床本体组成。数控机床的硬件组成如图 4-5-7 所示。

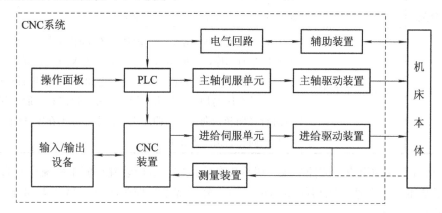

图 4-5-7　数控机床的硬件构成

2. 典型的数控机床

1) 数控车床

(1) 数控车床的分类：数控车床的外形与普通车床相似，即由床身、主轴箱、刀架、进给系统、液压系统、冷却和润滑系统等部分组成。数控车床的进给系统与普通车床有质的区别，传统普通车床有进给箱和交换齿轮架，而数控车床是直接用伺服电机通过滚珠丝杠驱动溜板和刀架实现进给运动，因而进给系统的结构大为简化，数控车床品种繁多，规格不一，常见类型见表 4-5-2。

表 4-5-2　数控车床的常见类型

分类方法	类　型	相　关　说　明
按车床主轴位置分类	卧式数控车床	又分为数控水平导轨卧式车床和数控倾斜导轨卧式车床。其倾斜导轨结构可以使车床具有更大的刚性，并易于排除切屑
	立式数控车床	其车床主轴垂直于水平面，一个直径很大的圆形工作台，用来装夹工件。这类机床主要用于加工径向尺寸大、轴向尺寸相对较小的大型复杂零件
按刀架数量分类	单刀架数控车床	数控车床一般都配置有各种形式的单刀架，如四工位卧动转位刀架或多工位转塔式自动转位刀架
	双刀架数控车床	这类车床的双刀架配置平行分布，也可以是相互垂直分布

分类方法	类　型	相　关　说　明
按功能分类	经济型数控车床	采用步进电动机和单片机对普通车床的进给系统进行改造后形成的简易型数控车床，成本较低，但自动化程度和功能都比较差，车削加工精度也不高，适用于要求不高的回转类零件的车削加工
	普通数控车床	根据车削加工要求在结构上进行专门设计并配备通用数控系统而形成的数控车床，数控系统功能强，自动化程度和加工精度也比较高，适用于一般回转类零件的车削加式。这种数控车床可同时控制两个坐标轴，即 X 轴和 Z 轴
	车削加工中心	在普通数控车床的基础上，增加了 C 轴和动力头，更高级的数控车床带有刀库，可控制 X、Z 和 C 三个坐标轴，联动控制轴可以是(X、Z)、(X、C)或(Z、C)。由于增加了 C 轴和铣削动力头，这种数控车床的加工功能大大增强，除可以进行一般车削外，可以进行径向和轴向铣削、曲面铣削、中心线不在零件回转中心的孔和径向孔的钻削等加工

(2) 数控车床的组成：数控车床一般均由车床主体、数控装置和伺服系统三大部分组成。

除了基本保持普通车床传统布局形式的部分经济型数控车床外，目前大部分数控车床均已通过专门设计并定型生产。

① 主轴与主轴箱。

a. 主轴。数控车床主轴的回转精度，直接影响零件的加工精度；其功率大小、回转速度影响加工的效率；其同步运行、自动变速及定向准停等要求，影响车床的自动化程度。

b. 主轴箱。有级自动调速功能的数控车床，其主轴箱内的传动机构已经大大简化；无级自动调速(包括定向准停)的数控车床，不再有机械传动变速和变向作用的机构，其主轴箱也成了"轴承座"及"润滑箱"的代名词。

② 导轨。导轨是保证进给运动准确性的重要部件，是影响零件加工质量的重要因素之一。除部分数控车床仍沿用传统的滑动导轨(金属型)外，定型生产的数控车床已较多地采用贴塑导轨。

③ 机械传动机构。除部分主轴箱内的齿轮传动等机构外，数控车床已在原普通车床传动链的基础上，取消了挂轮箱、进给箱、溜板箱及其绝大部分传动机构，仅保留了纵、横进给的螺旋传动机构，并在驱动电动机至丝杠间增设了(少数车床未增设)可消除其侧隙的齿轮副。

a. 螺旋传动机构。其功能是将驱动电动机输出的旋转运动转换成刀架在纵、横方向上的直线运动。构成螺旋传动机构的部件，一般为滚珠丝杠副。

b. 齿轮副。在较多数控车床的驱动机构中，其驱动电动机与进给丝杠间设置有一个简单的齿轮箱(架)。齿轮副的主要作用是保证车床进给运动的脉冲当量符合要求，避免丝杠可能产生的轴向窜动对驱动电动机的不利影响。

④ 自动转动刀架。除了车削中心采用随机换刀(带刀库)的自动换刀装置外，数控车床一般带有固定刀位的自动转位刀架，有的车床还带有各种形式的双刀架。

⑤ 检测反馈装置。检测装置包括位移检测装置和工件尺寸检测装置两大类，其中工件

尺寸检测装置又分为机内尺寸检测装置和机外尺寸检测装置两种。工件尺寸检测装置仅在少量的高档数控车床上配用。检测反馈装置是数控车床的重要组成部分，对加工精度、生产效率和自动化程度有很大影响。

⑥ 对刀装置。除了极少数专用性质的数控车床外，普通数控车床几乎都采用各种形式的自动转位刀架，以进行多刀车削。这样，每把刀的刀位点在刀架上安装的位置，或相对于车床固定原点的位置，都需要对刀、调整和测量，并予以确认，以保证零件的加工质量。

⑦ 数控装置。其核心是计算机及相关软件，在数控车床中起"指挥"作用。数控装置接收由输入装置送来的各种信息，并经处理和调配后，向驱动机构发出执行命令；在执行过程中，其驱动、检测等机构同时将有关信息反馈给数控装置，以便经处理后发出新的执行命令。

⑧ 伺服系统。伺服系统准确地执行数控装置发出的命令，通过驱动电路和执行元件(如步进电机等)，完成数控装置所要求的各种位移。

(3) 主要技术参数：数控车床的主要技术参数参见表 4-5-3。

表 4-5-3　数控车床的主要技术参数

类　别	主　要　内　容	作　用
尺寸参数	X、Z 轴最大行程；卡盘尺寸；最大回转直径；最大车削直径；尾座套筒移动距离；最大车削长度	影响加工工件的尺寸范围(质量)、编程范围及刀具、工件、机床之间干涉
接口参数	刀位数，刀具装夹尺寸；主轴头型式；主轴孔及尾座孔锥座、直径	影响工件及刀具安装
运动参数	主轴转速范围；刀架快进速度、切削进给速度范围；	影响加工性能及编程参数
动力参数	主轴电机功率；伺服电机额定转矩	影响切削负荷
精度参数	定位精度、重复定位精度；刀架定位精度、重复定位精度；	影响加工精度及其一致性
其他参数	外形尺寸(长×宽×高)、质量	影响使用环境

(4) 数控车床的主要特点：与普通车床相比，数控车床具有以下特点：

① 数控车床刀架的两个方向的运动分别由两台伺服电动机驱动，所以它的传动链短，不必使用挂轮、光杠等传动部件，用伺服电动机直接与丝杠联结带动刀架运动。伺服电动机丝杠间也可以用同步皮带副或齿轮副连接。

② 多功能数控车床是采用直流或交流主轴控制单元来驱动主轴，按控制指令作无级变速，主轴之间不必用多级齿轮副来进行变速，主轴传动链路线简单，传动精度高。

③ 数控车床的刀架移动一般采用滚珠丝杠副，是轻拖动。

④ 为了拖动轻便，数控车床的润滑都比较充分，大部分采用油雾自动润滑。

⑤ 数控机床的价格较高、控制系统的寿命较长，机床精度保持的时间长，使用寿命长。

⑥ 数控车床自动运转时一般都处于全封闭或半封闭状态，加工冷却充分、防护较严密。

⑦ 数控车床一般配有自动排屑装置。

2) 数控铣床

数控铣床是用计算机数字化信号控制的铣床，是一种用途广泛的机床。它可以加工由直线和圆弧两种几何要素构成的平面轮廓，也可以直接用逼近法加工非圆曲线构成的平面轮廓，还可以加工立体曲面和空间曲线。

（1）数控铣床的组成。

数控铣床的基本组成如图 4-5-8 所示，它由床身、立柱、主轴箱、工作台、滑鞍、滚珠丝杠、伺服电机、伺服装置、数控系统等组成。

床身用于支撑和连接机床各部件。主轴箱用于安装主轴。主轴下端的锥孔用于安装铣刀。当主轴箱内的主轴电机驱动主轴旋转时，铣刀能够切削工件。主轴箱还可沿立柱上的导轨在 Z 向移动，使刀具上升或下降。工作台用于安装工件或夹具。工作台可沿滑鞍上的导轨在 X 向移动，滑鞍可沿床身上的导轨在 Y 向移动，从而实现工件在 X 和 Y 向的移动。无论是 X、Y 向，还是 Z 向的移动都是靠伺服电机驱动滚珠丝杠来实现的。伺服装置用于驱动伺服电机。控制器用于输入零件加工程序和控制机床工作状态。控制电源用于向伺服装置和控制器供电。

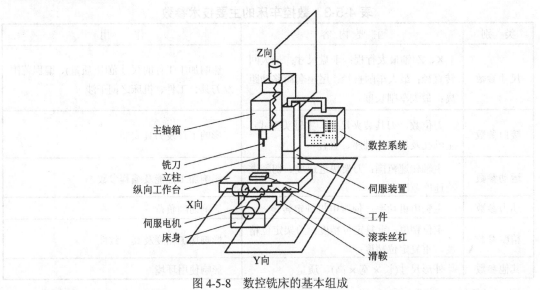

图 4-5-8　数控铣床的基本组成

（2）数控铣床的工作流程。

根据零件形状、尺寸、精度和表面粗糙度等技术要求制定加工工艺，选择加工参数。通过手工编程或利用 CAM 软件自动编程，将编好的加工程序输入控制器。控制器对加工程序进行处理后，向伺服装置传送指令。伺服装置向伺服电机发出控制信号。主轴电机使刀具旋转，X、Y 和 Z 向的伺服电机控制刀具和工件按一定的轨迹相对运动，从而实现工件的切削。

（3）数控铣床加工的特点。

① 用数控铣床加工零件，精度很稳定。如果忽略刀具的磨损，用同一程序加工出的零件具有相同的精度。

② 数控铣床尤其适合加工形状比较复杂的零件，如各种模具等。

③ 数控铣床自动化程度很高，生产率高，适合加工批量较大的零件。

（4）数控铣床的一般操作规程。

① 开机前要检查润滑油是否充裕、冷却是否充足，发现不足应及时补充。

② 打开数控铣床电器柜上的电器总开关。

③ 按下数控铣床控制面板上的"ON"按钮，启动数控系统，等自检完毕后进行数控铣床的强电复位。

④ 手动返回数控铣床参考点。首先返回+Z 方向，然后返回+X 和+Y 方向。

⑤ 手动操作时，在 X、Y 移动前，必须使 Z 轴处于较高位置，以免撞刀。

⑥ 数控铣床出现报警时，要根据报警号，查找原因，及时排除警报。

⑦ 更换刀具时应注意操作安全。在装入刀具时应将刀柄和刀具擦拭干净。

⑧ 在自动运行程序前，必须认真检查程序，确保程序的正确性。在操作过程中必须集中注意力，谨慎操作。运行过程中，一旦发生问题，及时按下复位按钮或紧急停止按钮。

⑨ 加工完毕后，应把刀架停放在远离工件的换刀位置。

⑩ 实习学生在操作时，旁观的同学禁止按控制面板的任何按钮、旋钮，以免发生意外及事故。

⑪ 严禁任意修改、删除机床参数。

⑫ 关机前，应使刀具处于较高位置，把工作台上的切屑清理干净、把机床擦拭干净。

⑬ 关机时，先关闭系统电源，再关闭电器总开关。

3) 加工中心

数控加工中心是一种带有刀库并能自动更换刀具，对工件能够在一定的范围内进行多工序加工的数控机床。加工中心是从数控铣床发展而来的。与数控铣床的最大区别在于加工中心具有自动交换加工刀具的能力，通过在刀库上安装不同用途的刀具，可在一次装夹中通过自动换刀装置改变主轴上的加工刀具，实现多种加工功能。数控加工中心是由机械设备与数控系统组成的适用于加工复杂零件的高效率自动化机床。数控加工中心是目前世界上产量最高、应用最广泛的数控机床。

(1) 加工中心的基本组成。

同类型的加工中心与数控铣床的结构布局相似，主要在刀库的结构和位置上有区别，一般由床身、主轴箱、工作台、底座、立柱、横梁、进给机构、自动换刀装置、辅助系统(气液、润滑、冷却)、控制系统等组成，如图 4-5-9 所示。

图 4-5-9　加工中心的组成

①　基础部件。基础部件主要由床身、立柱和工作台等几大部分组成，它们主要承受加工中心的静载荷和加工时的切削负载。

②　主轴部件。主轴部件由主轴箱、主轴电机、主轴和主轴轴承等零件组成。主轴的启动、停止等动作和转速均由数控系统控制，并通过装在主轴上的刀具进行切削。主轴部件是切削加工的功率输出部件，是加工中心的关键部件，其结构的好坏对加工中心的性能有很大的影响。

③　数控系统。数控系统由 CNC 装置、可编程控制器、伺服驱动装置以及电动机等部件组成，是加工中心执行控制动作和控制加工过程的中心。

④　自动换刀装置(ATC)。加工中心与一般的数控机床不同地方是：它具有对零件进行多工序加工的能力，并有一套自动换刀装置。

(2) 加工中心的分类。

①　按照主轴加工时的空间位置分，有立式加工中心和卧式加工中心。加工中心的主轴在空间处于垂直状态的称为立式加工中心，主轴在空间处于水平状态的称为卧式加工中心。主轴可作垂直和水平转换的，称为立卧式加工中心或五面加工中心，也称复合加工中心。

②　按加工中心立柱的数量分，有单柱式和双柱式(龙门式)。

③　按加工中心运动坐标数和同时控制的坐标数分，有三轴二联动、三轴三联动、四轴三联动、五轴四联动、六轴五联动等。三轴、四轴是指加工中心具有的运动坐标数，联动是指控制系统可以同时控制运动的坐标数，从而实现刀具相对工件的位置和速度控制。

④　按工作台的数量和功能分，有单工作台加工中心、双工作台加工中心和多工作台加工中心。

⑤　按加工精度分，有普通加工中心和高精度加工中心。普通加工中心，分辨率为 1 μm，最大进给速度为 15～25 m/min，定位精度为 10 μm 左右。高精度加工中心，分辨率为 0.1 μm，最大进给速度为 15～100 m/min，定位精度为 2 μm 左右。介于 2～10 μm 之间的，以 ±5 μm 较多，可称精密级。

(3) 加工中心的主要优点。

①　提高加工质量。加工中心加工工件时，一次装夹即可实现多工序集中加工，大大减少多次装夹所带来的误差。

②　缩短加工准备时间。加工中心既然可以顶替多台通用机床，那么加工一个零件所需要的准备时间，是每台加工单元所损耗的准备时间之和。

③　减少在制品数量。在加工中心上加工，即可发挥其"多工序集中"的优势，在一台机床上完成多个工序，就能大大减少在制品数量。

④　减少刀具费。把分散设置在各通用机床上的刀具，集中在加工中心刀库上，有可能用最少的刀座来满足加工需求。

⑤　设备利用率高。加工中心设备利用率为通用机床的几倍。另外，由于工序集中，容易适应多品种、中小批量生产，尤其是加工形状复杂、精度要求较高、品种更换速度低的工件时，更具有良好的经济性。

(4) 主要技术参数。

加工中心的主要技术参数见表 4-5-4。

表 4-5-4　加工中心的主要技术参数

类别	主要内容	作用
尺寸参数	工作台面积(长×宽)、承重	影响加工工件的尺寸范围(重量)、编程范围及刀具、工件、机床之间干涉
	主轴端面到工作台距离	
	交换工作台尺寸、数量及交换时间	
接口参数	工作台 T 形槽数、槽宽、槽间距	影响工件、刀具安装及加工适应性和效率
	主轴孔锥度、直径	
	最大刀具尺寸及重复	
	刀库容量、换刀时间	
运动参数	各坐标行程及摆角范围	影响加工性能及编程参数
	主轴转速范围	
	各坐标快进速度、切削进给速度范围	
动力参数	主轴电机功率	影响切削负荷
	伺服电机额定转矩	
精度参数	定位精度、重复定位精度	影响加工精度及其一致性
	分度精度(回转工作台)	
其他参数	外形尺寸、重复	影响使用环境

学　后　评　量

1. 根据加工性质不同，国标上机床是如何分类的？

2. 试述通用机床、专门化机床、专用机床的工艺范围。

3. 说明下列机床型号的意义：CA6140、X6132、M1432A、CK6132、XH7132、MYS250、ZQ3040×13、T6112、Y3150、GB4028、B2010A。

4. 常用的机床技术性能指标包括哪几方面？

5. 试述机床的发展趋势。

6. 按结构和用途不同，车床分为哪几类？

7. 试述车床的加工工艺范围及应用。

8. 说明 CA6140 型车床的组成部分及它们各自的功用。

9. 按结构和用途不同，铣床分为哪几类？

10. 试述铣床的加工工艺范围及应用。

11. 说明 X6132 型铣床的组成部分及它们各自的功用。

12. 磨床主要有哪些类型？

13. 试述磨床的加工工艺范围及应用。

14. 说明 M1432A 型磨床的组成部分及它们各自的功用。

15. 简述 M1432A 型万能外圆磨床应具备哪些切削运动。

16. 简述常用刨床类机床的加工工艺范围。

17. 齿轮加工机床有哪些类型？

18. 试述齿轮加工机床的主要加工方法。

19. 试述常用齿轮加工机床的应用。

20. 什么是数控机床？

21. 说明数控机床的组成部分及它们各自的功用。

22. 简述数控机床的特点。

23. 简述数控机床的分类。

24. 简述数控车床的分类。

25. 简述数控车床的组成。

26. 与普通车床相比，数控车床有哪些特点？

27. 说明数控铣床的组成部分及它们各自的功用。

28. 说明加工中心的组成部分及它们各自的功用。

29. 简述加工中心的分类。

30. 试述加工中心的主要优点。

第5章 金属切削基础与刀具

【学习目标】

(1) 熟悉金属切削的基础知识。

(2) 熟悉金属切削参数的选用常识。

(3) 熟悉刀具材料的常识。

(4) 熟悉车刀的种类及用途，会正确选用车刀。

(5) 熟悉铣刀的种类及选用，会正确选用铣刀。

(6) 熟悉孔加工刀具的种类与选用。

(7) 了解刨刀、螺纹加工刀具、齿轮加工刀具的种类与选用。

5.1 金属切削基础知识

5.1.1 切削加工概述

1. 切削加工的概念

切削加工就是利用切削刀具，通过刀具与工件间的相互作用和相对运动切除工件表面的多余材料，获得规定的几何形状、尺寸和表面质量的加工方法。任何切削加工都必须具备三个基本条件：切削工具、工件和切削运动。按照切削加工工具的不同，切削加工可分为传统式切削和非传统式切削。

1) 传统式切削

传统式切削就是用比工件材料硬度更大，且具有适当角度的切削刀具，切入工件内部，使刀具与工件间产生相对运动，以切除多余部分的加工方法。传统式切削主要包括钳工和机械加工。钳工是指以手持工具为主在工作台上对工件进行去除材料操作的方法，主要包括划线、錾削、锯削、锉削、刮削、钻(铰)孔、攻丝和套丝等。机械维修和装配通常也属于钳工范围。机械加工一般是指在机床上用各种刀具去除工件材料的方法，主要包括车削、铣削、刨削、磨削、钻削、镗孔、拉削。

2) 非传统式切削

非传统式切削是指利用热能、电能、化学能或电解能将多余材料去除掉的加工方式。非传统式切削加工使用的"刀具"可以切削比它更硬的材料，此方法加工的对象为用传统方式难以加工的工件，如硬度太高、加工部位太小、形状特殊或无法承受切削力等工件。

目前，切削加工正朝着高精度、高效率、自动化、柔性化、绿色无污染等方向发展。

2. 切削加工的特点

在机械制造行业中，切削加工所担负的加工量约占机械制造总工作量的 40%～60%，可见，切削加工在机械制造过程中具有举足轻重的地位，与其他加工方法相比，具有以下优点：

(1) 可获得相当高的尺寸精度和较高的表面结构。

(2) 不受零件的材料、尺寸和质量的限制。

但切削加工也存在费时费料、对工人技术要求高、切削会伤害加工面等缺点。

3. 切削运动

工件与刀具间的相对运动，称为切削运动，包括主运动和进给运动。切削运动由金属切削机床实现。

1) 主运动

主运动是直接切除工件上的多余材料，使之转变为切屑，从而形成工件新表面的运动。主运动可以是旋转运动，也可以是直线运动。主运动通常只有一个，且速度最高，消耗功率较大。图 5-1-1 所示的主运动为车削的工件旋转运动、钻削的钻头旋转运动、铣削的铣刀旋转运动、磨削的砂轮旋转运动。

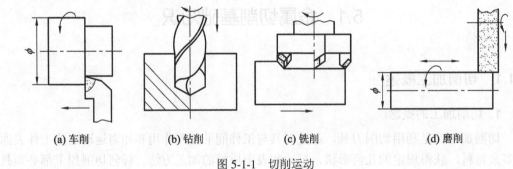

| (a) 车削 | (b) 钻削 | (c) 铣削 | (d) 磨削 |

图 5-1-1　切削运动

2) 进给运动

进给运动是将工件上的多余材料不断投入切削区进行切削，以逐渐切削出零件所需整个表面的运动。其速度较小，消耗功率较小。进给运动可能有一个，也可能有几个。图 5-1-1 所示的进给运动为车削的车刀纵向移动、钻削的钻头轴向移动、铣削的工件直线移动、磨削的工件转动、砂轮横向直线移动、工件纵向往复直线移动。

切削加工时，工件上会形成三个不断变化的表面，如图 5-1-2 所示。

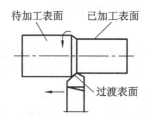

图 5-1-2　工件加工时形成的表面

(1) 待加工表面。待加工表面为工件上即将被切除的表面。

(2) 过渡表面。过渡表面为工件上被切削刃正在切削的表面，位于待加工表面和已加工表面之间，也称为加工表面或切削表面。

(3) 已加工表面。已加工表面指工件上经刀具切削后产生的新表面。

4. 切削用量

切削用量包括切削速度、进给量和背吃刀量，简称切削用量三要素。

(1) 切削速度。切削速度是指切削刃上选定点相对于工件主运动的瞬时速度，用符号 v_c 表示，单位为 m/s。

(2) 进给量。进给量是指主运动的一个循环内(1 转或 1 个往复行程)，刀具在进给方向上相对于工件的位移量，用符号 f 表示，单位为 mm/r。

(3) 背吃刀量。背吃刀量是指已加工表面与待加工面之间的垂直距离，用符号 a_p 表示，单位为 mm。

5. 刀具结构和刀具材料

在金属切削过程中，刀具的种类繁多，形状各异，但它们切削部分的几何形状基础是普通外圆车刀切削部分的几何形状。

1) 车刀的组成

车刀由刀头和刀柄两部分组成，如图 5-1-3 所示。

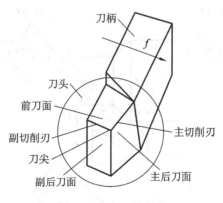

图 5-1-3　车刀的组成

① 三个表面。

前刀面：刀头上切屑流走所经过的刀面，即与切屑相接触的刀面。

主后刀面：刀头上与加工表面相对的刀面。

副后刀面：刀头上与已加工表面相对的刀面。

② 两个刀刃。

主切削刃：前刀面与主后刀面的交线，通常由它承担主要的切削工作。

副切削刃：前刀面与副后刀面的交线，通常靠近刀尖处的副切削刃起微量的切削作用。在大进给量切削时，副切削刃也起较大的切削作用。

③ 一个刀尖。刀尖是主、副切削刃的交点。通常将刀尖磨成很短的直线或圆弧来提高其强度。

2) **刀具角度**

刀具角度是用来描述刀具切削部分结构形状的几何参数。车刀角度测量及标准的三个辅助平面如图 5-1-4 所示。

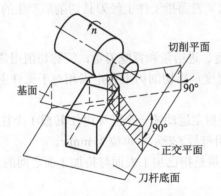

图 5-1-4　车刀角度测量及三个辅助平面

基面：过主切削刃上的选定点，垂直于该点切削速度方向的平面。

切削平面：过切削刃上的选定点，与工件加工表面相切，又与基面垂直的平面。

正交平面：过切削刃上的选定点，同时与切削平面、基面相垂直的平面。

车刀的几何角度如图 5-1-5 所示。

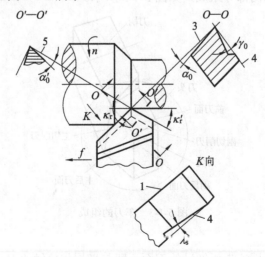

图 5-1-5　车刀的几何角度

车刀几何角度的含义及作用参见表 5-1-1。

表 5-1-1　车刀几何角度的含义及作用

几何角度	含　义	作　用
前角 γ_0	前刀面与基面间的夹角	影响主切削刃的锋利程度和刃口强度：增大前角，可使刀刃锋利、切削力降低、切削温度低、刀具磨损小，表面加工质量高，但前角过大会使刃口强度降低，容易造成刃口损坏
后角 α_0	主后刀面与主切削平面间的夹角	影响后刀面与加工表面之间的摩擦、主切削刃的锋利程度和刃口强度
副后角 α_0'	副后刀面与副切削平面间的夹角	影响副后刀面与加工表面之间的摩擦、副切削刃的锋利程度和刃口强度
主偏角 κ_r	主切削刃在基面的投影与刀具进给运动方向的夹角	影响切削刃的工作长度、切深抗力、刀尖强度和散热条件。主偏角越小，切削刃工作长度越长，散热条件越好，但切深抗力越大
副偏角 κ_r'	副切削刃在基面的投影与刀具进给运动反方向的夹角	影响已加工表面质量、刀头的受力情况和刀尖强度。减小副偏角可使已加工表面光洁
刃倾角 λ_s	主切削刃与基面间的夹角	控制切屑流向、影响主切削刃的强度和刀尖受力。$\lambda_s = 0$ 时，切屑垂直于主切削刃方向流出；$\lambda_s < 0$ 时，切屑流向已加工面；$\lambda_s > 0$ 时，切屑流向待加工面

3) 刀具材料

(1) 刀具切削部分材料应具备的性能。

刀具在切削过程中，和工件直接接触的切削部分要承受极大的切削力，尤其是切削刃及紧邻的前、后刀面，长期处在切削高温环境中工作，并且切削中的各种不均匀、不稳定因素，还将对刀具切削部分造成不同程度的冲击和振动。为了适应如此繁重的切削负荷和恶劣的工作条件，刀具切削部分材料应具备以下几方面性能：

① 足够的硬度和耐磨性。硬度是刀具材料应具备的基本性能。刀具硬度应高于工件材料的硬度，常温硬度一般须在 60HRC 以上。

耐磨性是指材料抵抗磨损的能力，它与材料硬度、强度和组织结构有关。材料硬度越高，耐磨性越好；组织中碳化物和氮化物等硬质点的硬度越高、颗粒越小、数量越多且分布越均匀，则耐磨性越高。

② 足够的强度与韧性。切削时刀具要承受较大的切削力、冲击和振动，为避免崩刀和折断，刀具材料应具有足够的强度和韧性。材料的强度和韧性通常用抗弯强度和冲击值表示。

③ 较高的耐热性和传热性。

· 耐热性：刀具材料在高温下保持足够的硬度、耐磨性、强度和韧性、抗氧化性、抗黏结性和抗扩散性的能力(亦称为热稳定性)。

· 热硬性：材料在高温下仍保持高硬度的能力称为热硬性(亦称高温硬度、红硬性)，它是刀具材料保持切削性能的必备条件。刀具材料的高温硬度越高，耐热性越好，允许的切削速度越高。

刀具材料的传热系数大，有利于将切削区的热量传出，降低切削温度。

④ 较好的工艺性和经济性。为了便于刀具加工制造，刀具材料要有良好的工艺性能，如热轧、锻造、焊接、热处理和机械加工等性能。

(2) 刀具切削部分材料的分类。刀具切削部分材料主要有工具钢(包括碳素工具钢、合金工具钢)、高速钢、硬质合金、陶瓷和超硬材料(包括金刚石、立方氮化硼等)等。

5.1.2　金属切削过程简介

金属切削过程是指通过切削运动，刀具从工件上切下多余金属层，形成切屑和已加工表面的过程。在这个过程中会产生一系列现象，如形成切屑、切削力、切削热与切削温度、刀具磨损等。

1. 切屑的形成

切削变形的本质是工件切削层金属受刀具的作用后，产生弹性变形和塑性变形，使切削层金属分离变为切屑的过程。

根据形成切屑的外形不同，通常将切屑分为以下 4 种类型。

(1) 节状(挤裂)切屑：上表面呈锯齿状，下表面光滑的连续切屑。切削黄铜或低速切削钢时，容易得到此类切屑。

(2) 带状切屑：外形呈带状，上表面呈毛茸状，下表面为光滑的连续切屑。加工碳钢、合金钢、铜、铝等塑性材料时，常形成此类切屑。

(3) 粒状(单元)切屑：切屑沿厚度断裂为均匀的颗粒状。切削铅或以很低速度切削钢时，产生此类切屑。

(4) 崩碎切屑：外形呈不规则的细颗粒。切削脆性金属如铸铁、青铜时产生此类切屑。

2. 影响切削变形的因素

(1) 工件材料的影响：一般来说，材料的强度越低、塑性越大，加工时切削金属的变形就越大。

(2) 刀具几何参数的影响：刀具的结构对切削变形有直接的影响。如，较大的前角有利于减少切削层金属的变形，锋利的刃口和较大的后角有利于减少已加工表面的变形程度，从而改善表面质量。

(3) 切削用量的影响：调整切削用量是控制切削变形的重要手段。如，精加工时采用高速或低速切削，就是为了控制切削底层金属的摩擦变形程度。选用进给量时，要考虑背吃刀量，并配合一定的卷屑槽，就是为了控制变形程度，以获得满意的断屑效果。

3. 切削力

刀具切削工件材料时受到的阻力，称为切削力。切削力主要来源：一是被加工材料的变形抗力；二是刀具与切屑、工件间的摩擦力。

总切削力是一个空间力，为便于测量、计算及工艺分析，常将其在三个互相垂直的方向进行分解，如图 5-1-6 所示。

(1) 主切削力 F_c：切削力在主运动方向上的分力。它消耗切削总功率的 95% 左右，是计算机床主运动机构强度与刀杆、刀片强度以及设计机床夹具，选择切削用量等的主要依据。

(2) 进给力 F_f：切削力在进给方向上的分力。它消耗切削总功率的 1%～5%，是验算机床进给机构强度的依据。

(3) 背向力 F_p：在垂直于工作平面上的分力，它处于基面内并垂直于进给方向。它作用在工件与机床刚性最差的方向上，易使工件变形，影响加工精度，引起振动，是校验机床刚度的主要依据。

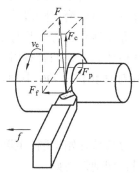

图 5-1-6　车削外圆时总切削力 F 的分解

影响切削力的因素主要有：

(1) 工件材料：材料成分、组织和力学性能是影响切削力的主要因素。强度、硬度、塑性、韧性越大，切削力越大。

(2) 切削用量：影响最大的是 a_p，其次是 f，切削速度 v_c 最小。背吃刀量增大一倍时，切削力增大一倍；进给量增大一倍时，切削力约增大 70%～80%。

(3) 刀具几何角度：γ_0 增大，刃口锋利，切削变形小，摩擦小，切削力减小；α_0 增大，摩擦减小，切削力减小；κ_r 增大，F_p 减小；正 λ_s，F_p 减小，F_f 增大。

(4) 其他因素：使用切削液，润滑条件好，切削力减小；刀具磨损后，切削力剧增。

4. 切削热与切削温度

切削层金属在刀具的作用下产生变形所做的功，以及切屑与前刀面、工件加工表面与后刀面之间摩擦所做的功，都将转变为切削热。切削热由切屑、工件、刀具和周围介质等散热。提高切削速度可使切屑带走的热量所占比例增大，传入工件中的热量减少，而传入刀具中的热量更少。因此，在高速切削时，切削区域的切削温度虽然很高，但刀具的温度并不很高，仍能进行正常工作。

切削温度一般指切屑与刀具接触区域的平均温度。切削温度的高低，取决于该处产生热量的多少和传散热量的快慢。切削温度太高，工件产生热变形，加工精度下降，刀具寿命降低。影响切削温度的因素有切削用量、工件材料、刀具几何角度以及其他一些条件。切削速度增大，切削温度升高，进给量对切削温度影响较小，背吃刀量影响更小；前角增大，切削温度下降；主偏角增大，切削温度升高。

5. 刀具磨损和刀具耐用度

1) 刀具的磨损

切削过程中，刀具在高温和高压条件下，受到工件、切屑的剧烈摩擦，刀具在前、后面接触区域内产生磨损，这种现象称为刀具磨损。随切削时间增加，磨损逐渐扩大，主要磨损形式有前刀面磨损、后刀面磨损、前后刀面同时磨损。

不同的刀具材料在不同的使用条件下造成磨损的主要原因不同。在高速和较大的切削厚度条件下切削塑性金属时，易产生月牙洼磨损。在低速和较大切削厚度条件下切削塑性金属及脆性金属时，后刀面上的磨损有明显痕迹。在中等切削用量切削塑性金属的情况下，易使前面和后面同时磨损。

正常磨损情况下，刀具的磨损量随着切削时间的增加而逐渐扩大。刀具典型的磨损过程包括初期磨损阶段、正常磨损阶段、急剧磨损阶段等三个阶段。生产中为合理使用刀具并保证加工质量，在刀具急剧磨损阶段到来之前就及时重磨刀刃或更换新刀。

刀具的磨钝标准是指刀具的磨损达到规定的标准时应该重磨或更换切削刃，否则会影响加工质量，降低刀具利用率。GB/T16461—1996 中规定了高速钢刀具、硬质合金刀具、陶瓷刀具的磨钝标准。

2) 刀具耐用度

刀具耐用度系指一把新刃磨的刀具从开始切削，至磨损量达到磨钝标准的总切削时间，以 T 表示。刀具的耐用度高，说明其切削性能好。

影响刀具耐用度的因素如下：

① 切削用量。切削用量增加时，刀具磨损加剧，刀具耐用度降低。切削速度对耐用度的影响最大，进给量次之，背吃刀量影响最小。

② 工件材料。工件材料的强度、硬度、塑性等指标数值越高，导热性越低，加工时切削温度越高，刀具耐用度就会越低。

③ 刀具材料。刀具材料是影响刀具寿命的重要因素，合理选择刀具材料，采用涂层刀具材料和使用新型刀具材料是提高刀具寿命的有效途径。

④ 刀具的几何参数。增大前角，切削温度降低，刀具耐用度提高，但前角太小，刀具强度弱，散热不好，导致刀具耐用度降低，必须选择与最高刀具耐用度对应的前角角度。减小主偏角、副偏角和增大刀尖圆弧半径，可改善散热条件，提高刀具强度和降低切削温度，从而提高刀具的耐用度。

5.1.3　提高切削加工质量的方法简介

改善材料切削加工性、合理选择切削液、合理选择刀具几何参数和切削用量是提高切削加工质量和效率的重要措施。

1. 改善材料切削加工性

工件材料的切削加工性是指在一定条件下，工件材料被切削加工的难易程度。衡量金属材料切削加工性的指标很多，常用的改善材料切削加工性的方法有合理选择材料的供应状态、进行适当的热处理、合理选择匹配的刀具材料、采用特殊的加工工艺方法。

2. 合理选择切削液

在切削过程中，合理使用切削液能有效减少切削刃，降低切削温度，从而能延长刀具寿命，改善已加工表面质量和精度。

(1) 切削液的作用。切削液具有冷却、润滑、清洗、防锈等作用。

(2) 切削液的种类与选用。

① 水溶液。水溶液的主要成分是水，主要用于粗加工、普通磨削加工等切削温度高的场合。

② 乳化液。乳化液是将乳化油用水稀释而成的。低浓度的乳化液主要用于粗加工、磨削加工；高浓度的乳化液主要用于精加工。

③ 切削油。切削油主要成分是矿物油，主要用于低速精加工。

3. 合理选择刀具的几何参数

合理的刀具几何参数是指在保证加工质量的前提下，能够满足生产率高、加工成本低的刀具几何参数。在选择刀具几何参数时，应从具体的生产条件出发，抓住影响切削性能的主要参数，综合考虑和分析各个参数之间的相互关系，充分发挥各参数的有利作用，限制、克服不利的影响。

(1) 前角的选择：工件材料的塑性越大，前角应选得越大；加工脆性材料时应选择较小的刀具前角；工件材料的强度、硬度越高，前角应小些；刀具材料的强度、韧性较好的，可选较大的前角，反之，选较小的前角；粗加工时，刀具前角应小些，精加工时，可选较大的前角。一般用硬质合金车刀加工钢件(塑性材料等)时，选取 $\gamma_0 = 10° \sim 20°$；加工灰口铸铁(脆性材料等)时选取 $\gamma_0 = 5° \sim 15°$。

(2) 后角的选择：粗加工时，后角应取小值，精加工时，后角应取大些的值；工件材料的强度、硬度较高时，后角应小些；工艺系统刚性差，应取小些的后角；对于定尺寸刀具，应取较小的后角。一般后角可取 $\alpha_0 = 6° \sim 8°$。

(3) 主、副偏角的选择：在工艺系统刚度允许的情况下，应选择较小的主偏角；车细长轴时，主偏角宜选较大值。车刀常用的主偏角有 $45°$、$60°$、$75°$、$90°$ 几种。副偏角一般情况下选取 $\kappa_r' = 5° \sim 15°$，精车时可取 $5° \sim 10°$，粗车时取 $10° \sim 15°$。

(4) 刃倾角的选择：一般刃倾角在 $0° \sim \pm 5°$ 之间选择。粗加工时常取负值，精加工时常取正值。

4. 合理选择切削用量

在确定了刀具几何参数后，还需选定切削用量参数才能进行切削加工。

目前，许多工厂通过切削用量手册、实践总结或工艺实验来选择切削用量。制定切削用量时应考虑加工余量、刀具耐用度、机床功率、表面结构要求、刀具刀片的刚度和强度等因素。

1) 选择原则

① 根据工件加工余量和粗、精加工要求，选定背吃刀量。

② 根据加工工艺系统允许的切削力，其中包括机床进给系统、工件刚度及精加工表面结构要求，确定进给量。

③ 根据刀具耐用度，确定切削速度。

④ 所选定的切削用量应该是机床功率允许的。

2) 切削用量的选择方法

① 根据加工性质与加工余量来确定背吃刀量。

② 确定进给量。生产中，进给量常常根据经验或通过查表确定。粗加工时，进给量可根据工件材料、刀具结构尺寸、工件尺寸及已确定的背吃刀量来选取；在半精加工和精加

工时，则按加工表面的表面结构要求，根据工件材料和预先估计的切削速度与刀尖圆弧半径来选取。

③ 确定切削速度。生产中常按经验或查有关切削用量手册确定。

5.2 车 刀

5.2.1 车刀的种类及用途

车刀是车削加工使用的刀具，是金属切削加工中应用最广的一种刀具，也是学习、分析各类刀具的基础。它可用于卧式车床、转塔车床、自动车床和数控车床等机床上加工外圆、内孔、端面、螺纹、车槽等。车刀的种类很多，分类方法也不同，如下所述。

(1) 按用途的不同，车刀可分为外圆车刀、端面车刀、螺纹车刀、车孔刀和切断刀等，如图 5-2-1 所示。

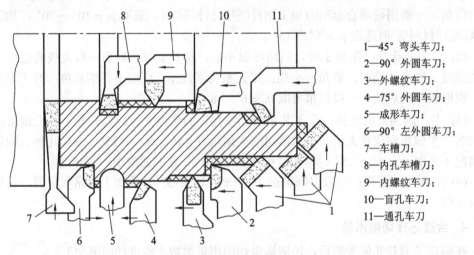

1—45° 弯头车刀；
2—90° 外圆车刀；
3—外螺纹车刀；
4—75° 外圆车刀；
5—成形车刀；
6—90° 左外圆车刀；
7—车槽刀；
8—内孔车槽刀；
9—内螺纹车刀；
10—盲孔车刀；
11—通孔车刀

图 5-2-1　车刀按用途分类

① 直头外圆车刀，如图 5-2-2 所示。直头外圆车刀有右偏车刀(切削刃在左，进给方向向左)和左偏车刀(切削刃在右，进给方向向右)之分。这种车刀只用于车削外圆柱表面。

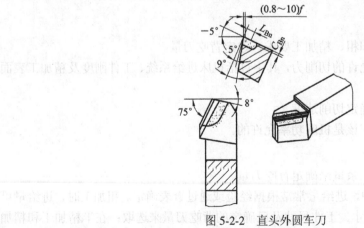

图 5-2-2　直头外圆车刀

② 45° 弯头车刀，如图 5-2-3 所示。45° 弯头车刀分为左、右弯刀两种，常用于粗车和半精车圆柱面或端面，也可以进行内、外倒角。

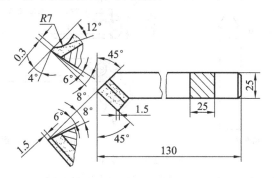

图 5-2-3　45° 弯头右偏车刀

③ 90° 偏刀，如图 5-2-4 所示。90° 偏刀有左、右偏刀之分。这种刀具的主偏角等于90°，主要用于车削外圆柱面及阶梯轴的台阶端面，尤其适宜车细长的轴类零件。

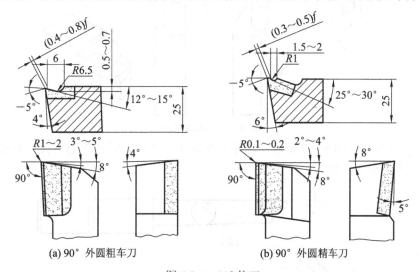

(a) 90° 外圆粗车刀　　　　　　　　(b) 90° 外圆精车刀

图 5-2-4　90° 偏刀

④ 螺纹车刀，如图 5-2-5 所示。螺纹车刀是一种刀尖角等于螺纹牙形角，刀刃轮廓形状与被加工螺纹轮廓母线相符的成形刀。螺纹车刀的角度根据工件材料、螺纹精度以及刀具材料选择。

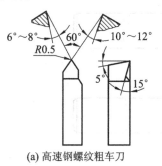
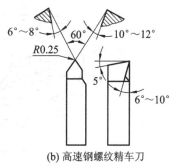

(a) 高速钢螺纹粗车刀　　　　　　　　　　　(b) 高速钢螺纹精车刀

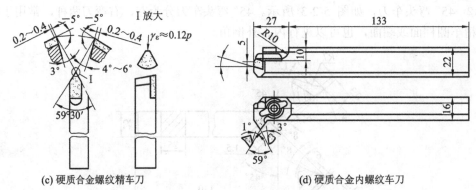

(c) 硬质合金螺纹精车刀　　　　(d) 硬质合金内螺纹车刀

图 5-2-5　螺纹车刀

⑤ 端面车刀，如图 5-2-6 所示。端面车刀只用来加工端平面。

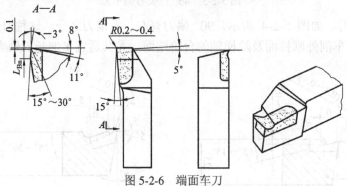

图 5-2-6　端面车刀

⑥ 内孔车刀，如图 5-2-7 所示。这是在车床上加工内孔时使用的刀具，有通孔车刀、盲孔车刀、内槽车刀三种。

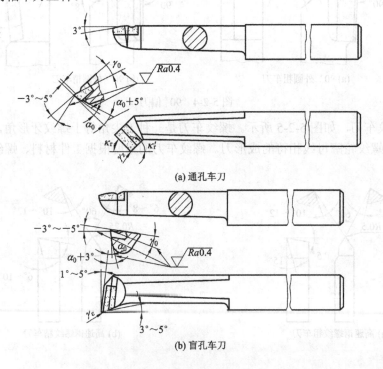

(a) 通孔车刀

(b) 盲孔车刀

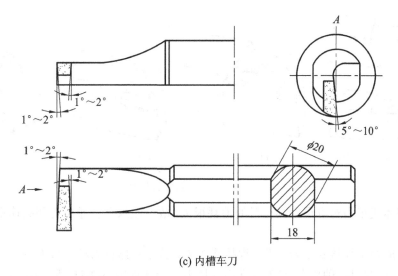

(c) 内槽车刀

图 5-2-7　内孔车刀

⑦ 成形车刀，常见结构形式如图 5-2-8 所示。成形车刀是用来加工回转成形面的车刀，主要用于加工批量较大的中、小尺寸，带有成形表面的零件。

(a) 普通成形车刀　　　　　(b) 棱形成形车刀　　　　　(c) 圆形成形车刀

图 5-2-8　成形车刀

⑧ 车槽刀(切断刀)，如图 5-2-9 所示。车槽刀主要用来切断或车削外圆表面上的圆环形沟槽。

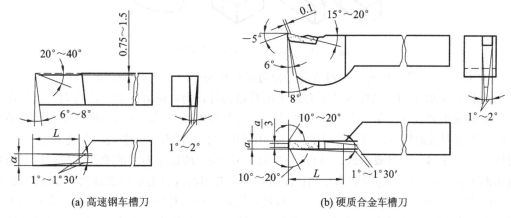

(a) 高速钢车槽刀　　　　　　　　　　(b) 硬质合金车槽刀

图 5-2-9　车槽刀

(2) 按结构的不同，车刀可分为整体式、焊接式、机夹重磨式、可转位和成形车刀等(见图 5-2-10)，其中可转位车刀的应用日益广泛，在车刀中所占比例逐渐增加。

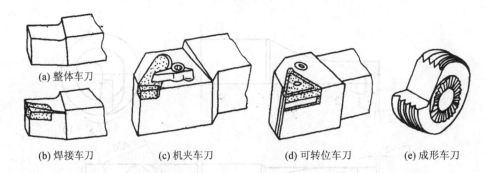

(a) 整体车刀　　(b) 焊接车刀　　(c) 机夹车刀　　(d) 可转位车刀　　(e) 成形车刀

图 5-2-10　按结构划分的车刀类型

①　整体式车刀对贵重刀具材料的消耗很大，故一般只有普通车刀和高速钢车刀采用整体式结构。

②　硬质合金焊接式车刀。所谓焊接式车刀，就是在碳钢刀杆上按刀具几何角度的要求开出刀槽，用焊料将硬质合金刀片(常用焊接刀片形式如图 5-2-11 所示)焊接在刀槽内，并按所选择的几何参数刃磨后使用的车刀。焊接式车刀结构简单、紧凑、刚性好、灵活性大，可根据加工条件与要求，较为方便地磨出所需的角度，故应用较广。

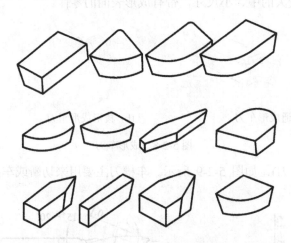

图 5-2-11　焊接式车刀刀片常用形式

③　机夹式车刀。机夹式车刀通常又分为机夹重磨车刀和机夹可转位车刀。

a. 机夹重磨车刀。机夹重磨车刀是采用普通刀片，用机械夹固的方法将刀片夹持在刀杆上使用的车刀。这种车刀当切削刃磨钝后，将刀片重磨一下，并适当调整位置即可继续使用。此类刀具的特点：刀具耐用度高，使用时间较长，换刀时间缩短，提高了生产效率；刀杆可重复使用，刀具成本低；设有刀片的调整机构，增加了刀片的重磨次数；压紧刀片所用的压板端部，可以起断屑器作用；使用时不需要刃磨或只需要稍加修磨，经济性较好。

b. 机夹可转位车刀。机夹可转位车刀是使用可转位刀片的机夹车刀。刀片上有多个刀刃，当一个刀刃用钝后不需重磨，只需将刀片转过一个角度即可用新的切削刃继续切削，直到刀片上所有切削刃均已用钝，刀片才报废回收。更换新刀片后，车刀又可继续工作。可转位车刀的优点：刀具几何参数完全由刀片和刀杆槽保证，切削性能稳定，刀具寿命高；

可大大减少停机换刀等辅助时间，生产效率高；有利于推广使用涂层、陶瓷等新型刀具材料；有利于降低刀具成本。

④ 成形车刀。成形车刀是加工回转体成形表面的专用刀具，其刃形是根据工件廓形设计的，可用于各类车床加工内、外回转体的成形表面。用成形车刀加工零件时可一次形成零件表面，操作简便、生产率高，加工后能达到公差等级 IT8～IT10、粗糙度 10～5 μm，并能保证较高的互换性。但成形车刀制造较复杂、成本较高，刀刃工作长度较宽，故易引起振动。成形车刀主要用于加工批量较大的中、小尺寸带成形表面的零件。

(3) 按切削部分材料分：

① 高速钢车刀。高速钢车刀综合力学性能好，易刃磨，在精细车削和成形车削中应用较为普遍。

② 硬质合金车刀。硬质合金车刀比高速钢硬、耐磨、耐热、切削性能好，目前应用最为广泛。

③ 陶瓷车刀。陶瓷车刀属于超硬刀具，可在高温下高速切削，多用于精车和半精车。

5.2.2　车刀的选用

为了在车床上做好切削工作，正确地选用车刀是很重要的工作。不同的工作需要不同形状的车刀，切削不同的材料要求车刀有不同的几何参数，车刀和工件间的位置、速度也应有一定的相对关系，车刀本身也应具备足够的硬度、强度而且耐磨、耐热。

1. 正确选用车刀刀尖型式

(1) 粗车刀：粗车时，表面结构质量不重要，因此车刀尖可研磨成尖锐的刀锋，但是刀锋通常要有微小的圆度，以避免断裂。

(2) 精车刀：此刀刃可用油石砺光，以便车出非常圆滑的表面结构质量，一般来说，精车刀之圆鼻比粗车刀大。

(3) 圆鼻车刀：可适用许多不同型式的工作，属于常用车刀，磨平顶面时可左、右车削，也可用来车削黄铜。此车刀也可在肩角上形成圆弧面，也可当精车刀来使用。

(4) 切断车刀：只用于端部切削工作物，此车刀可用来切断材料及车沟槽。

(5) 螺丝车刀(牙刀)：用于车削螺杆或螺帽，依螺纹的形式分为 60°、55° V 型牙刀，29° 梯形牙刀，方形牙刀。

(6) 镗孔车刀：用以车削钻出或铸出的孔。

(7) 侧面车刀或侧车刀：用来车削工作物端面，右侧车刀通常用在精车轴的末端，左侧车刀则用来精车肩部的左侧面。

2. 根据工件的加工方式选用不同的刀刃外形

(1) 右偏车刀：由右向左，车削工件外径。

(2) 左偏车刀：由左向右，车削工件外径。

(3) 圆鼻车刀：刀刃为圆弧形，可以左右方向车削，适合圆角或曲面之车削。

(4) 右侧车刀：车削右侧端面。

(5) 左侧车刀：车削左侧端面。

(6) 切断刀：用于切断或切槽。

(7) 内孔车刀：用于车削内孔。

(8) 外螺纹车刀：用于车削外螺纹。

(9) 内螺纹车刀：用于车削内螺纹。

3. 正确选择车刀的几何参数

车刀的几何参数可按前述合理选择刀具几何参数的相关原则选择，或参考相关机械加工手册选择。

4. 正确刃磨车刀

车刀(指整体车刀与焊接车刀)用钝后重新刃磨是在砂轮机上刃磨的。磨高速钢车刀用氧化铝砂轮(白色)，磨硬质合金刀头用碳化硅砂轮(绿色)。车刀刃磨的步骤如下：

(1) 粗磨主后刀面，同时磨出主偏角及主后角；

(2) 粗磨副后刀面，同时磨出副偏角及副后角；

(3) 粗磨前刀面，同时磨出前角和刃倾角；

(4) 精磨各刀面；

(5) 磨断屑槽及刀尖。

5. 车刀的安装

车刀安装的是否正确，与切削是否顺利，车出来的工件表面是否光洁等都有很大关系。有了合理角度的车刀，如果没有正确安装，它就不能发挥应有的作用。此外，由于切削时走刀运动的影响，也会使车刀角度改变。

(1) 车刀刀尖应装的与工件中心线等高，这时车刀角度没有变化。如果刀尖高于工件中心，这时切削平面位置改变，基面也随着改变，结果造成前角增大，后角减小，造成车刀切入工件困难。相反，如果刀尖低于工件中心，则前角减小，后角增大。

(2) 车刀刀杆轴线与工件轴线垂直，这样主偏角和副偏角不会改变。如果车刀刀头向左倾斜，主偏角将增大，副偏角则减小。相反，如果车刀刀头向右倾斜，主偏角将减小，副偏角则增大。

(3) 车刀伸出长度要适当。在安装车刀时，应避免车刀伸出太长，造成车削振动，影响表面结构质量，甚至会折断车刀。一般伸出长度不超过刀杆高度的一倍半。

(4) 车刀下面垫片要平整，同时要尽可能用厚垫片代替薄垫片，刀架上的螺丝要拧紧。

5.3　铣刀的种类及选用

铣刀是在回转体表面或端面上制有多个刀齿的多刃刀具，其每一个刀齿都相当于一把车刀固定在铣刀的回转面上。铣削时，同时参加切削的齿数多，参加切削的切削刃总长度较长，且无空行程，切削速度高，生产率高。

铣刀种类很多，结构不一，应用范围很广，常用分类方法见表 5-3-1。通用规格的铣刀已标准化，一般均由专业工具厂生产。为了便于辨别铣刀的规格、材料等，铣刀上都刻有标记。

标记的主要内容如下：

① 制造铣刀的材料标记，一般均用材料的牌号表示，如 W18Cr4V 铣刀。

② 铣刀尺寸规格标记：圆柱铣刀、三面刃、锯片铣刀等以外径直径、宽度、内孔直径、角度(或圆弧半径)形式标记，立铣刀和键槽铣刀一般只标注外圆直径。

表 5-3-1　铣刀的分类

分类方法	种　类	相　关　说　明
按铣刀切削部分的材料分	高速钢铣刀	切削部分为高速钢
	硬质合金铣刀	切削部分为硬质合金，用焊接或机械夹固于刀体
按铣刀的用途分	加工平面用铣刀	如圆柱铣刀、端铣刀等
	加工沟槽用铣刀	如立铣刀、盘形铣刀、锯片铣刀等
	加工成形面用铣刀	如成形铣刀等
按铣刀的构造分	尖齿铣刀	齿背的截形是直线或折线，制造和刃磨容易，刃口较锋利。目前大多数尖齿铣刀已经标准化
	铲齿铣刀	齿背的截形是一条阿基米德螺旋线，是在铲齿车床上铲削和铲磨而成的，重磨时只磨前刀面，刃磨比较方便。目前成形铣刀主要采用铲齿齿背结构

1. 圆柱形铣刀

圆柱形铣刀一般用于加工较窄的平面。它一般都是用高速钢制成整体的，螺旋形切削刃分布在圆柱表面上，没有副切削刃(见图 5-3-1)，螺旋形的刀齿切削时是逐渐切入和脱离工件的，切削过程较平稳。圆柱形铣刀主要用于卧式铣床上加工宽度小于铣刀长度的狭长平面。

根据加工要求不同，圆柱形铣刀有粗齿、细齿之分。粗齿的容屑槽大，用于粗加工；细齿用于精加工。铣刀外径较大时，常制成镶齿的。

图 5-3-1　圆柱形铣刀

2. 立铣刀

立铣刀主要用于立式铣床上加工凹槽、台阶面以及按靠模加工成形表面，是数控铣削中最常用的一种铣刀。高速钢立铣刀的结构如图 5-3-2 所示，圆柱面上的切削刃是主切削刃，端面上分布着副切削刃，主切削刃一般为螺旋齿，这样可以增加切削平稳性，提高加工精度。由于普通立铣刀端面中心处无切削刃，所以立铣刀工作时不能作轴向进给，端面刃主要用来加工与侧面相垂直的底平面。

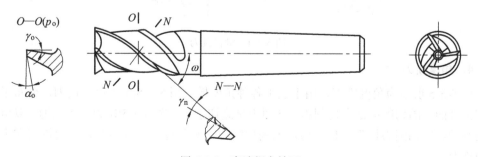

图 5-3-2　高速钢立铣刀

图 5-3-3 所示为硬质合金可转位立铣刀。它相当于带柄可转位面铣刀，用螺钉夹紧刀片，结构简单。硬质合金立铣刀比高速钢立铣刀生产效率高 2～4 倍。

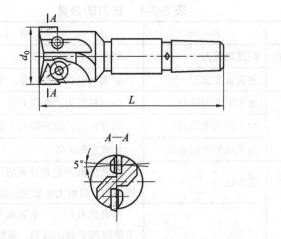

图 5-3-3　硬质合金可转位立铣刀

3. 键槽铣刀

键槽铣刀用于加工圆头封闭键槽。其外形与立铣刀相似，如图 5-3-4 所示。不同的是，其端面刀齿的刀刃延伸至中心，端面切削刃是主切削刃，圆周切削刃是副切削刃。它既像立铣刀，又像钻头，加工时，可以作适量的轴向进给。键槽铣刀的圆周切削刃仅在靠近端面的一小段长度内发生磨损，重磨时，只需刃磨端面切削刃，重磨后铣刀直径不变。

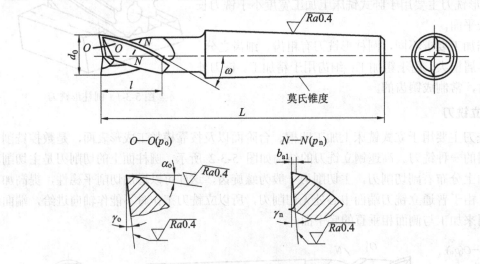

图 5-3-4　键槽铣刀

4. 角度铣刀

图 5-3-5 所示为角度铣刀，用于加工各种角度槽。图 5-3-5(a)为单角铣刀，分布于单角铣刀圆锥面上的切削刃是主切削刃，端面刃是副切削刃。图 5-3-5(b)为双角铣刀。双角铣刀上两侧倾斜的切削刃均为主切削刃，无副切削刃。双角铣刀又分为对称双角铣刀和不对称双角铣刀。

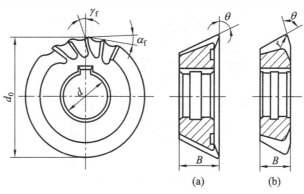

图 5-3-5　角度铣刀

5. 三面刃铣刀

三面刃铣刀除圆周表面具有主切削刃外，两端面有副切削刃，主要用于卧式铣床上加工台阶面和一端或二端贯穿的浅沟槽。三面刃铣刀的刀具结构可分为直齿、错齿和镶齿三种，如图 5-3-6 所示。

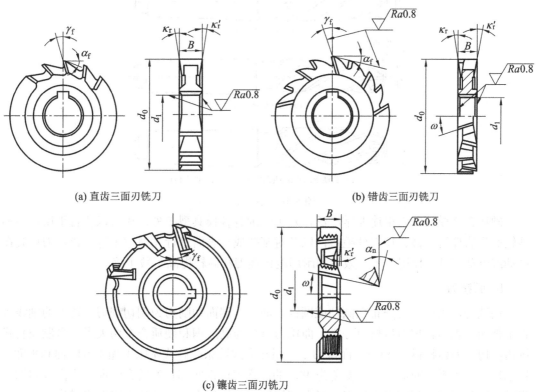

(a) 直齿三面刃铣刀　　　　　　　　　　　(b) 错齿三面刃铣刀

(c) 镶齿三面刃铣刀

图 5-3-6　三面刃铣刀

除高速钢三面刃铣刀外，还有硬质合金焊接三面刃铣刀及硬质合金机夹三面刃铣刀等。

6. 锯片铣刀

锯片铣刀如图 5-3-7 所示。锯片铣刀本身很薄，只在圆周上有刀齿，用于切断工件和铣窄槽。为了避免夹刀，其厚度由边缘向中心减薄，使两侧形成副偏角。

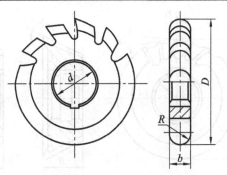

图 5-3-7　锯片铣刀

7. 模具铣刀

模具铣刀用于加工模具型腔或凸模成形表面。模具铣刀的结构属于立铣刀类，按工作部分外形可分为圆锥形平头、圆柱形球头、圆锥形球头三种，如图 5-3-8 所示。

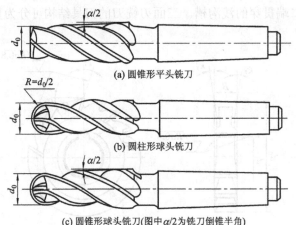

(a) 圆锥形平头铣刀

(b) 圆柱形球头铣刀

(c) 圆锥形球头铣刀(图中 $\alpha/2$ 为铣刀倒锥半角)

图 5-3-8　模具铣刀

硬质合金模具铣刀用途非常广泛，除可铣削各种模具型腔外，还可以代替手用锉刀和砂轮磨头清理铸、锻、焊工件毛边，以及对某些成形表面进行光整加工等。该铣刀可装在风动或电动工具上使用，生产效率和耐用度比锉刀和砂轮提高了数十倍。

8. 面铣刀

面铣刀，主切削刃分布在圆柱或圆锥表面上，端面切削刃为副切削刃，铣刀的轴线垂直于被加工表面。按刀齿材料分类，面铣刀可分为高速钢和硬质合金两大类，多制成套式镶齿结构，刀体材料为 40Cr。面铣刀主要用在立式铣床或卧式铣床上加工台阶面和平面，特别适合较大平面的加工，主偏角为 90° 的面铣刀可铣底部较宽的台阶面。用面铣刀加工平面，同时参加切削的刀齿较多，又有副切削刃的修光作用，使加工表面粗糙度值小，因此可以采用较大的切削用量，生产率较高，应用广泛。

高速钢面铣刀一般用于加工中等宽度的平面。标准铣刀直径范围为 $\phi 80 \sim \phi 250$ mm。硬质合金面铣刀的切削效率及加工质量均比高速钢铣刀高，故目前广泛使用硬质合金面铣刀加工平面。硬质合金面铣刀按刀片和刀齿的安装方式不同，可分为整体焊接式、机夹焊接式与可转位式三种类型。

图 5-3-9 所示为整体焊接式面铣刀。该刀结构紧凑，较易制造，但刀齿破损后整把铣刀将报废，故已较少使用。

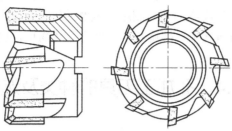

图 5-3-9　整体焊接式面铣刀

图 5-3-10 所示为机夹焊接式面铣刀。该铣刀是将硬质合金刀片焊接在小刀头上，再采用机械夹固的方法将刀头装夹在刀体槽中。刀头报废后可换装上新刀头，延长刀体的使用寿命。

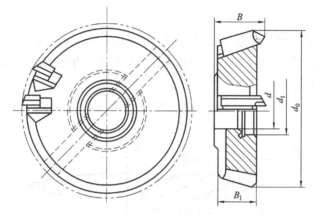

图 5-3-10　机夹焊接式面铣刀

图 5-3-11 所示为可转位面铣刀。该铣刀将刀片直接装夹在刀体槽中。切削刃用钝后，将刀片转位或更换新刀片即可继续使用。可转位铣刀与可转位车刀一样具有效率高、寿命长、使用方便、加工质量稳定等优点。这种铣刀是目前平面加工中应用最广泛的刀具。

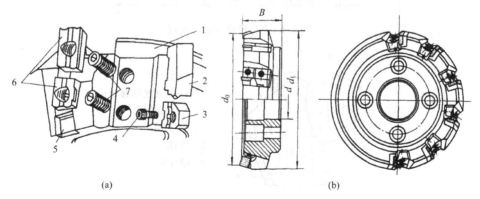

1—刀体；2—轴向支撑块；3—刀垫；4—内六角螺钉；5—刀片；6—楔块；7—紧固螺钉

图 5-3-11　可转位面铣刀

9. 成形铣刀

成形铣刀是用于加工成形表面的专用铣刀，它的刀刃廓形需要根据被加工工件廓形进行设计计算，可在通用铣床上加工形状复杂的表面，能保证形状基本一致，且效率高，在成批生产和大量生产中被广泛应用。按铣刀齿背的形式不同，成形铣刀可分为尖齿成形铣刀和铲齿成形铣刀两类。尖齿成形铣刀制造与重磨的工艺复杂，生产中应用较少。铲齿成形铣刀的齿背曲线通常为阿基米德螺旋线，重磨工艺较简单，已被生产中广泛应用。

5.4　孔加工刀具的种类及选用

金属切削中，孔加工占有很大比例。孔加工刀具的种类很多，按其用途分为两大类：一类是把实心材料加工出孔的刀具，如麻花钻、扁钻、中心钻、深孔钻等；另一类是对工件已有孔进行再加工的刀具，如扩孔钻、铰刀、镗刀等。

1. 麻花钻

麻花钻是应用最广泛的孔加工刀具，一般用于孔的粗加工(IT11 以下精度及表面结构为 $Ra25\sim6.3\ \mu m$)，也可用于加工攻丝、铰孔、拉孔、镗孔、磨孔的预制孔。

1) 麻花钻的组成

标准麻花钻由工作部分、颈部及柄部组成，如图 5-4-1 所示。其切削部分的结构如图 5-4-2 所示。

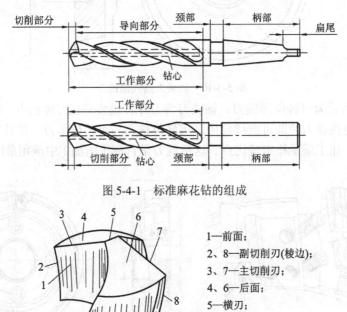

图 5-4-1　标准麻花钻的组成

图 5-4-2　麻花钻切削部分的结构

1—前面；
2、8—副切削刃(棱边)；
3、7—主切削刃；
4、6—后面；
5—横刃；
9—副后面

① 工作部分：钻头的主要部分，前端为切削部分，承担主要的切削工作；后端为导向部分，起引导钻头的作用，也是切削部分的后备部分。钻头的工作部分有两条对称的螺旋槽，是容屑和排屑的通道。

② 颈部：工作部分和尾部间的过渡部分，供磨削时砂轮退刀和打印标记用。小直径的直柄钻头没有颈部。

③ 柄部：钻头的夹持部分，用于与机床连接，并传递扭矩和轴向力。按麻花钻直径的大小，柄部分为直柄(小直径)和锥柄(大直径)两种。

2) 麻花钻的主要几何角度

麻花钻的主要几何角度如图 5-4-3 所示。

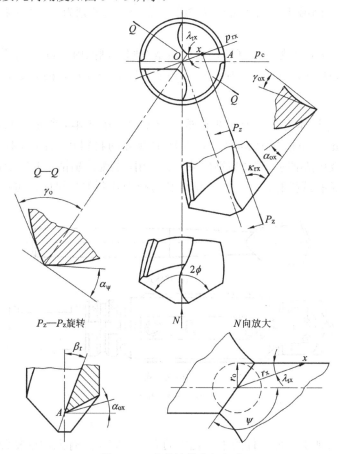

图 5-4-3　麻花钻的几何角度

① 螺旋角。钻头棱边展开成直线与钻头轴线的夹角称螺旋角。螺旋角相当于副切削刃的刃倾角。螺旋角增大可获得较大前角，使切削轻快，易于排屑，但也会削弱切削刃的强度及钻头的刚性。标准麻花钻螺旋角一般取 25°～32°。对于直径较小的钻头，螺旋角应取较小值，以保证钻头的刚度。

② 顶角(锋角、钻尖角)2φ。钻头两主切削刃在中剖面内投影的夹角称顶角。标准麻花钻的顶角为 118°。减小顶角可以降低轴向抗力，还可以增加切削刃长度，使切削刃单位长度上的负荷减轻，并可增大侧刀尖处的刀尖角，从而改善散热条件，提高钻头耐用度。但减小顶角会使切屑变得宽而薄，因此使切削变形增大，进而增大了切削扭矩。使用钻头时，根据不同的加工条件可磨出不同的顶角。

③ 端面刃倾角 λ_{tx}。端面刃倾角是主切削刃上某点的基面与主切削刃在端面投影中的

夹角。由于主切削刃上各点的基面不同，因此各点的端面刃倾角也不相等，外圆处最小，越接近钻心越大。

④ 主偏角 κ_{rx}。主偏角是主切削刃在某点基面内的投影与进给方向(即钻头轴线)的夹角。由于主切削刃上各点基面不同，各点的主偏角也不同。当顶角磨出后，各点主偏角也随之确定。

⑤ 前角 γ_{ox}。由于麻花钻的前面是螺旋面，主切削刃上各点的前角是不同的。从外圆到中心，前角逐渐减小。刀尖处约为 30°，靠近横刃处则为 −30°左右。横刃上的前角为 −50°～−60°。

⑥ 后角 α_{ox}。为便于测量，麻花钻后角通常在圆柱剖面内度量。α_{ox} 沿主切削刃也是变化的，越接近中心越大。麻花钻外圆处的后角通常取 8°～10°，横刃处后角取 20°～25°。

2. 扁钻

常用的扁钻有整体式和装配式两种重要类型，如图 5-4-4 所示。整体式扁钻主要用于孔径为 12 mm 以下的尺寸范围，它的切削部分的材料可用高速钢或硬质合金。在 0.03～0.5 mm 的微孔钻削时，整体扁钻仍被广泛采用。装配式扁钻主要用于直径 25～500 mm 的大尺寸范围的钻孔或扩孔。其结构由钻杆和可换刀片两部分组成，可换刀片的材料为高速钢或硬质合金。

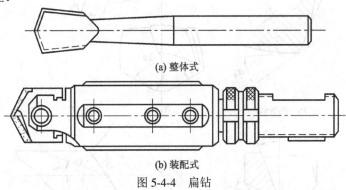

(a) 整体式

(b) 装配式

图 5-4-4　扁钻

3. 中心钻

中心钻是用来加工各种工件的中心孔用的刀具。它主要有无护锥复合中心钻及带护锥复合中心钻两种，如图 5-4-5 所示。

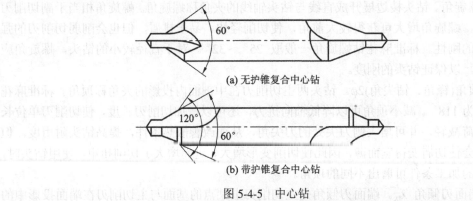

(a) 无护锥复合中心钻

(b) 带护锥复合中心钻

图 5-4-5　中心钻

4. 深孔钻

加工深孔的钻头称为深孔钻。深孔钻的种类很多，常用的有内排屑深孔钻、外排屑深孔钻及喷吸钻等。

5. 扩孔钻

扩孔钻是用于对已钻出的孔进一步加工，扩大工件的孔径，应用于要求不很高的孔的终加工或铰孔、磨孔前的预加工。其加工精度可达 IT10～IT11，表面结构可达 $Ra6.3$～$3.2\ \mu m$。扩孔钻的外貌与麻花钻相似，但其齿数较多(常为 3～4 个)。主切削刃不通过中心，无横刃，钻心直径较大，因此扩孔钻的强度和刚性均比麻花钻好，可获得较高的加工质量及生产效率。扩孔钻主要有整体式扩孔钻和套式扩孔钻两种类型，如图 5-4-6 所示。其中套式扩孔钻适用于大直径孔的扩孔加工。

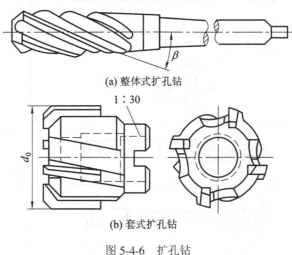

(a) 整体式扩孔钻

1：30

(b) 套式扩孔钻

图 5-4-6　扩孔钻

6. 铰刀

铰刀用于中、小尺寸孔的半精加工和精加工，也可用于磨孔或研孔前的预加工。铰刀齿数多(6～12 个)，导向性好，芯部直径大，刚性好。铰削余量小，切削速度低，加上切削过程中的挤压作用，所以能获得较高的加工精度(IT6～IT8)和较好的表面结构($Ra1.6$～$Ra0.4\ \mu m$)。各种常用铰刀见表 5-4-1。

表 5-4-1　常用铰刀

名称	图　　例	说　　明
整体式圆柱铰刀	(a) (b)	手铰刀末端为方头，可夹在铰杠内；机铰刀柄部有圆柱形和圆锥形两种

名称	图　例	说　明
可调节手铰刀	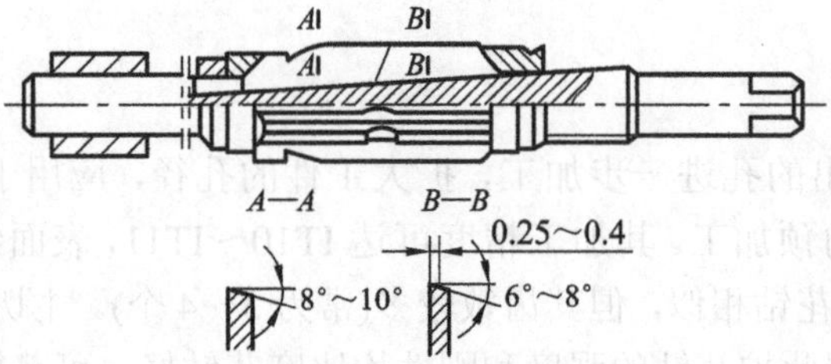	可调节手铰刀的直径，可用螺母调节，多用于单件和修配时的非标准通孔
锥铰刀	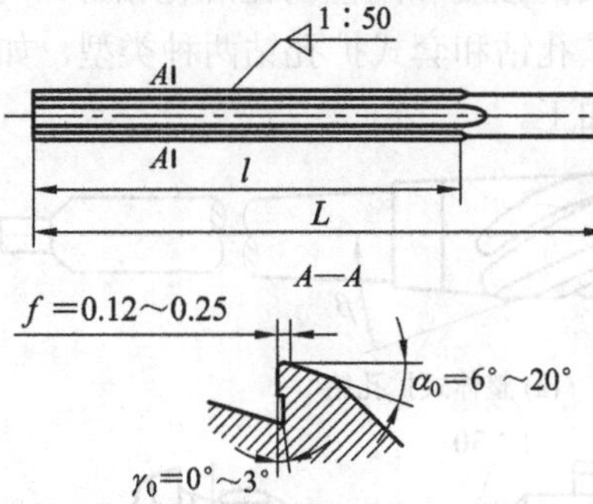	锥铰刀用来铰削圆锥孔
螺旋槽手铰刀		螺旋槽手铰刀常用于铰削有键槽的孔，螺旋槽的方向一般为左旋
硬质合金机铰刀	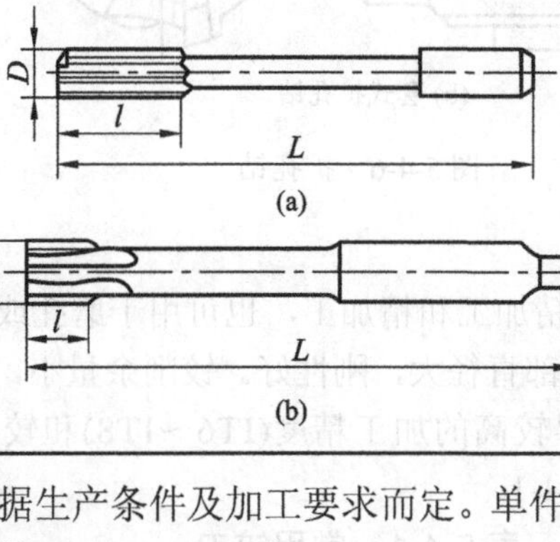 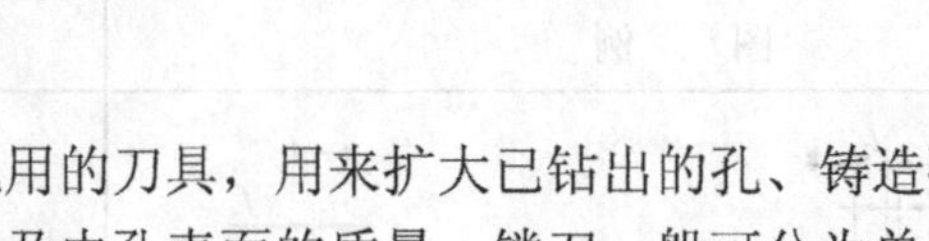	采用镶片式结构，适用于高速铰削和硬材料铰削

选用铰刀时，要根据生产条件及加工要求而定。单件或小批量生产时，选用手用铰刀；成批生产时，采用机用铰刀。

7. 镗刀

镗刀是一种扩孔用的刀具，用来扩大已钻出的孔、铸造孔或冲压出来的孔，以提高孔的尺寸和形状精度以及内孔表面的质量。镗刀一般可分为单刃镗刀和双刃镗刀两在类，如图 5-4-7、图 5-4-8 所示。

在许多机床上都可以用镗刀镗孔。中小型工件上的孔在车床上镗孔是比较经济的，因为这样可以不用昂贵的镗钻和铰刀。在车床上镗孔能很方便地把工件装在卡盘上和其他车削工作一起进行。这样，不但节省了装卡工件的时间，并且在一次安装中能保证加工出来的外圆与内孔有较小的不同轴度，内孔与端面的垂直度也较高。当工件上孔的精度要求较高，或同一轴线上有不同直径的孔，特别是对于要求孔距很准确的孔系时，就要用镗床来加工。在镗床上，镗孔是加工形状复杂的箱形工件(如车床的主轴变速箱等)上的许多精密孔的基本方法。加工 100 mm 以上的大直径孔，几乎绝大部分采用镗孔。

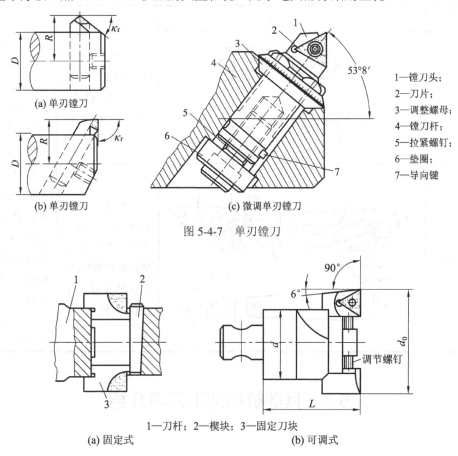

1—镗刀头；
2—刀片；
3—调整螺母；
4—镗刀杆；
5—拉紧螺钉；
6—垫圈；
7—导向键

(a) 单刃镗刀

(b) 单刃镗刀

(c) 微调单刃镗刀

图 5-4-7　单刃镗刀

1—刀杆；2—楔块；3—固定刀块

(a) 固定式

(b) 可调式

图 5-4-8　双刃镗刀

8. 锪钻

锪钻用于加工各种沉头孔、孔端锥面、凸台面等，如图 5-4-9 所示。标准锪钻可查阅 GB4258～4266—1984。当单件或小批生产时，常把麻花钻修磨成锪钻使用。

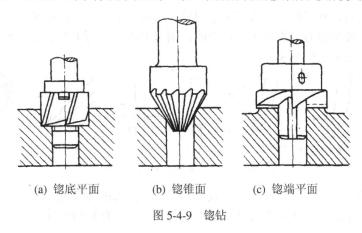

(a) 锪底平面　　　(b) 锪锥面　　　(c) 锪端平面

图 5-4-9　锪钻

锪钻的结构和特点见表 5-4-2。

表 5-4-2　锪钻的结构和特点

名称	图　例	特点	刃磨
锥形锪钻	2φ　　α_0　　A　　$A-A$	有 $60°$、$75°$、$90°$ 和 $120°$ 四种，齿数为 $4\sim12$ 个。前角 $\gamma_0=0°$，后角 $\alpha_0=6°\sim8°$	可用麻花钻改制，顶角按所需角度确定。后角与外缘处的前角要磨小些，切削刃要对称
柱形锪钻	$30°$　$90°$　$8°$　$15°$　$8°$　$20°$　$45°$　$A-A$　$8°$　$20°$　$30°$	有整体式和套装式两种。导柱与工件已加工孔为紧密的间隙配合，以保证良好的定心和导向作用	可用麻花钻改制，导柱部分须在磨床上磨成所需直径，端面后角靠手工在砂轮上磨出。导柱部分的螺旋槽刃口要用油石倒钝

5.5　其他机械加工刀具介绍

5.5.1　刨刀的种类与选用

1. 刨刀的种类与结构

刨刀的种类很多，按加工形式和用途不同，有各种不同的刨刀，一般有平面刨刀、偏刀、角度偏刀、切刀及成形刨刀等。平面刨刀用于粗、精刨水平表面；偏刀用于加工互成角度的平面、斜面、垂直面等；切刀用于切槽、切断、刨台阶；角度偏刀用来加工具有一定角度的表面；成形刨刀用来加工成形表面，刨刀刀刃形状与工件表面一致，一次成形。常见刨刀的形状及应用如图 5-5-1 所示。

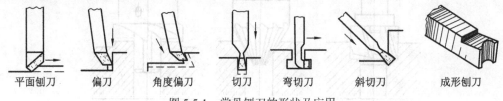

　平面刨刀　　偏刀　　角度偏刀　　切刀　　弯切刀　　斜切刀　　成形刨刀

图 5-5-1　常见刨刀的形状及应用

刨刀的结构一般分为整体式和焊接式两种。整体刨刀的刀头与刀杆由同一材料制成，一般高速钢刀多是此种形式；焊接刨刀的刀头与刀杆由两种材料焊接而成，刀头一般为硬质合金刀片。用得较多的是焊接式刨刀，刀片选用硬质合金，刀杆选用 45 钢。刨刀刀杆一般制成弯头，此结构在刨刀受到较大切削力时，可产生一定弹性弯曲变形，而不致啃入工件的已加工表面，从而保护刀刃和已加工面不受损伤。

2. 刨刀的几何参数

刨刀的几何参数与车刀相似。但由于刨削加工的不连续性，刨刀切入工件时，受到较大的冲击力，所以一般刨刀刀杆的横截面均较车刀大 1.25～1.5 倍。图 5-5-2 所示是一种平面刨刀的几何参数，其中 γ_0 为前角(通常取 0°～25°)，α_0 为主后角(通常取 3°～8°)，κ_r 为主偏角(通常取 45°～75°)，κ_r' 为副偏角(通常取 5°～15°)，λ_s 为刃倾角(通常取 −15°～0°)。为了增加刀尖的强度，刨刀的 λ_s 角一般取负值。

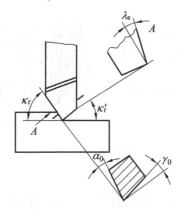

图 5-5-2　平面刨刀的几何参数

3. 刨刀的装夹

以平面刨刀为例，装夹刨刀应注意不同结构刨刀的伸出长度，如图 5-5-3 所示。装拆刨刀的方法：左手握住刨刀，右手使用扳手，用力自上而下压紧(拆卸)，如图 5-5-4 所示。

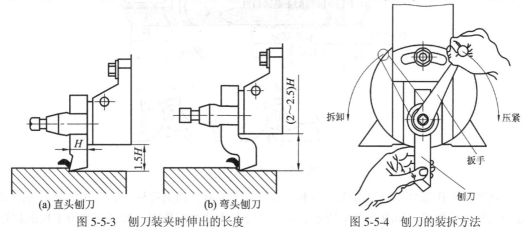

(a) 直头刨刀　　　　(b) 弯头刨刀

图 5-5-3　刨刀装夹时伸出的长度　　　　　图 5-5-4　刨刀的装拆方法

5.5.2　螺纹加工刀具的种类与选用

1. 螺纹车刀

螺纹车刀是一种具有螺纹廓形的成形车刀，可分为平体、棱体及圆体三种，其结构和成形车刀相同。用螺纹车刀加工螺纹是传统的加工方法。它结构简单、通用性强，可用来加工各种形状、尺寸及精度的内、外螺纹，特别适用于加工大尺寸螺纹。

螺纹车刀的生产率较低，加工质量主要取决于工人技术水平、机床及刀具本身的精度。但由于刀具廓形简单、易于准确制造，且可在通用车床上使用，故目前仍是螺纹加工的重要刀具之一。特别是精度高的丝杆，常用螺纹车刀在精密车床上加工。

2．螺纹梳刀

螺纹梳刀实质上是多齿的螺纹车刀，只要一次走刀就能切出全部螺纹，生产率比螺纹车刀高。螺纹梳刀分为三种：平体螺纹梳刀、棱体螺纹梳刀及圆体螺纹梳刀，如图 5-5-5 所示。

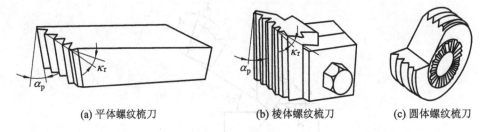

(a) 平体螺纹梳刀　　　　　　　　　(b) 棱体螺纹梳刀　　　　　　(c) 圆体螺纹梳刀

图 5-5-5　螺纹梳刀

3. 丝锥

丝锥是加工各种中、小尺寸内螺纹的刀具。它结构简单，使用方便，既可手工操作，也可以在机床上工作，丝锥在生产中应用得非常广泛。对于小尺寸的内螺纹来说，丝锥几乎是唯一的加工刀具。

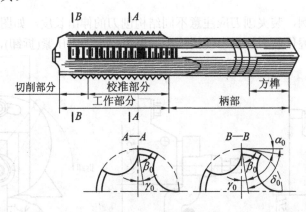

图 5-5-6　丝锥的结构

丝锥由工作部分和柄部组成，基本结构是一个轴向开槽的螺杆，其工作部分由切削部分与校准部分组成，如图 5-5-6 所示。切削部分起主要切削作用；校准部分用于校准和修光螺纹的牙型，并起导向作用，同时还是切削锥重磨后的储备部分，其外径和中径向柄部做成倒锥以减少摩擦；柄部方尾与机床联结，或通过绞杠传递扭矩。

丝锥的类型很多，典型丝锥按加工螺纹形状及其结构可分以下几种，它们的名称、特点、应用范围列于表 5-5-1 中。

表 5-5-1　各类丝锥的特点及应用范围

类型	简　图	特　点	适用范围
手用丝锥	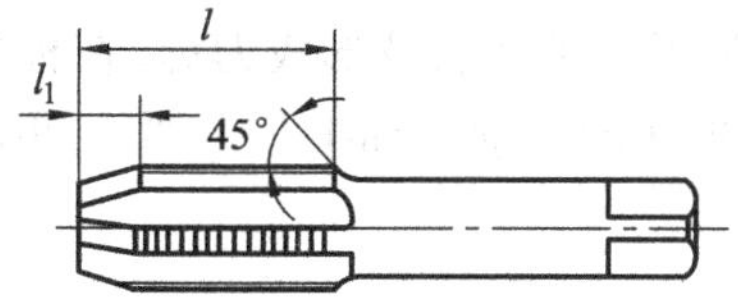	用合金工具钢制造，手动攻螺纹，常是两把成组使用	单件小批生产，加工通孔或盲孔螺纹
机用丝锥	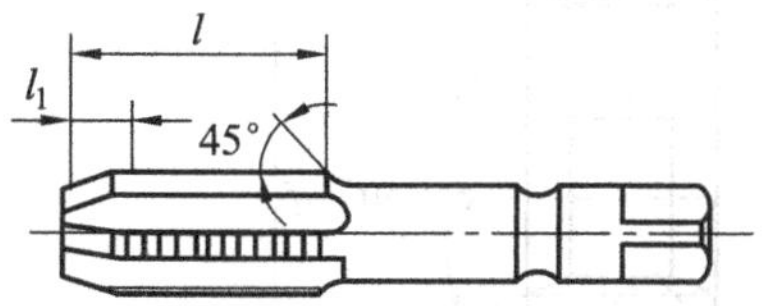	用高速钢制造，用于钻、车、镗、铣床上，切削速度较高，经铲磨形成齿形	成批生产加工通孔或盲孔螺纹
螺母丝锥	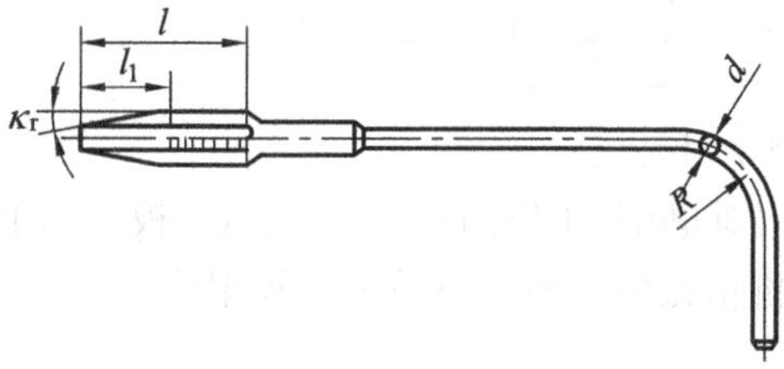	切削锥较长，攻螺纹完毕，工件从柄尾流出，丝锥不需倒转，分短柄、长柄、弯柄三种结构	大量生产专供螺母攻螺纹 (M2-M52)
锥形丝锥	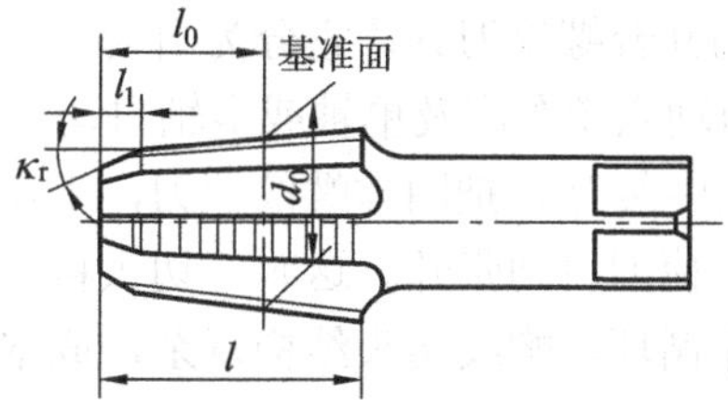	切削锥角与螺纹锥角相等，无校准部分。攻螺纹时，要强迫做螺旋运动，并控制攻螺纹长度	专供锥管螺纹攻螺纹
板牙丝锥		切削锥加长，齿槽数增多	用于加工板牙的螺纹
螺旋槽丝锥	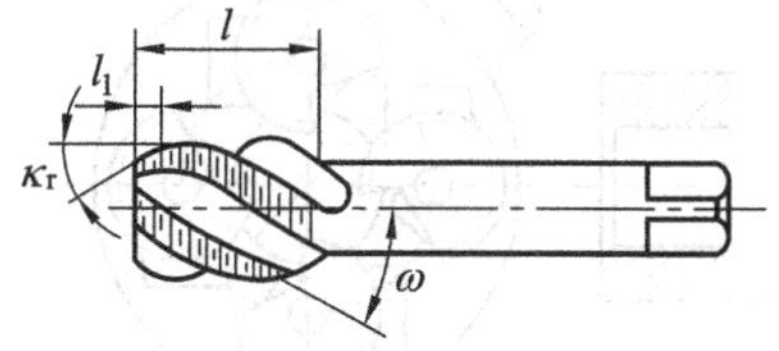	切削槽排削效果好，且切削实际前角增大，扭矩降低	用于中小尺寸螺孔，不锈钢、铜铝合金材料的攻螺纹
刃倾角丝锥	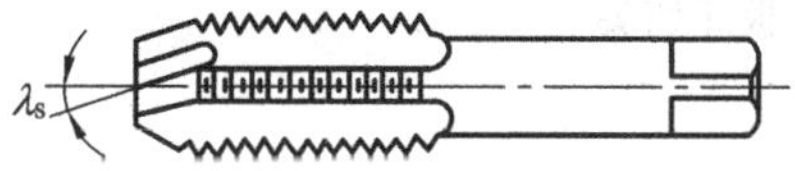	将直槽丝锥切削部分磨出刃倾角($\lambda_s = 10° \sim 30°$)。具有螺旋槽丝锥的优点，且制造简单	用于加工通孔螺纹

4. 板牙

板牙是用来加工尺寸不大的外螺纹的刀具，它既可手工操作，也可以在机床上使用，只需一次加工，就能切出全部螺纹。

板牙的外形和螺母相似，如图 5-5-7 所示。为了容纳切屑及形成刀刃，在板牙中钻出 3～7 个排屑孔，并在螺纹两端配置有切削锥部。板牙的切削锥部担负主要的切削工作，中间的完整螺纹部分起校准和导向作用。

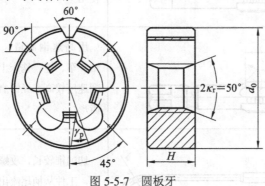

图 5-5-7　圆板牙

由于板牙的成形表面是内螺纹表面，很难磨削，因而加工精度较低。板牙切削速度低，生产率也低，但其结构简单，使用方便，价格低廉，所以目前使用还很广泛。

5. 螺纹切头

螺纹切头是一种高生产率、高精度的自动开合螺纹刀具，它分为自动开合板牙切头及自动开合丝锥两种，常用于普通六角车床、自动六角车床及单轴或多轴自动车床上。

图 5-5-8 所示为自动开合板牙切头。切头中装有 4 把圆体螺纹梳刀，工作时，梳刀处于合拢状态，4 把梳刀同时切削。切削完毕，梳刀自动张开。这时，切头自动退出。待退至原来位置，梳刀自动合拢，准备下一个工作循环。螺纹切头结构复杂，成本较高，只适用于大批量生产中加工精度较高的螺纹。

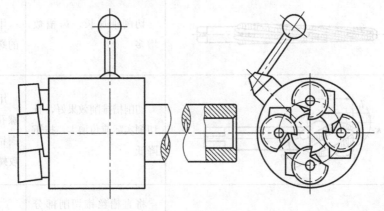

图 5-5-8　板牙切头

6. 螺纹铣刀

螺纹铣刀是用铣削方法加工螺纹的刀具。按其结构不同，螺纹铣刀可分为盘形(见图 5-5-9(a))和梳形铣刀(见图 5-5-9(b))，多用于铣削精度不高的螺纹，但生产率较高。

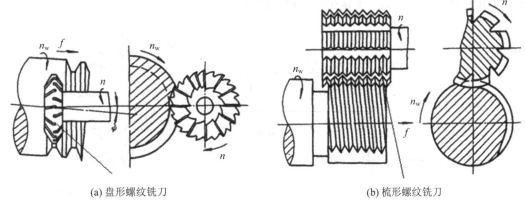

(a) 盘形螺纹铣刀　　　　　　　　　　　　　　　(b) 梳形螺纹铣刀

图 5-5-9　螺纹铣刀

7. 滚丝轮

滚丝轮是成对在滚丝机上使用的, 如图 5-5-10 所示。滚丝轮的加工精度高, 可达 4~5 级, 表面质量也很好, 生产率比切削加工高, 一般适用于加工精度要求较高的螺纹。同时滚丝轮可以调节进给速度, 控制滚压力, 因此可以在管子上滚螺纹。

滚丝轮工作时, 两滚轮同向等速旋转, 工件则放在两滚轮之间的支撑板上, 当一滚轮(动轮)向另一滚轮径向进给时, 工件便逐渐受压, 形成螺纹。动轮进给至工件所规定的尺寸后, 即停止进给, 并继续将工件滚光。随后, 动轮退回原来位置, 加工完成。

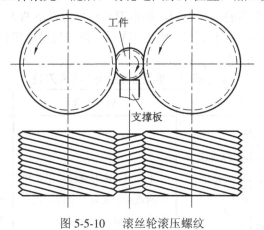

图 5-5-10　滚丝轮滚压螺纹

8. 搓丝板

搓丝板由两块组成一对进行工作, 如图 5-5-11 所示。下搓板固定在机床工作台上, 称为静板; 上搓板则与机床移动滑块一起沿工件切向运动, 称为动板。当工件进入两块搓板之间时, 立即被搓板夹住使之滚动, 搓丝板上凸出的螺纹逐渐压入工件表面, 在工件表面形成螺纹。

搓丝板的生产率比滚丝轮高, 但加工精度不如滚丝轮高, 只能加工 6 级精度以下的螺纹, 现已广泛用于大量生产中加工尺寸不大、精度要求不高的螺纹紧固件。

还有一种称为旋转滚压螺纹的方法, 如图 5-5-12 所示。被滚压工件不断从料斗中被送入旋转的滚丝轮和固定的扇形滚丝板上端的间隙中, 经过滚压, 形成了螺纹。这种方法的生产率比搓丝板还高，用于大量生产螺栓、螺钉等。

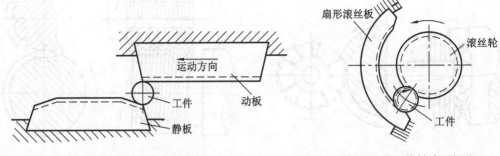

图 5-5-11　搓丝板　　　　　　　　　　图 5-5-12　旋转滚压螺纹

由上可见，加工螺纹有各种各样的刀具，那么如何选取正确的加工刀具呢？刀具的选择实际上是加工方法的选择，在实际生产中，我们可以根据不同加工方法的特点，从技术和经济的角度来分析该采用哪种刀具进行螺纹加工。

5.5.3　齿轮加工刀具的种类与选用

在机械传动机构中，齿轮是应用最广的传动零件之一，以渐开线作为齿廓曲线的圆柱齿轮使用得最多。加工齿轮的刀具称切齿刀具。

1. 切齿刀具的分类

(1) 按照加工齿轮齿形的原理不同，切齿刀具可分为以下两大类。

① 成形法切齿刀具。这类刀具切削刃的廓形与被切齿槽形状相同或近似相同。较典型的成形法切齿刀具见表 5-5-2。

表 5-5-2　典型的成形法切齿刀具

齿轮加工刀具	示意图	加工原理	应用特点及应用场合
盘形齿轮铣刀	盘形铣刀　齿轮坯	工作时，铣刀旋转并沿齿槽方向进给，铣完一个齿后进行分度，再铣第二个齿	加工精度不高，效率也较低，适合单件小批生产或修配工作中加工直齿与斜齿轮
指形齿轮铣刀	指形铣刀　齿轮坯	工作时，铣刀旋转并进给，工件分度	适用于加工大模数的直齿、斜齿轮，并能加工人字齿轮

② 展成法切齿刀具。这类刀具切削刃的廓形不同于被切齿轮任何剖面的槽形。切齿时，除主运动外，还需有刀具与齿坯的相对啮合运动，称展成运动。工件齿形是由刀具齿形在

展成运动中若干位置包络切削形成的。展成切齿法的特点是一把刀具可加工同一模数的任意齿数的齿轮，通过机床传动链的配置实现连续分度，因此刀具通用性较广，加工精度与生产率较高，在成批加工齿轮时被广泛使用。较典型的展成法切齿刀具如图 5-5-13 所示。

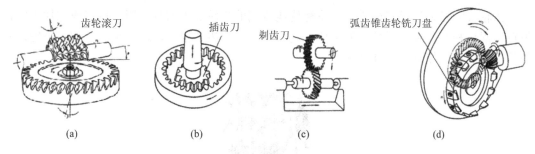

图 5-5-13　典型的展成法切齿刀具

滚齿刀可对直齿或斜齿轮进行粗加工或半精加工；插齿刀常用于加工带台阶的齿轮，如双联齿轮、三联齿轮等，特别能加工内齿轮及无空刀槽的人字齿轮；剃齿刀一般用于齿轮的精加工；弧齿锥齿轮铣刀盘专用于铣切螺旋锥齿轮。

（2）按照齿轮的类型不同，切齿刀具又可分为以下几类：

① 加工渐开线圆柱齿轮的刀具，如齿轮铣刀、滚刀、插齿刀、剃齿刀等。

② 加工蜗轮的刀具，如蜗轮滚刀、飞刀、剃刀等。

③ 加工锥齿轮的刀具，如直齿锥齿轮刨刀、弧齿锥齿轮铣刀盘等。

④ 加工非渐开线齿形工件的刀具，如摆线齿轮刀具、花键滚刀、链轮滚刀等。这类刀具有的虽然不是切削齿轮，但其齿形的形成原理也属于展成法，所以也归属于切齿刀具类。

2. 齿轮铣刀

齿轮铣刀一般做成盘形，可用于加工模数为 0.3～16 mm 的圆柱齿轮。实质上，它就是一把铲齿成形铣刀，其廓形由齿轮的模数、齿数、分圆压力角决定。齿数越少，基圆直径就越小，渐开线齿形曲率半径也就越小。齿数多到无穷大时，齿轮变为齿条，齿形变为直线。因此从理论上说，加工任意一种模数、齿数的齿轮都需备用一种刃形的齿轮铣刀。为减少铣刀的储备，每一种模数的铣刀由 8 或 15 把组成一套，每一刀号用于加工某一齿数范围的齿轮，详见表 5-5-3。

表 5-5-3　齿轮铣刀刀号及其加工齿数

	铣刀号	1	$1\frac{1}{2}$	2	$2\frac{1}{2}$	3	$3\frac{1}{2}$	4	$4\frac{1}{2}$	5	$5\frac{1}{2}$	6	$6\frac{1}{2}$	7	$7\frac{1}{2}$	8
加工齿数	$m=0.3～8$ mm　8件一套	12～13	—	14～16	—	17～20	—	21～25	—	26～34	—	35～54	—	55～134	—	≥135
	$m=9～16$ mm　15件一套	12	13	14	15～16	17～18	19～20	21～22	23～25	26～29	30～34	35～41	42～54	55～79	80～134	

表中，每种刀号的齿形是按加工齿数范围中最小的齿数设计的。如加工的齿数不是范

围中最小者，将有齿形误差，使加工的齿轮除分圆处以外的齿厚变薄，增大了齿侧间隙，这对低精度的齿轮是允许的。

3．齿轮滚刀

齿轮滚刀是刀齿沿圆柱或圆锥作螺旋线排列的齿轮加工刀具，用于按展成法加工圆柱齿轮、蜗轮和其他圆柱形带齿的工件。它相当于一个齿数很少、螺旋角很大的斜齿轮，其外貌呈蜗杆状，如图 5-5-14 所示。

图 5-5-14　齿轮滚刀

(1) 根据用途的不同，滚刀分为齿轮滚刀、蜗轮滚刀、非渐开线展成滚刀和定装滚刀等。

(2) 按照加工性质不同，滚刀分为精切滚刀、粗切滚刀、剃前滚刀、刮前滚刀、挤前滚刀、磨前滚刀、留磨滚刀、倒角修圆滚刀、渐开线滚刀、凹凸圆弧滚刀、同步带轮滚刀、花键滚刀、摆线滚刀和双圆弧滚刀等。

(3) 按结构不同，滚刀分为整体滚刀、焊接式滚刀、装配式滚刀和端面键槽式滚刀等。

齿轮滚刀常用于加工外啮合直齿和斜齿圆柱齿轮具。加工时，滚刀相当于一个螺旋角很大的螺旋齿轮，其齿数即为滚刀的头数，工件相当于另一个螺旋齿轮，彼此按照一对螺旋齿轮作空间啮合，以固定的速比旋转，由依次切削的各相邻位置的刀齿齿形包络成齿轮的齿形。常用的滚刀大多是单头的，在大量生产中，为了提高效率也常采用多头滚刀。

4．插齿刀

插齿刀是一种齿轮形或齿条形齿轮加工刀具。插齿刀用于按展成法加工内、外啮合的直齿和斜齿圆柱齿轮。插齿刀的特点：可以加工带台肩齿轮、多联齿轮和无空刀槽人字齿轮等。特形插齿刀还可加工各种其他廓形的工件，如凸轮和内花键等。

插齿刀按加工模数范围、齿轮形状不同，分为盘形、碗形、筒形和锥柄插齿刀等，如图 5-5-15 所示。盘形插齿刀主要用于加工内、外啮合的直齿、斜齿和人字齿轮；碗形插齿刀主要加工带台肩和多联的内、外啮合的直齿轮，它与盘形插齿刀的区别在于：工作时，夹紧用的螺母可容纳在插齿刀的刀体内，因而不妨碍加工；筒形插齿刀用于加工内齿轮和模数小的外齿轮，靠内孔的螺纹旋紧在插齿机的主轴上；锥柄插齿刀主要用于加工内啮合的直齿和斜齿齿轮。

  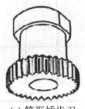 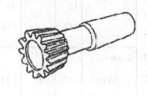

(a) 盘形插齿刀　　　(b) 碗形插齿刀　　　(c) 筒形插齿刀　　　(d) 锥柄插齿刀

图 5-5-15　插齿刀

学 后 评 量

1. 传统式切削与非传统式切削有何区别？

2. 举例说明切削运动的类型及其作用。

3. 说明切削用量三要素的概念、符号和单位。

4. 如何正确选用切削用量？

5. 说明车刀的组成部分及其作用。

6. 说明车刀几何参数的含义及功用。

7. 如何正确选用刀具的几何参数？

8. 刀具切削部分的材料应具备哪些性能？常用的刀具切削部分材料有哪些？

9. 切屑通常分为哪几类？分别在什么情况下产生？

10. 影响切削变形的因素有哪些？

11. 切削力的主要来源有哪些？为便于研究，切削力可分解成哪几个力？

12. 简述切削力的影响因素。

13. 切削用量对切削温度有何影响？

14. 什么是刀具耐用度？刀具耐用度受哪些因素的影响？

15. 简述提高切削加工质量的途径。

16. 简述常用车刀的类型及其用途。

17. 机夹式车刀有哪些特点？

18. 如何正确刃磨车刀？

19. 如何正确安装车刀？

20. 简述常用铣刀的类型及其用途。

21. 简述麻花钻的组成及其主要几何参数。

22. 简述常用孔加工刀具的类型及其用途。

23. 简述刨刀的类型及其用途。

24. 简述螺纹加工刀具的类型及其用途。

25. 简述齿轮加工刀具的类型及其用途。

第6章 典型零件的加工与品质检验技术基础

【学习目标】

(1) 了解轴类零件的结构、功用及选材；熟悉轴类零件的机械加工方法；懂得轴类零件的质量检测方法。

(2) 了解套类零件的结构、功用及选材；熟悉套类零件的机械加工方法；懂得套类零件的质量检测方法。

(3) 了解平面类零件的结构、功用及选材；熟悉平面类零件的机械加工方法；懂得平面类零件的质量检测方法。

(4) 了解箱体类零件的结构、功用及选材；了解箱体类零件的机械加工方法；了解箱体类零件的质量检测方法。

6.1 轴类零件的机械加工与品质检验技术基础

6.1.1 轴类零件概述

1. 轴类零件的功能和结构特点

轴类零件主要用来支持回转运动的传动零件(如齿轮)，并用于传递运动和扭矩。常见的轴结构如图 6-1-1 所示。

轴类零件是回转体零件，其长度大于直径。轴类零件的主要加工表面是内外旋转表面，次要加工表面有键槽、花键、螺纹和横向孔等。轴类零件常用分类见表 6-1-1。

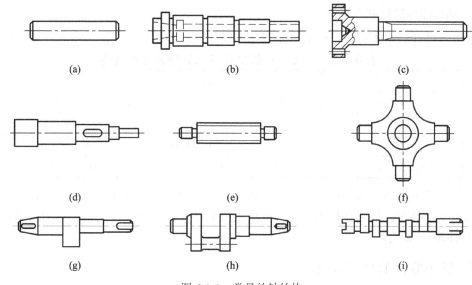

图 6-1-1　常见的轴结构

表 6-1-1　轴类零件常用分类

序号	分类方法	轴的类型
1	按结构形状分	光轴
		阶梯轴
		空心轴
		异型轴(如曲轴、凸轮轴、偏心轴等)
2	按长径比(L/d)	短轴($L/d \leqslant 5$)
		细长轴($L/d > 20$)

2. 轴类零件的技术要求

轴上与轴承配合的轴段称为轴颈；与传动件配合的轴段称为轴头；其余轴段称为轴身。轴类零件的技术要求参见表 6-1-2。

表 6-1-2　轴类零件的技术要求

序号	项目	主要技术要求
1	尺寸精度	对于同一根轴而言，轴颈的尺寸精度要求比较高，轴头的尺寸精度一般要求较低
		精密轴颈为 IT5 级、重要轴颈为 IT6～IT7 级、一般轴颈为 IT8～IT9
2	几何公差	轴头相对于轴颈的同轴度、端面对轴线的垂直度，通常用径向圆跳动衡量。普通精度轴的径向圆跳动为 0.01～0.03 mm，高精度轴的径向圆跳动为 0.001～0.005 mm
		轴颈的圆度、圆柱度，一般应将其限制在尺寸公差范围内，当精度要求较高时，零件图上应单独标注其允许的偏差
3	表面结构	表面结构应与表面工作要求相适应。轴头的表面结构为 Ra2.5～0.63 μm；轴颈的表面结构为 Ra0.63～0.16 μm

3. 轴类零件的材料与毛坯

轴类零件应根据不同的工作情况，选择不同的材料和热处理方法，参见表6-1-3。

表 6-1-3　轴类零件的材料与热处理方法的选择

序号	轴的工作场合	选用材料	材料举例	热处理方法
1	一般精度	中碳钢	45	正火、调质、部分表面淬火
2	中等精度、转速较高	合金结构钢	40Cr	调质、表面淬火处理
3	高转速、重载荷	低碳合金钢	20CrMnTi	渗碳、淬火
4	高精度、高转速	氮化钢	38CrMoAlA	调质、表面渗氮

轴类零件的毛坯常采用棒料、锻件和铸件等毛坯形式。一般光轴或外圆直径相差不大的阶梯轴采用棒料；外圆直径相差较大或较重要的轴常采用锻件；某些大型的或结构复杂的轴(如曲轴)可采用铸件。

6.1.2　轴类零件的加工方法

轴类零件具有外圆柱表面，采用车削加工方法成形，采用磨削加工作为精加工，采用研磨等作为精密加工。轴类零件上的键槽及轴的端面可采用铣削加工，花键轴可采用拉削的方法成形。轴类零件的外圆柱面加工方案参见表6-1-4。

表 6-1-4　轴类零件的外圆柱面加工方案

序号	加工方法	经济精度	表面结构 Ra 值/μm	适用范围
1	粗车	IT11～IT13	10～50	适用于淬火钢以外的各种金属
2	粗车—半精车	IT8～IT10	2.5～6.3	
3	粗车—半精车—精车	IT7～IT8	0.8～1.6	
4	粗车—半精车—精车—滚压(或抛光)	IT7～IT8	0.025～0.2	
5	粗车—半精车—磨削	IT7～IT8	0.4～0.8	主要用于淬火钢，也可用于未淬火刚，但不宜加工有色金属
6	粗车—半精车—粗磨—精磨	IT6～IT7	0.1～0.4	
7	粗车—半精车—粗磨—精磨—超精加工	IT5	0.012～0.1	
8	粗车—半精车—精车—精细车(金刚车)	IT6～IT7	0.025～0.4	主要用于要求较高的有色金属加工
9	粗车—半精车—粗磨—精磨—超精磨	IT5		极高精度的外圆加工
10	粗车—半精车—粗磨—精磨—研磨	IT5		

1. 轴类零件的定位与装夹

轴类零件加工时常以两端中心孔或外圆面定位，以顶尖或卡盘装夹。轴类零件外圆车削加工时，常见的工件装夹方法见表 6-1-5。

表 6-1-5　轴类零件外圆车削加工时的常见工件装夹方法

装夹方法	装夹示意图	装 夹 特 点	应 用
三爪卡盘		三爪卡盘的三爪可同时移动，自动定心，装夹迅速方便	长径比小于 4，截面为圆形、六方体的中、小型工件加工
双顶尖		定心正确，装夹稳定	长径比为 4～15 的实心轴类零件的加工
双顶尖中心架		支爪可调，增加工件刚性	长径比大于 15 的细长轴工件粗加工
一夹一顶跟刀架		支爪随刀具一起运动，无接刀痕	长径比大于 15 的细长轴工件半精加工、精加工

2. 轴类零件的加工方法

1) 车削外圆柱面

根据加工要求和切除余量多少的不同，车削可分粗车、半精车、精车、精细车，各阶段车削的具体特点参见表 6-1-6。

表 6-1-6　不同阶段车削的具体特点

序号	车削阶段	加 工 目 的	加工精度	表面结构
1	粗车	切去毛坯的硬皮和大部分加工余量，故粗车时应尽量选取较大的背吃刀量，低切削速度	IT11～IT13	$Ra50～12.5\,\mu m$
2	半精车	作为中等精度外圆表面的最终加工，也可以作为磨削和其他精加工工序前的预加工	IT8～IT10	$Ra6.3～3.2\,\mu m$
3	精车	保证加工零件尺寸、形状及相互位置的精度、表面结构等符合图样要求，故取高的切削速度和较小的进给量、背吃刀量	IT6～IT7	$Ra1.6～0.8\,\mu m$
4	精细车	精密加工，在精度较高的车床上用高的切削速度、小的进给量及背吃刀量进行的车削	IT5～IT6	$Ra0.8～0.2\,\mu m$

2) 车削端面和台阶

车削端面常使用 45° 弯头刀或左右偏刀进行车削，如图 6-1-2 所示。

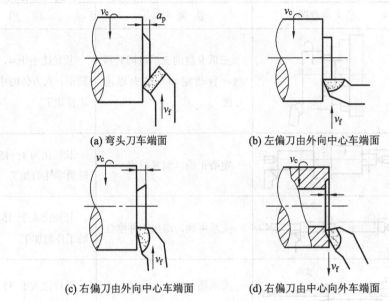

(a) 弯头刀车端面　　　　　　　(b) 左偏刀由外向中心车端面

(c) 右偏刀由外向中心车端面　　　(d) 右偏刀由中心向外车端面

图 6-1-2　车端面

轴类零件的台阶较高时，可分层车削，最后按车端面的方法平整台阶端面，如图 6-1-3 所示。

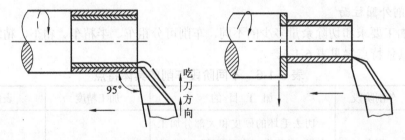

图 6-1-3　高台阶车削方法

3) 切槽和切断

轴类零件内、外表面上的沟槽一般用相应的成形车刀，通过横向进给实现。切槽的极限深度是切断。切断时，切断刀伸入工件内部，切断刀的强度和刚度差，易振动，易折断。因此，切断刀应安装正确，切断时的切削速度和进给量要降低。切槽和切断如图 6-1-4 所示。

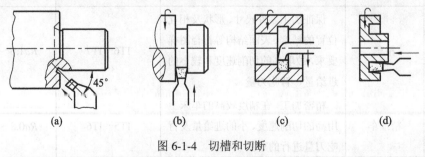

(a)　　　　　　(b)　　　　　　(c)　　　　　　(d)

图 6-1-4　切槽和切断

4) 车削圆锥面

轴类零件上圆锥面的车削方法参见表 6-1-7。

表 6-1-7　轴类零件上圆锥面的车削方法

序号	车削方法	操作示意图		操作方法
1	转动小滑板车削圆锥面	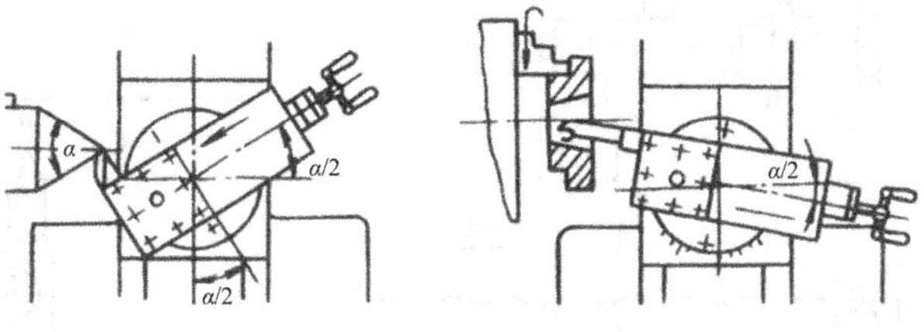 (a)	(b)	先把小滑板转过一个圆锥斜角 α/2，然后手动进给完成圆锥面车削
2	偏移尾座车削圆锥面	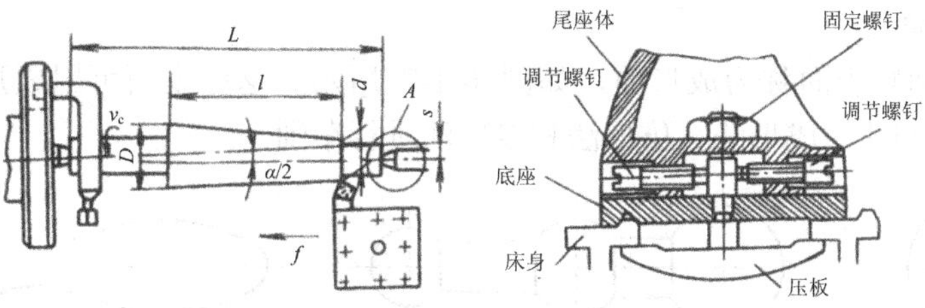 (a)	(b)	将尾座横向移动一个距离 s，使工件的回转轴线与车床主轴线的夹角等于圆锥斜角 α/2，然后纵向自动进给车削圆锥面。这种方法不能加工锥度太大的工件(一般 α< 8°)和内锥面
3	靠模法车削圆锥面			锥度靠模装在床身上，可以方便地调整圆锥斜角 α/2。加工时，卸下中滑板的丝杠和螺母，使中滑板能横向自由滑动，中滑板的接长杆用滑块铰链与锥度靠模连接。在床鞍纵向进给的同时，中滑板带动刀架一面纵向移动，一面又作横向移动，从而使车刀运动的方向平行于锥度靠模，加工出所要求的锥面，但不能加工锥度较大的圆锥面

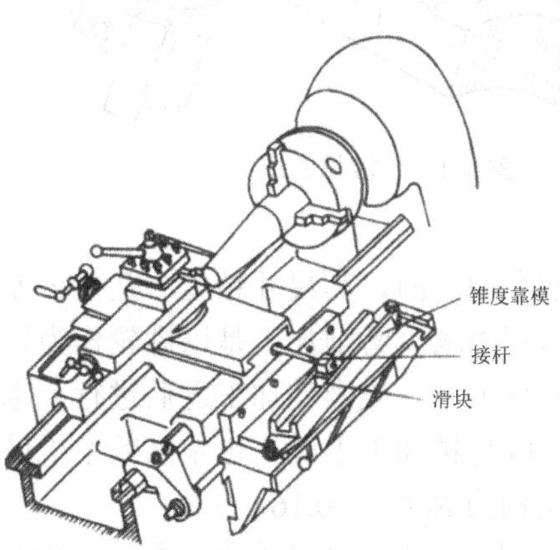

5) 车削螺纹

在车床上按螺距调整机床，用螺纹车刀可加工出螺纹。图 6-1-5 所示为车螺纹时车床传动示意图。车螺纹时，螺纹车刀在安装时，应使刀尖与工件轴线等高，且刀尖角的等分线垂直于工件轴线，如图 6-1-6 所示。

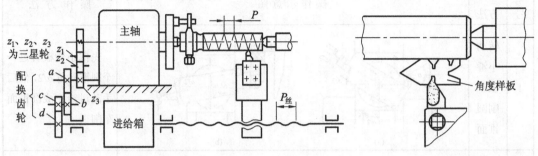

图 6-1-5　车螺纹时车床传动示意图　　　　图 6-1-6　外螺纹车刀的位置

6) 车削成形表面

母线为曲线的回转表面称为成形面，如图 6-1-7 所示。这些表面可用成形车刀(见图 6-1-8)，采用双手控制法、成形法、仿形法和专用法进行车削。

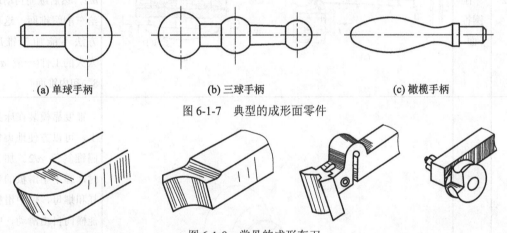

(a) 单球手柄　　　　　　　(b) 三球手柄　　　　　　　(c) 橄榄手柄

图 6-1-7　典型的成形面零件

图 6-1-8　常见的成形车刀

7) 轴类零件的磨削加工

轴类零件上与其他零部件配合的表面，其尺寸精度、几何公差和表面结构要求较高，常在半精车后通过磨削加工来达到要求。磨削加工是以砂轮作为切削工具进行切削的加工方法，多应用于淬硬外圆表面的加工，一般半精加工之后进行，也可在毛坯外圆表面直接进行磨削加工。因此，磨削加工既是精加工手段，也是高效率机械加工手段之一。磨削加工的精度可达 IT5～IT8，表面结构为 $Ra0.1\sim0.16\ \mu m$。

外圆表面的磨削在外圆磨床上进行时称为中心磨削，在无心磨床上磨削时称为无心磨削。

(1) 在外圆磨床上磨削外圆。

一般使用普通外圆磨床，外圆磨床的砂轮架可以在水平面内转动一定的角度，并带有内圆磨头等附件，所以不仅可以磨削外圆及外圆锥面，而且能磨削内圆柱面、内圆锥面。

在外圆磨床上磨削外圆时，工件安装在前后顶尖上，用拨盘和鸡心夹头来传递动力和运动。常见的磨削方法有纵磨法、横磨法、综合磨法，参见表 6-1-8。

表 6-1-8 中心磨削的磨削方法

序号	磨削方法	磨削过程	加工示意图	适用场合
1	纵磨法	砂轮旋转为主运动，工件旋转和往复运动实现圆周进给和轴向进给，砂轮架水平进给实现径向进给运动。工件往复一次，外圆表面轴向切去一层金属，直至加工到图样要求尺寸	$v_砂$ $f_横$ $v_工$ $f_纵$	加工精度高，适用于细长轴类零件的外圆表面，但是生产率较低，多用于单件、小批量生产及精磨工序中
2	横磨法	磨削时，没有工件往复运动，砂轮连续横向进给直到磨削至工件尺寸	$v_砂$ $f_横$ $v_工$	横磨时，砂轮与工件接触面积大，散热条件差，工件易烧伤和变形，且工件表面加工后的几何精度受砂轮形状影响大，加工精度没有纵磨法高，但生产效率高。横磨法适用于批量生产时，磨削工件刚度较好、长度较短的外圆表面及有台阶的轴颈
3	综合磨法	横磨法和纵磨法的综合应用，即先用横磨法将工件分段进行粗磨，工件上留有 0.01～0.05 mm 的精度余量，最后用纵磨法进行精磨，完成全部加工	$v_砂$ $f_纵$ $f_横$ $v_工$	适用于磨削余量较大、长度较短、刚度较好的工件

(2) 在无心磨床上磨削外圆表面。

无心磨削如图 6-1-9 所示。磨削时，工件放在导轮和砂轮之间，工件由托板托住，不用顶尖或卡盘支撑，故称"无心磨削"。

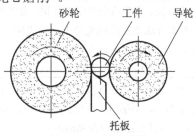

图 6-1-9 无心磨削

无心磨削可以用"贯穿法"和"切入法"磨削外圆表面。贯穿法适用于光轴零件，易实现自动化，生产率高；切入法是工件从砂轮径向送进，适合加工带台肩的阶梯轴外圆磨削，如图 6-1-10 所示。

8) 轴类零件的精密加工

轴类零件的尺寸精度在 IT6 以上，工件表面结构在 0.4 μm 以上，就要采用精密加工，常用的精密加工方法参见表 6-1-9。

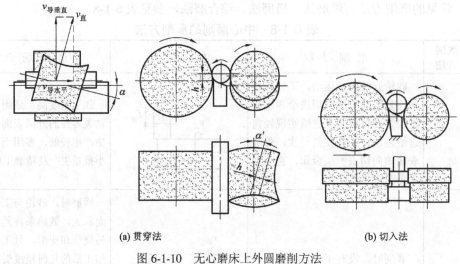

(a) 贯穿法　　　　　　　　　　　　　(b) 切入法

图 6-1-10　无心磨床上外圆磨削方法

表 6-1-9　常用的精密加工方法

序号	加工方法	相　关　说　明
1	超精加工	加工时使用油石,以较小的压力(150 kPa)压向工件。加工中,工件作低速转动,磨头作轴向进给运动,并作高速往复振动,这样,使工件表面形成不重复的磨削轨迹。超精加工可获得表面结构为 $Ra0.08 \sim 0.1$ μm 的工件,但不能纠正上道工序留下的几何形状及位置误差
2	研磨	研磨是指用研具和研磨剂从工件表面研去极薄一层金属的加工方法。研磨过程实际上是用研磨剂对工件表面进行刮划、滚擦以及微量切削的综合作用过程。研磨分为手工研磨(适用于单件小批量生产)和机械研磨(适用于成批生产)两种。手工研磨时,工件作低速回转,研具套在工件上,在研具和工件之间加入研磨剂,然后用手推动研具作往返运动。研磨可使工件获得 IT3～IT6 的精度等级,表面结构为 $Ra0.01 \sim 0.012$ μm,但一般不能纠正表面之间的位置精度,研磨余量一般为 $0.005 \sim 0.02$ μm
3	抛光	抛光是利用机械、化学或电化学的作用,使工件获得光亮平整表面的加工工艺。抛光时,把抛光膏涂在软的抛光轮上,抛光轮在电动机带动下高速运转,工件表面在抛光轮上进行抛光,可使工件表面的表面结构为 $Ra0.01 \sim 0.012$ μm,但不能改变加工表面的尺寸精度和位置精度
4	镜面磨削	镜面磨削加工原理与普通外圆磨削基本相同,但它是采用特殊砂轮(一般是用橡胶做结合剂的砂轮),磨削时,使用极小的切削深度(1～2 μm)和极慢的工作台进给速度。镜面磨削可使表面结构为 $Ra0.01$ μm,能部分修整上道工序留下的几何形状和位置误差

6.1.3　轴类零件的品质检验

1. 轴径的检测

根据工件的尺寸、精度要求选择相应的量具进行轴径的检测。最常用的是用钢直尺、游标卡尺、千分尺等量具来测量轴径,如图 6-1-11 所示。

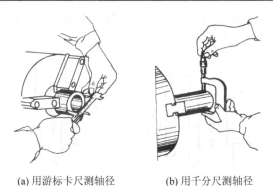

(a) 用游标卡尺测轴径　　　　　　(b) 用千分尺测轴径

图 6-1-11　轴径的检测

2. 台阶尺寸的检测

工件台阶粗加工结束后，一般使用钢直尺和游标卡尺测量长度。若是大批量生产，也可以用卡规测量，如图 6-1-12 所示。

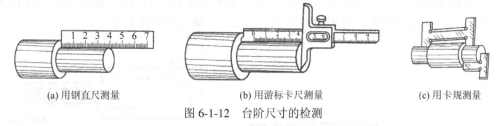

(a) 用钢直尺测量　　　　　　　(b) 用游标卡尺测量　　　　　　　(c) 用卡规测量

图 6-1-12　台阶尺寸的检测

3. 圆锥的检测

圆锥的检测主要是对圆锥角度和尺寸精度的检测。常用的检测方法如下：

1) 角度和锥度的检验方法

(1) 用万能角度尺检测。万能角度尺可测量 0~320° 范围内的任何角度。用万能角度尺检测外圆锥角度时，应根据工件角度的大小，选择不同的测量方法，如图 6-1-13 所示。

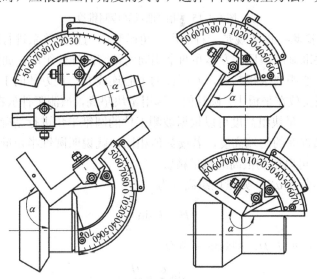

图 6-1-13　用万能角度尺检测外圆锥角度的方法

(2) 用角度样板检测。角度样板主要用于成批和大量生产时的检测。图 6-1-14 所示为用角度样板检测圆锥齿轮坯的角度。

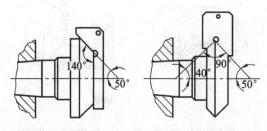

图 6-1-14　用角度样板检测圆锥齿轮坯的角度

(3) 用涂色法检测。检验标准圆锥或配合精度要求高的圆锥面时(如莫氏锥度和其他标准锥度),可用标准圆锥塞规或圆锥套规来测量,如图 6-1-15 所示。圆锥塞规检验内圆锥时,要先在塞规表面顺着圆锥素线方向均匀地涂上三条显示剂(显示剂为印油、红丹粉、机油的调和物等,线与线间隔 120°),然后把塞规放入内圆锥中转动约半周,最后取下塞规,观察显示剂擦去的情况,如果显示剂擦去均匀,则说明圆锥接触良好,锥度正确。如果小端显示剂擦去,大端没擦去,说明圆锥角大了;反之,就说明圆锥角小了。

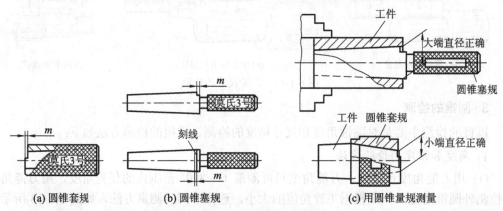

图 6-1-15　用圆锥量规检测锥度

(4) 用正弦规检测。正弦规是一种利用三角函数中的正弦关系进行间接测量角度的精密量具。它由一块准确的钢质长方体和两个相同的精密圆柱体组成,如图 6-1-16(a)所示。两个圆柱之间的中心距要求很精确,两圆柱的中心连线要与长方体的工作平面严格平行。测量时,将正弦规安放在平板上,圆柱的一端用量块垫高,被测工件放在正弦规的平面上,如图 6-1-16(b)所示。量块组高度可以根据被测工件的圆锥半角进行精确计算获得,然后用百分表检验工件圆锥面的两端高度,若读数值相同,就说明圆锥半角准确。用正弦规测量3°以下的角度时,可以达到很高的测量精度。

若已知圆锥半角为 $\alpha/2$,则量块组高度为

$$H = L \sin \frac{\alpha}{2}$$

若已知量块组高度为 H,则圆锥半角为

$$\sin \frac{\alpha}{2} = \frac{H}{L}$$

如百分表检验工件圆锥面的两端高度读数值不同，则说明被测工件圆锥角度有误差，具体调整的方法：可以通过调整量块组的高度，使百分表两端在圆锥面的读数值相同，这样就可以计算出圆锥实际的角度。

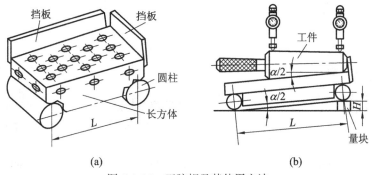

(a)　　　　　　　　　　　　　　　(b)

图 6-1-16　正弦规及其使用方法

2) 圆锥尺寸的检测

圆锥的大、小端直径可用圆锥界限量规来测量，圆锥界限量规如图 6-1-15(a)、图 6-1-15(b)所示。在塞规和套规的端面上分别有一个台阶(或刻线)，台阶长度 m(或刻线之间的距离)就是圆锥大、小端直径的公差范围。检验工件时，工件的端面位于圆锥量规台阶(两刻线)之间才算合格，如 6-1-15(c)所示。测量外圆锥时，如果锥体的小端平面在缺口之间，说明其小端直径尺寸合格。若锥体未能进入缺口，说明其小端直径大了；若锥体小端平面超过了止端缺口，说明其小端直径小了。

4. 三角螺纹的检测

螺纹检测的主要参数有螺距、大径、小径、中径等尺寸，常见的测量方法有单项测量法和综合测量法两种。

1) 单项测量法

(1) 测量大径。由于螺纹的大径公差较大，一般只需用游标卡尺测量即可。

(2) 测量螺距。在车削螺纹时，螺距的正确与否，从第一次纵向进给运动开始就要进行检查。测量者可使第一刀在工件上划出一条很浅的螺旋线，用钢直尺、游标卡尺或螺距规进行测量，如图 6-1-17 所示。

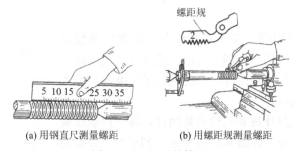

(a) 用钢直尺测量螺距　　　　　　(b) 用螺距规测量螺距

图 6-1-17　螺距的检测

(3) 测量中径。

① 用螺纹千分尺测量。三角形螺纹的中径可用螺纹千分尺测量，如图 6-1-18 所示。螺纹千分尺的结构和使用方法与一般千分尺相似，其读数原理也与一般千分尺相同，只是

它有两个可以调整的与螺纹牙型角相同的测量头(上测量头、下测量头)。在测量时，两个的测量头正好卡在螺纹牙侧，这时千分尺读数就是螺纹中径的实际尺寸。

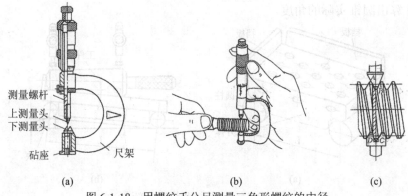

测量螺杆
上测量头
下测量头
砧座　　　尺架
(a)　　　　　　　(b)　　　　　　(c)

图 6-1-18　用螺纹千分尺测量三角形螺纹的中径

② 三针测量。用三针测量外螺纹中径是一种比较精密的测量方法。测量时所用的三根圆柱形量针，是由量具厂专门制造的。在没有量针的情况下，也可用三根直径相等的优质钢丝或新的钻头柄部代替。测量时，把三根量针放置在螺纹两侧相对应的螺旋槽内，用千分尺量出两边量针之间的距离 M，如图 6-1-19 所示。根据 M 值可以计算出螺纹中径的实际尺寸(计算方法可查阅相关手册)。

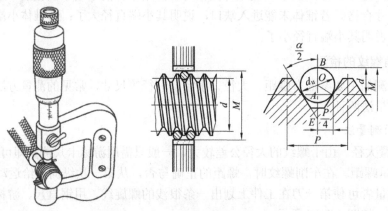

图 6-1-19　用三针测量螺纹中径

2) 综合测量法

综合测量法是采用螺纹量规对螺纹各主要部分的使用精度同时进行综合检验的一种测量方法。这种方法效率高，使用方便，能较好地保证互换性，广泛应用于标准螺纹或大批量生产螺纹时的测量。

螺纹量规包括螺纹环规和螺纹塞规两种，每一种螺纹量规又有通规和止规之分，如图 6-1-20 所示。测量时，如果通规刚好能旋入，而止规不能旋入，则说明螺纹精度合格。对于精度要求不高的螺纹，也可以用标准螺母和螺栓来检验，以旋入工件时是否顺利和旋入后松动程度来确定加工出的螺纹是否合格。

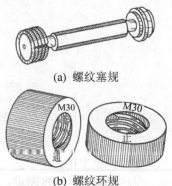

(a) 螺纹塞规

(b) 螺纹环规

图 6-1-20　螺纹量规

5. 轴类零件几何公差的检测

轴类零件几何公差的检测参见表 6-1-10。

表 6-1-10　轴类零件几何公差的检测

序号	检测项目	检测示意图	操 作 说 明
1	径向圆跳动	百分表　手柄　III II I　工件　偏摆仪	① 将工件置于偏摆仪两顶尖之间(带孔零件要装在心轴上)，使零件转动自如，但不允许轴向窜动，然后紧固两顶尖座。 ② 将百分表装在表架上，使表杆与工件轴心线大致垂直，测头与工件 I—I 截面接触，并压缩 1～2 圈后紧固表架。 ③ 转动被测件 1 周，记下百分表读数的最大值和最小值，两读数之差即为 I—I 截面的径向圆跳动误差。 ④ 再测量其余两截面，取三处径向圆跳动误差最大值作为该工件的径向圆跳动误差
2	端面圆跳动		① 将杠杆百分表夹持在偏摆检查仪的表架上，缓慢移动表架，使杠杆百分表的测量头与被测端面接触，并压缩 2～3 圈。 ② 转动工件 1 周，记下百分表读数的最大值和最小值，两读数之差即为所测直径处的端面圆跳动误差。 ③ 在被测端面上均匀分布的三个直径处分别测量，取三处端面圆跳动误差最大值作为该工件的端面圆跳动误差
3	同轴度		① 将被测工件安装在偏摆仪的两顶尖间，公共基准轴线由两顶尖模拟。 ② 将百分表压缩 2～3 圈。 ③ 将被测工件回转 1 周，记下百分表读数的最大值和最小值，两读数之差即为所测截面上的同轴度误差。 ④ 按上述方法测量若干个截面，取它们中同轴度误差的最大值作为该工件的同轴度误差

6. 硬度的检测

硬度在热处理后用硬度计全检或抽检。

7. 表面结构的检测

通常使用标准样板，采用外观比较法，凭目测比较，对于表面结构值较小的零件，可用干涉显微镜进行测量。

6.1.4　轴类零件工艺编制实例——CA6140 型卧式车床主轴加工工艺分析

图 6-1-21 所示为 CA6140 卧式车床的主轴简图，现以其加工为例，说明轴类零件在生产中的加工工艺。

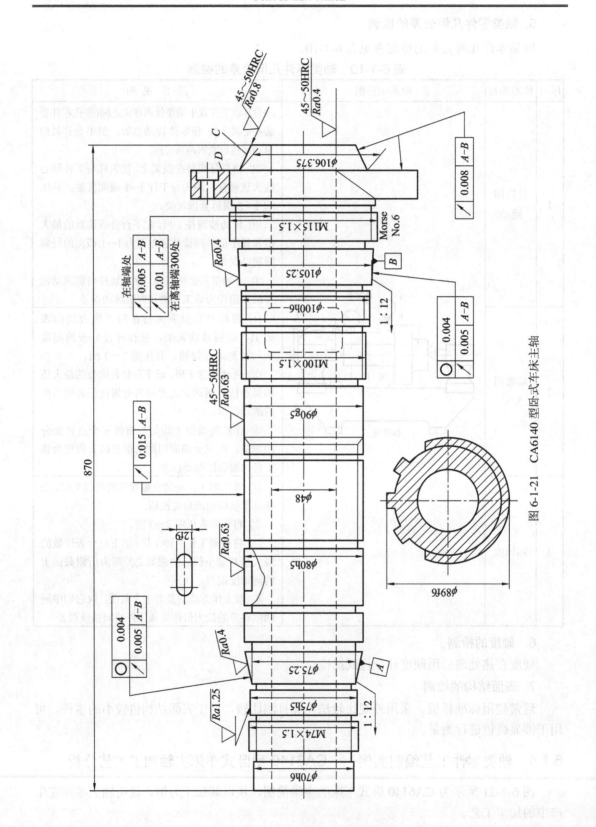

图 6-1-21 CA6140 型卧式车床主轴

1. 主轴的结构与技术要求分析

主轴是结构复杂的阶梯轴，有外圆柱面、内外圆锥面、长通孔、花键及螺纹表面等，且精度要求较高。

主轴的主要加工表面有：前后支撑轴颈 A 和 B，是主轴部件的装配基准，其制造精度直接影响主轴部件的回转精度；用于安装顶尖或工具锥柄的头部内锥孔，其制造精度直接影响机床精度；头部短锥面 C 和端面 D 是卡盘底座的定位基准，直接影响卡盘的定心精度；以及齿轮的装配表面和与压紧螺母相配合的螺纹等。其中，保证两支撑轴颈本身的尺寸精度、形状精度、两支撑轴颈间的同轴度、支撑轴颈与其他表面的相互位置精度和表面粗糙度，是主轴加工的关键技术。

2. CA6140 型卧式车床主轴加工工艺过程分析

CA6140 型卧式车床主轴加工工艺过程参见表 6-1-11。

表 6-1-11　CA6140 型卧式车床主轴加工工艺过程

序号	工序名称	工 序 简 图	加工设备
1	备料	—	—
2	精锻	—	立式精锻机
3	热处理	正火	—
4	锯头	—	—
5	铣端面、钻中心孔	—	专用机床
6	荒车	车各外圆面	卧式车床
7	热处理	调质 220～240HBS	—
8	车大端部	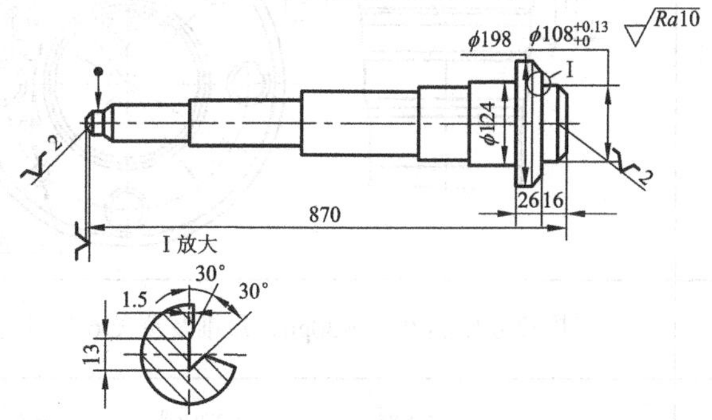	卧式车床 CA6140
9	仿形车 小端各部	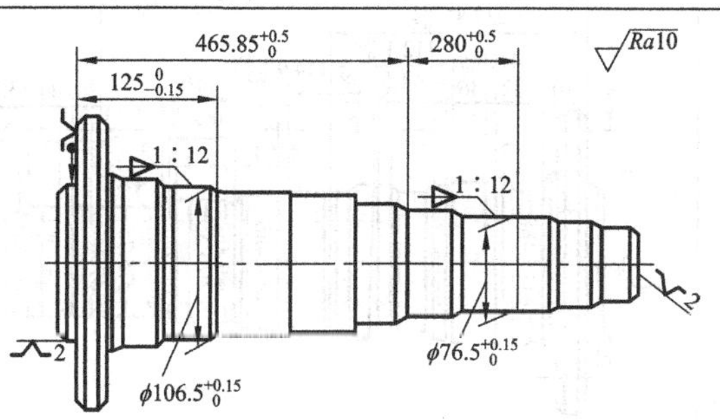	仿形车 CE7120

序号	工序名称	工 序 简 图	加工设备
10	钻深孔	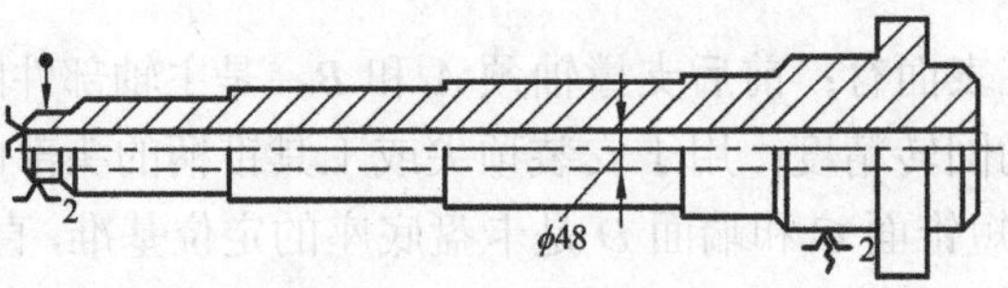	深孔钻床
11	车小端内锥孔 (配 1∶20 锥度)	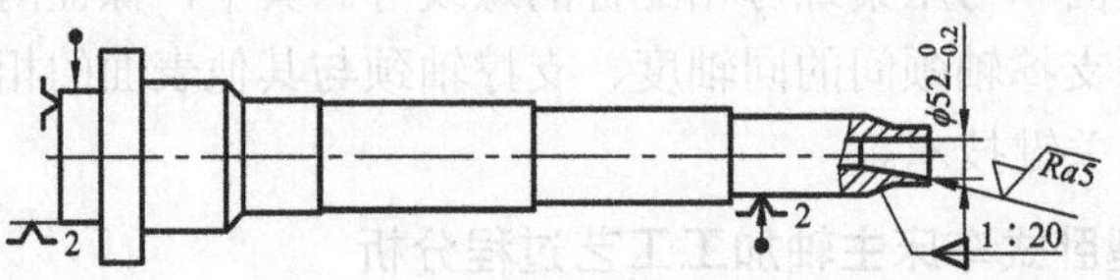	卧式车床 CA6140
12	车大端锥孔 (配 6 号莫氏锥 度)；车外短锥 及端面	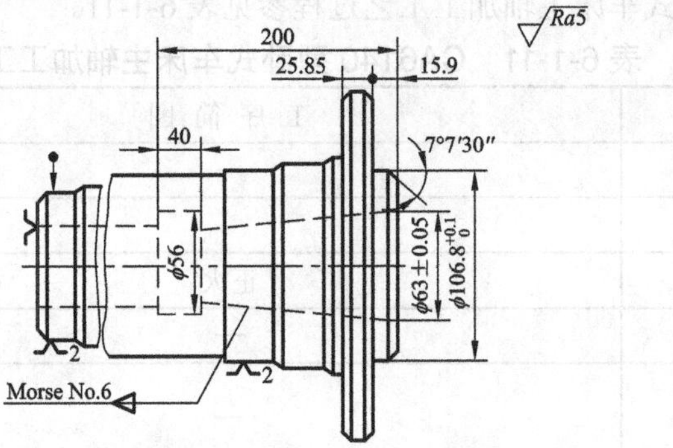	卧式车床 CA6140
13	钻大端锥面 各孔	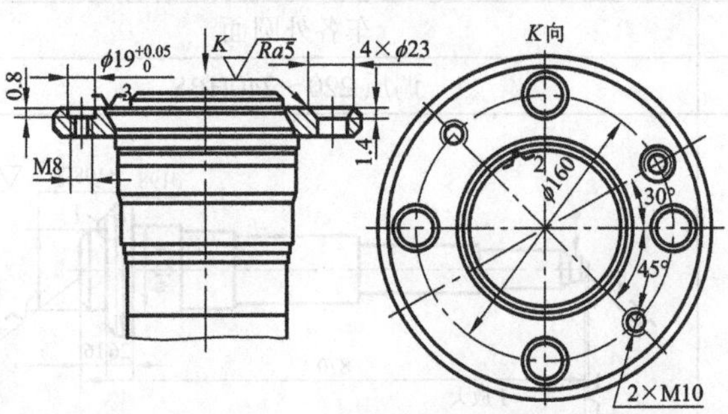	23050 钻床
14	热处理	高频感应加热淬火 ϕ 30g6、短锥及莫氏 6 号锥孔	
15	精车各外圆并 车槽	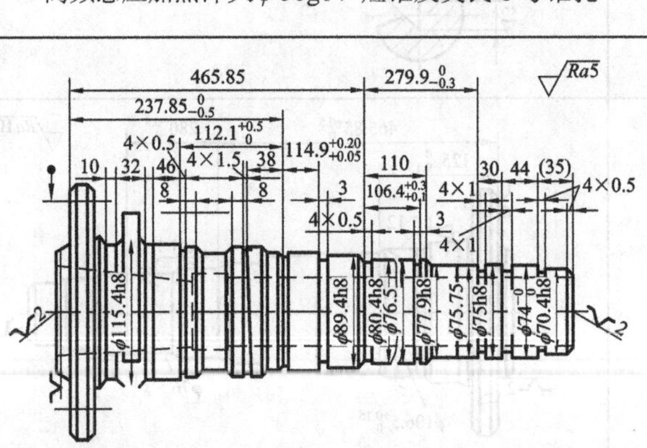	数控车 CK6163

续表二

序号	工序名称	工 序 简 图	加工设备
16	粗磨外圆	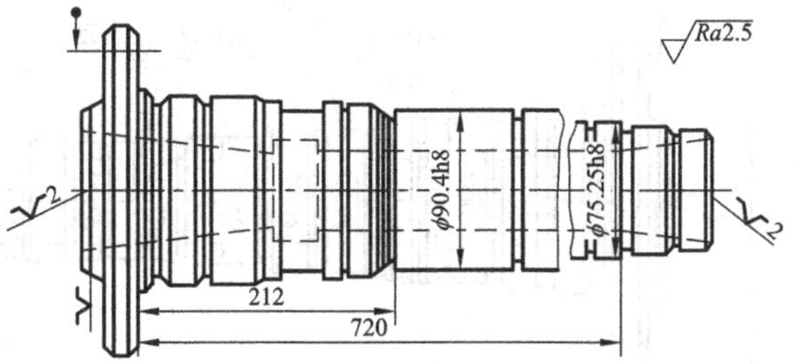	万能外圆磨床 M1432B
17	粗磨莫氏的锥孔	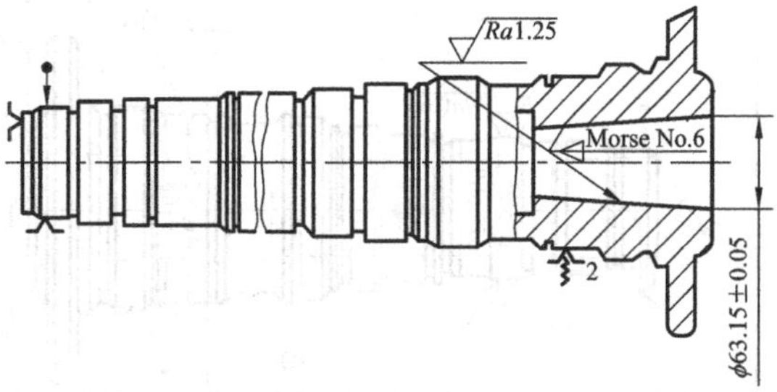	内圆磨床 M2120
18	粗、精铣花键	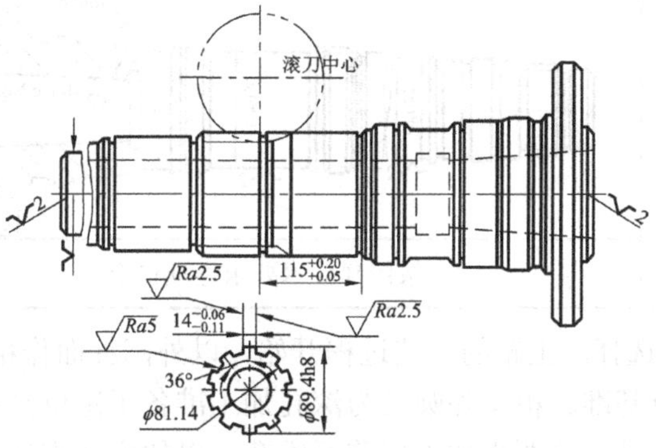	花键铣床 YB6016
19	铣键槽	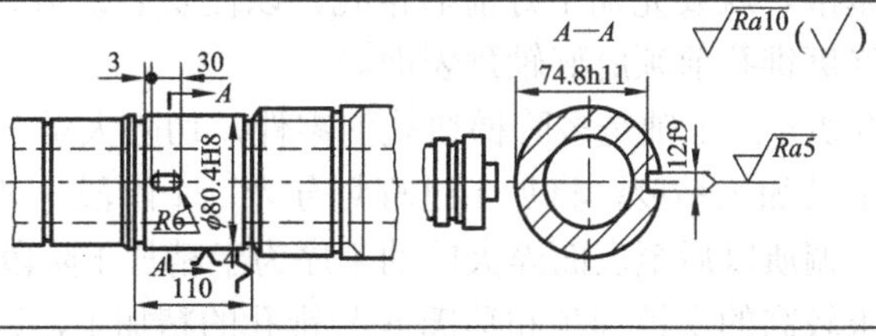	铣床 X5032
20	车大端内侧面及三处螺纹（配螺母）	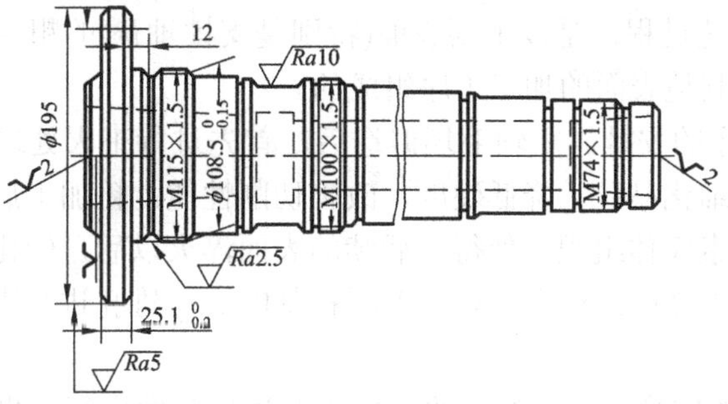	卧式车床 CA6140

续表三

序号	工序名称	工 序 简 图	加工设备
21	粗、精磨各外圆及 E、F 两端面	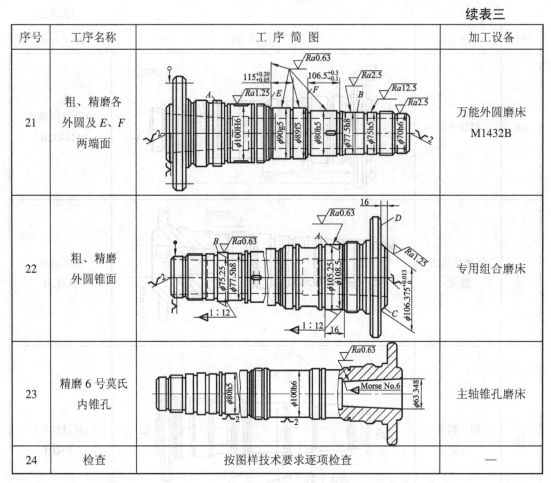	万能外圆磨床 M1432B
22	粗、精磨外圆锥面		专用组合磨床
23	精磨 6 号莫氏内锥孔		主轴锥孔磨床
24	检查	按图样技术要求逐项检查	—

(1) 定位基准的选择。主轴的工艺过程开始，以外圆柱面作粗基准铣端面，钻中心孔，为粗车外圆准备定位基准。粗车外圆又为深孔加工准备了定位基准，为了给半精加工和精加工外圆准备定位基准，就要先加工好前后锥孔，以便安装锥堵。由于支撑轴颈是磨锥孔的定位基准，所以终磨锥孔前须磨好轴颈表面。

(2) 加工阶段的划分。主轴是多阶梯通孔的零件，切除大量金属后会引起内应力重新分布而变形，为保证其加工精度，将加工过程划分为三个阶段。调质以前的工序为各主要表面的粗加工阶段，调质以后至表面淬火前的工序为半精加工阶段，表面淬火以后的工序，为精加工阶段。要求较高的支撑轴颈和莫氏 6 号锥孔的精加工，则放在最后进行。这样，整个主轴加工的工艺过程，是以主要表面(特别是支撑轴颈)的粗加工、半精加工和精加工为主线，适当穿插其他表面的加工工序组成的。

(3) 热处理工序的安排。主轴毛坯锻造后，首先进行正火处理，以消除锻造应力，改善金相组织结构，细化晶粒，降低硬度，改善切削性能。粗加工后，进行调质处理，以获得均匀细致的回火索氏体组织，使得在后续的表面淬火以后，硬化层致密且硬度由表面向中心降低。在精加工之前，对有关轴颈表面和莫氏 6 号锥孔进行表面淬火处理，以提高硬度和耐磨性。

(4) 加工顺序的安排。加工顺序的安排主要根据基面先行、先粗后精、先主后次的原则。主轴的加工顺序是：备料—正火—切端面和钻中心孔—粗车—调质—半精车—精车—表面淬火—粗、精磨外圆表面—磨内锥孔。其特点如下：

① 深孔加工安排在调质和粗车之后进行，以便有一个较精确的轴颈作定位基准面，保证壁厚均匀；

② 先加工大直径外圆，后加工小直径外圆，避免一开始就降低工件刚度；

③ 花键、键槽的加工放在精磨外圆之前进行，既保证了自身的尺寸要求，也避免了影响其他工序的加工质量；

④ 螺纹对支撑轴颈有一定的同轴度要求，安排在局部淬火之后进行加工，以避免淬火后的变形对其位置精度的影响。

(5) 主轴锥孔的磨削。主轴锥孔对主轴支撑轴颈的径向圆跳动，是机床的主要精度指标，因而锥孔的磨削是主轴加工的关键工序之一。磨削主轴内锥孔的专用夹具如图 6-1-22 所示，由底座、支架和浮动夹头三部分组成。

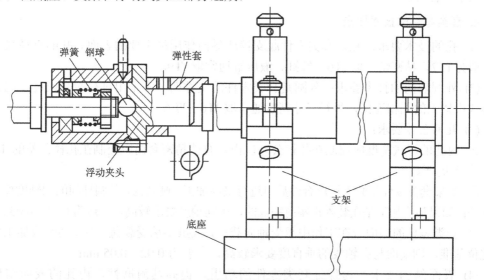

图 6-1-22　磨削主轴内锥孔的专用夹具

前后支架和底座固定在一起，前支架由带锥度的巴氏合金衬套支撑主轴工件前锥轴颈，后支架由镶有尼龙的顶块支撑工件。必须保证工件轴线与砂轮轴线等高，以免将锥孔母线磨成双曲线。浮动夹头的锥柄装在磨床主轴的锥孔内，工件尾端夹于卡头弹性套内，用弹簧把弹性套连同工件向左拉，并通过钢球压向镶有硬质合金的锥柄端面以限制工件的轴向窜动。这样，可以保证主轴支撑轴颈的定位精度不受磨床主轴回转误差的影响，也可减小磨床本身的振动对加工质量的影响。

6.2　套类零件的机械加工与品质检验技术基础

6.2.1　套类零件概述

1. 套类零件的功用与结构特点

套类零件应用范围很广，如支撑旋转轴及其轴承、夹具上引导刀具的导向套、内燃机

上的气缸套以及液压缸、车床尾座导向套等。套类零件通常起支撑或导向作用。图 6-2-1
为常见的套类零件示例。

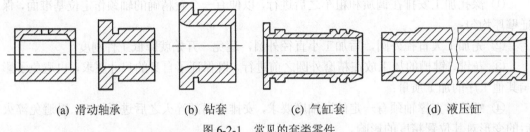

(a) 滑动轴承　　　　　(b) 钻套　　　　　(c) 气缸套　　　　　(d) 液压缸

图 6-2-1　常见的套类零件

由于功能、作用不同，因此套类零件的结构和尺寸有着很大的差别，但结构上仍有共
同特点：零件的主要表面为同轴度要求较高的内、外旋转表面，且壁薄易变形，零件长度
一般大于直径等。

2. 套类零件的技术要求

(1) 孔的技术要求：孔是套类零件起支撑或导向作用最主要的表面。孔的直径尺寸精
度一般为 IT7，精密轴套取 IT6；气缸、液压缸通常取 IT9。

(2) 外圆表面的技术要求：外圆是套类零件的支撑面。常采用过盈配合或过渡配合与
箱体或机架上的孔相连接，外径尺寸精度通常取 IT6～IT7。

(3) 几何公差要求：

① 内孔的形状精度应控制在孔径公差以内，有些精密套筒应控制在孔径公差的 1/2～
1/3，甚至更严。

② 如果套类零件是装入机座合件后再进行最终加工，则其内、外圆柱间的同轴度要求可
以低些；如果最终加工是在装入机座前完成的，则同轴度要求较高，一般为 0.01～0.05 mm。

③ 套类零件的端面若在工作中承受轴向载荷，或虽不承受载荷，但在装配或加工中作
为定位基准，则端面与孔轴线的垂直度要求较高，一般为 0.02～0.05 mm。

(4) 表面结构要求：为保证套类零件的功用，提高其耐磨性，内孔的表面结构为
$Ra0.16～2.5$ μm，要求高的表面结构为 $Ra0.04$ μm。外径的表面结构为 $Ra0.63～3.2$ μm。

3. 套类零件的材料与毛坯

套类零件一般用钢、铸铁、青铜或黄铜制成。有些滑动轴承采用双金属结构，以离心
铸造法在钢或铸铁套筒内壁上浇铸巴氏合金等轴承合金材料，既可节省贵重的有色金属，
又能提高轴承的寿命。对于一些强度和硬度要求较高的套类零件，可选用优质合金钢(如
38CrMoA1A，18CrNiWA)。

套类零件的毛坯选择与其材料、结构、尺寸及生产批量有关。孔径小的套类零件一般
选择热轧或冷拉棒料，也可采用实心铸件；孔径较大的套类零件常选择无缝钢管或带孔的
铸件和锻件。大批量生产时，采用冷挤压和粉末冶金等先进毛坯制造工艺。

6.2.2　套类零件的加工方法

套筒零件的主要加工表面是内孔和外圆。如何保证内孔加工精度和表面结构要求，以
及内孔和外圆表面之间相互位置精度是套筒零件加工的主要工艺问题，尤其是薄壁深孔的

加工，是套类零件加工中的关键技术。

　　套类零件的加工顺序一般有两种情况：第一种情况是把外圆作为终加工方案，这就是从外圆粗加工开始，然后粗、精加工内孔，最后终加工外圆。这种方案适用于外圆表面是最重要表面的套类零件加工。第二种情况是把内孔作为终加工方案，这就是从内孔粗加工开始，然后粗、精加工外圆，最后终加工内孔。这种方案适用于内孔表面是最重要表面的套类零件加工。

　　套类零件的外圆表面加工方法根据精度要求可选择车削和磨削。内孔表面的加工方法则比较复杂，选择时要考虑零件结构特点、孔径大小、长径比、表面结构和加工精度要求以及生产规模等各种因素。表 6-2-1 列出了各种内孔表面的加工基本方案，可供编制工艺时参考。

表 6-2-1　内孔表面加工方案

序号	加工方案	经济精度	表面结构 Ra 值/µm	适用范围
1	钻	IT12～IT11	12.5	加工未淬火钢及铸铁实心毛坯，也可加工有色金属，但表面结构稍粗糙，孔径小于 15～20 mm
2	钻—铰	IT9	3.2～1.6	
3	钻—铰—精铰	IT8～IT7	1.6～0.8	
4	钻—扩	IT11～IT10	12.5～6.3	同上，但孔径大于 15～20 mm
5	钻—扩—铰	IT9～IT8	3.2～1.6	
6	钻—扩—粗铰—精铰	IT7	1.6～0.8	
7	钻—扩—机铰—手铰	IT7～IT6	0.4～0.1	
8	钻—扩—拉	IT9～IT7	1.6～0.1	大批量生产(精度由拉刀精度决定
9	粗镗(或扩孔)	IT12～IT11	12.5～6.3	除淬火钢外的各种材料，毛坯有铸出孔或锻出孔
10	粗镗(粗扩)—半精镗(精扩)	IT9～IT8	3.2～1.6	
11	粗镗(扩)—半精镗(精扩)—精镗(铰)	IT8～IT7	1.6～0.8	
12	粗镗(扩)—半精镗(精扩)—精镗—浮动镗刀精镗	IT7～IT6	0.8～0.4	
13	粗镗(扩)—半精镗—磨孔	IT8～IT7	0.8～0.2	主要用于淬火钢，也可用于未淬火钢，但不宜用于有色金属
14	粗镗(扩)—半精镗—粗磨—精磨	IT7～IT6	0.2～0.1	
15	粗镗—半精镗—精镗—金刚镗	IT7～IT6	0.4～0.05	主要用于精度要求高的有色金属的加工
16	钻—(扩)—粗铰—精铰—研磨；钻—(扩)—拉—珩磨；粗镗—半精镗—精镗—珩磨	IT7～IT6	0.2～0.025	精度要求很高的孔
17	以研磨代替上述方案中珩磨	IT6 级以上		

1. 钻孔

　　钻孔最常用的刀具是麻花钻。用麻花钻钻孔属于粗加工，主要用于质量要求不高的孔的终加工，例如螺栓孔、油孔等，也可作为质量要求较高孔的预加工。麻花钻由工具厂专业生产，其常备规格为 $\phi 0.1 \sim \phi 80$ mm。

2. 扩孔

扩孔是用扩孔钻对工件上已钻出、铸出或锻出的孔进行扩大加工。扩孔可在一定程度上校正原孔轴线的偏斜，扩孔属于半精加工。扩孔常用作铰孔前的预加工，对于质量要求不高的孔，扩孔也可作孔加工的最终工序。

3. 铰孔

用铰刀从被加工孔的孔壁上切除微量金属，使孔的精度和表面质量得到提高的加工方法，称为铰孔。铰孔是应用较普遍的对中、小直径孔进行精加工的方法之一，它是在扩孔或半精镗孔的基础上进行的。根据铰刀的结构不同，铰孔可加工圆柱孔、圆锥孔；可手工操作，也可在机床上进行。

4. 镗孔

镗孔是用镗刀在已加工孔的工件上使孔径扩大并达到精度和表面结构要求的加工方法。镗孔是常用的孔加工方法之一，根据工件的尺寸形状、技术要求及生产批量的不同，镗孔可以在镗床、车床、铣床、数控机床和组合机床上进行。一般回旋体零件上的孔，多用车床加工；而箱体类零件上的孔或孔系(即要求相互平行或垂直的若干孔)，则可以在镗床上加工。

镗孔不但能校正原有孔轴线偏斜，而且能保证孔的位置精度，所以镗削加工适用于加工机座、箱体、支架等外形复杂的大型零件上的孔径较大、尺寸精度要求较高、有位置要求的孔和孔系。

5. 拉削加工

在拉床上用拉刀加工工件的工艺过程，称为拉削加工。拉削工艺范围广，不但可以加工各种形状的通孔，还可以拉削平面及各种组合成形表面。由于受拉刀制造工艺以及拉床动力的限制，过小或过大尺寸的孔均不适宜拉削加工(拉削孔径一般为 $10 \sim 100$ mm，孔的深径比一般不超过 5)，盲孔、台阶孔和薄壁孔也不适宜拉削加工。

6. 磨削加工

内孔表面的磨削可以在内圆磨床上进行，也可以在万能外圆磨床上进行。内圆磨床的主要类型有普通内圆磨床、无心内圆磨床和行星内圆磨床。不同类型的内圆磨床其磨削方法是不相同的。

1) 普通内圆磨床的磨削方法

普通内圆磨床是生产中应用最广的一种，磨削时，根据工件的形状和尺寸不同，可采用不同的磨削方法，参见表 6-2-2。

2) 无心内圆磨床磨削

图 6-2-2 所示为无心内圆磨床的磨削方法。磨削时，工件支撑在滚轮和导轮上，压紧轮使工件紧靠在导轮上，工件即由导轮带动旋转，实现圆周进给运动 f_w。砂轮除了完成主运动 n_s 外，还作纵向进给运动 f_a 和周期性横向进给运动 f_r。加工结束时，压紧轮沿箭头 A 方向摆开，以便装

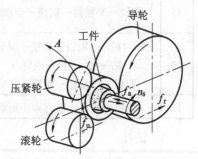

图 6-2-2　无心内圆磨床的磨削方法

卸工件。这种磨削方法适用于外圆表面已精加工的薄壁工件的大批量生产，如轴承套等。

表 6-2-2　普通内圆磨床的磨削方法

序号	磨削方法	切削运动	加工示意图	应用场合
1	纵磨法	主运动 n_s：砂轮的高速旋转运动； 进给运动：工件旋转 f_w，砂轮或工件沿其轴线往复作纵向进给运动 f_a，在每次(或几次)往复行程后，工件沿其径向作一次横向进给运动 f_r	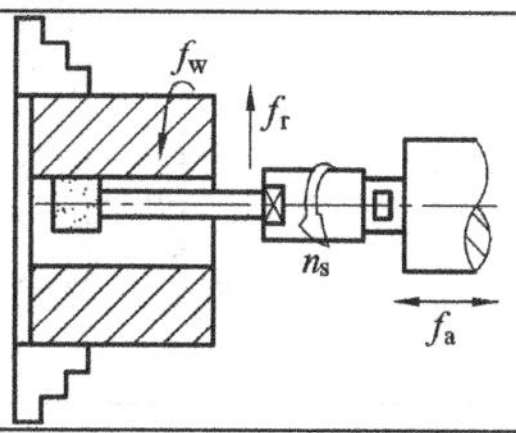	适用于形状规则、便于旋转的工件
2	横磨法	主运动 n_s：砂轮的高速旋转运动； 进给运动：工件旋转 f_w，在每次(或几次)往复行程后，工件沿其径向作一次横向进给运动 f_r	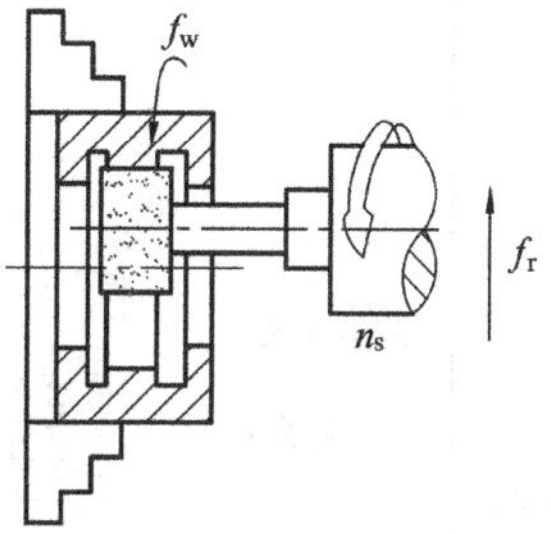	适用于磨削带有沟槽表面的孔

6.2.3　套类零件的品质检验

1. 孔径的检测

测量孔径尺寸时，应根据工件的尺寸、数量及精度要求，使用相应的量具进行。如果孔的精度要求较低，可用钢直尺、游标卡尺测量。精度要求较高时，常用的几种测量量具参见表 6-2-3。

表 6-2-3　精度要求较高的孔径的常用测量量具

序号	量具名称	量具示意图	使用说明
1	塞规	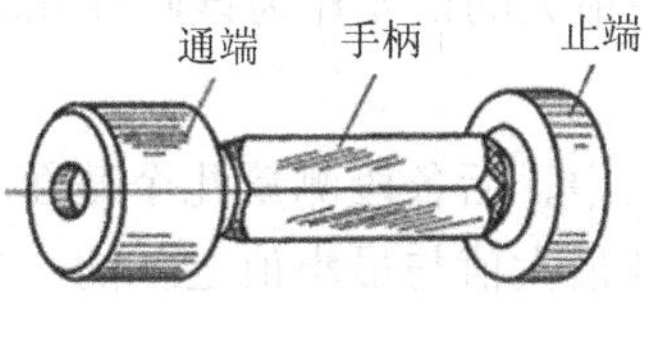 通端　手柄　止端	① 成批生产中用； ② 测量时，如通端通过，而止端不能通过，说明尺寸合格； ③ 测量盲孔的塞规应在其外圆上沿轴向开有排气槽； ④ 塞规与被测工件的温度应尽量一致；塞规轴线应与孔轴线一致，不可歪斜； ⑤ 测量内孔时，不可硬塞强行使之通过，一般只能靠塞规自身重力自由通过
2	内径千分尺	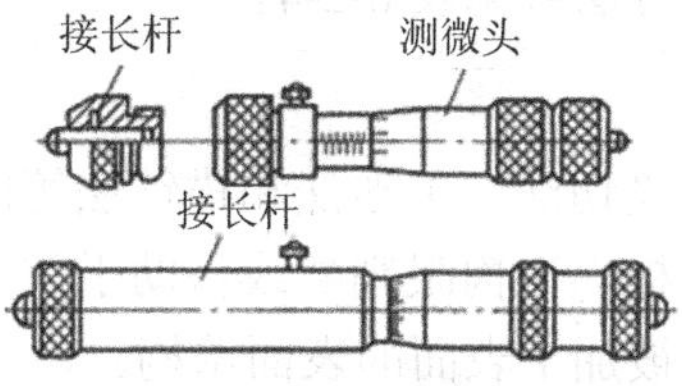 接长杆　测微头　接长杆	① 内径千分尺的读数方法和外径千分尺相同； ② 测量时，内径千分尺应在孔内轻微摆动，在直径方向找出最大尺寸，在轴向找出最小尺寸，当这两个尺寸重合时，就是孔的实际尺寸

序号	量具名称	量具示意图	使用说明
3	内测千分尺	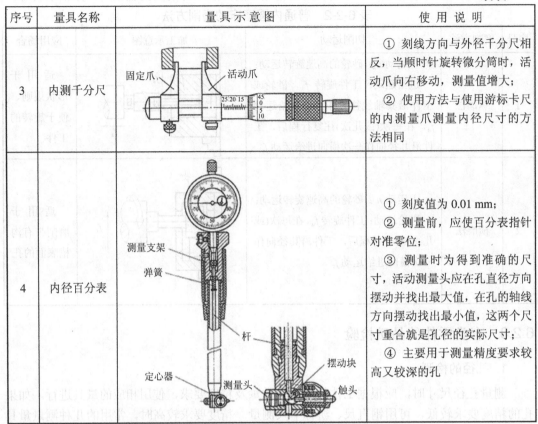	① 刻线方向与外径千分尺相反,当顺时针旋转微分筒时,活动爪向右移动,测量值增大; ② 使用方法与使用游标卡尺的内测量爪测量内径尺寸的方法相同
4	内径百分表		① 刻度值为 0.01 mm; ② 测量前,应使百分表指针对准零位; ③ 测量时为得到准确的尺寸,活动测量头应在孔直径方向摆动并找出最大值,在孔的轴线方向摆动找出最小值,这两个尺寸重合就是孔径的实际尺寸; ④ 主要用于测量精度要求较高又较深的孔

2. 形状精度的检测

1) 孔的圆度误差测量

一般用内径百分表或内径千分表测量孔的圆度误差。测量前应根据被测孔的尺寸值,借助环规或外径千分尺将内径百分表调到零位,然后将测量头放入孔内,在孔的各个方向上测量并读数,那么在测量截面内读取的最大值与最小值之差的一半即为单个截面的圆度误差。按上述方法测量若干个截面,取其中最大的误差作为该圆柱孔的圆度误差。

2) 孔的圆柱度误差测量

可用内径百分表在孔的全长上,取前、中、后各段测量几个截面的孔径尺寸。比较各个截面测量出的最大值与最小值,然后取其最大值与最小值之差的一半即为孔全长的圆柱度误差。

3. 位置精度的检测

套类零件的位置精度检测项目及检测方法参见表 6-2-4。

4. 表面结构的检测

表面结构常用的测量方法有比较法、光切法、干涉法和描针法等四种。比较法是车间常用的方法,将被测表面对照表面结构样板,用肉眼判断或借助于放大镜、比较显微镜比较,也可用手摸,指甲划动的感觉来判断被加工表面的表面结构。

表 6-2-4　套类零件的位置精度检测

序号	检测项目	检 测 示 意 图	操 作 说 明
1	径向圆跳动	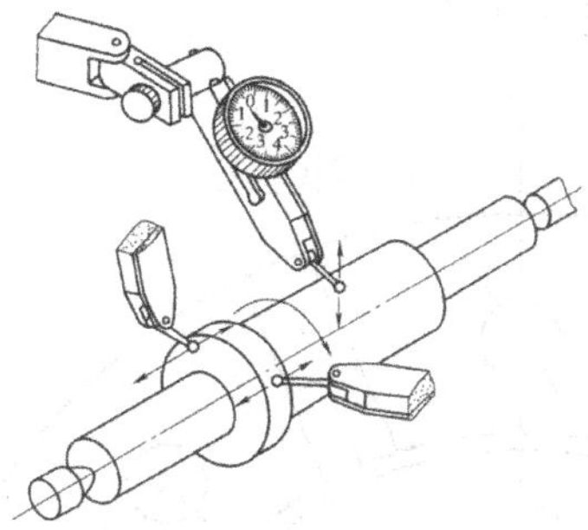	① 用内孔作为基准，把工件套在精度很高的心轴上，再将心轴安装在偏摆仪的两顶尖间； ② 用百分表检验套的外圆，百分表在工件转动一周所得的读数差，即为该截面的圆跳动误差，取各截面上测量得到的最大差值，就为该工件的径向圆跳动误差
		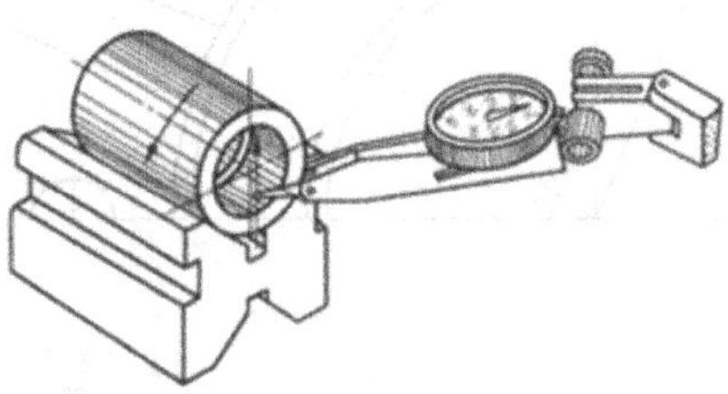	① 不能装夹在心轴上测量径向圆跳动的套类零件，可把工件放在 V 形架上轴向定位，以外圆为基准来检验； ② 测量时，用杠杆式百分表的测杆插入孔内，使测杆圆头接触内孔表面，转动工件。百分表在工件旋转一周中的最大读数差，就是工件的径向圆跳动误差
2	端面圆跳动	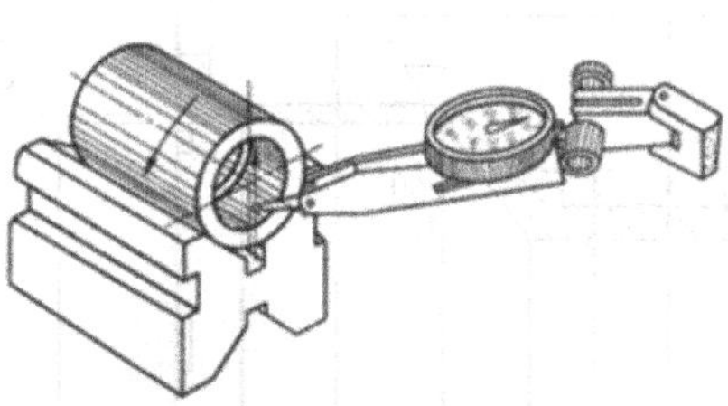	① 把工件放在 V 形架上轴向定位，以外圆为基准来检验； ② 将杠杆百分表的测量头靠在需测量的端面上，工件转动一周，百分表的最大读数差即为测量面上被测直径处的端面圆跳动。按上述方法在若干个不同直径处进行测量，其跳动量的最大值即为该工件的端面圆跳动误差
3	端面对轴线垂直度	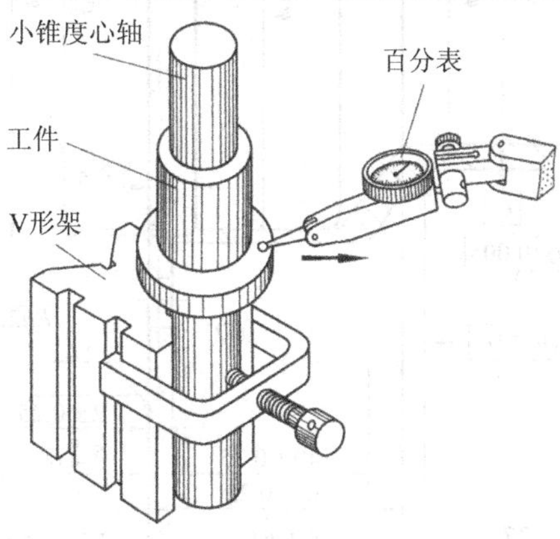 小锥度心轴　百分表　工件　V形架	① 首先要测量端面圆跳动是否合格，如合格，再测量端面对轴线的垂直度； ② 对于精度要求较低的工件可用刀口直角尺或游标卡尺尺身侧面透光检查； ③ 对精度要求较高的工件，当端面圆跳动合格后，再把工件安装在 V 形架的小锥度心轴上，并放在精度很高的平板上。测量时，将杠杆式百分表的测量头从端面的最内一点沿径向向外拉出，百分表指示的读数差就是端面对内孔轴线的垂直度误差

6.2.4　套类零件工艺编制实例——发动机轴套的加工工艺分析

套类零件由于其功用、结构形状、材料、热处理及加工质量要求不同，其加工工艺差别很大。对于简单的套类零件，通常可在一次装夹中完成各表面的加工，工艺较为简单，精度容易保证。而复杂的套类零件加工较复杂，图 6-2-3 所示为某发动机轴套简图，现以其加工为例，说明套类零件在生产中的加工工艺。

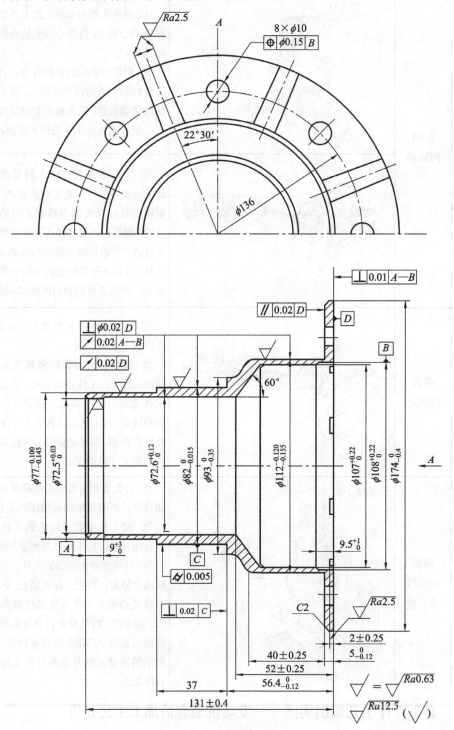

图 6-2-3　发动机轴套

1. 轴套的主要技术要求分析

该轴套在中温(300℃)和高速(约 10 000～15 000 r/min)下工作，轴套的内圆柱面 A、B 及端面 D 和轴配合，表面 C 及其端面和轴承配合，轴套内腔及端面 D 上的八个槽是冷却空气的通道，八个 $\phi10$ 的孔用以通过螺钉和轴连接。

轴套从构形来看，各个表面并不复杂，但从零件的整体结构来看，则是一个刚度很低的薄壁件，最小壁厚为 2 mm。

从精度方面来看，主要工作表面的精度是 IT5～IT8，C 的圆柱度为 0.005 mm，工作表面的表面结构为 $Ra0.63\ \mu m$，非配合表面的表面结构为 $Ra1.25\ \mu m$。位置精度，如平行度、垂直度、圆跳动等，均在 0.01～0.02 mm 范围内。

2. 轴套加工工艺过程分析

该轴套成批生产条件下的加工工艺过程参见表 6-2-5。

表 6-2-5　轴套的加工工艺过程

工序号	工序名称	工序名称	加 工 简 图	设备
1	锻造	毛坯锻造	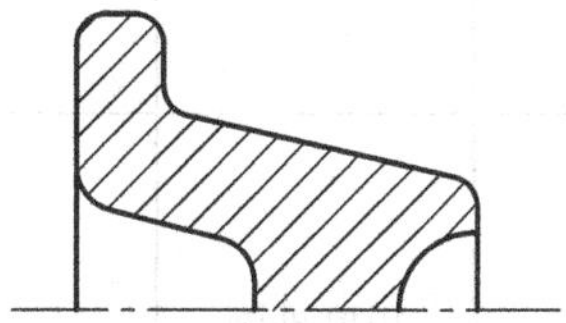	锻造机床
2	车	粗车小端	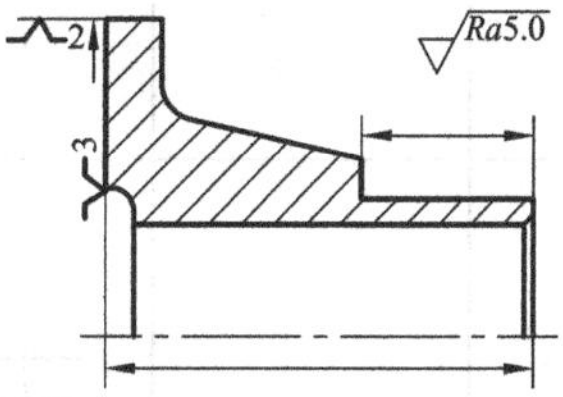	车床
3	车	粗车大端及内孔	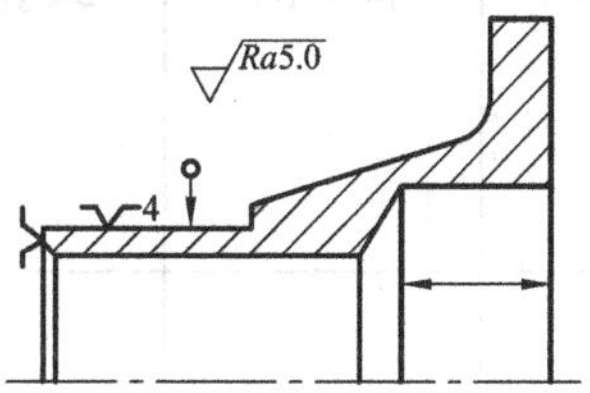	车床
4	车	粗车外圆	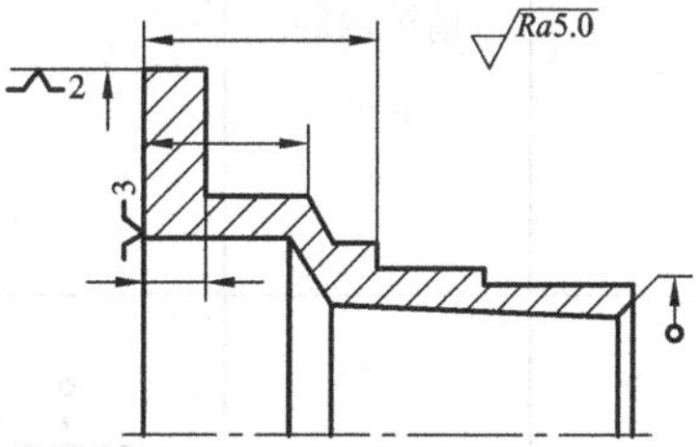	车床
5	检测	中间检测		
6	热处理	285～321 HBS		

工序号	工序名称	工序名称	加 工 简 图	设备
7	车	精车大端及外圆、内腔	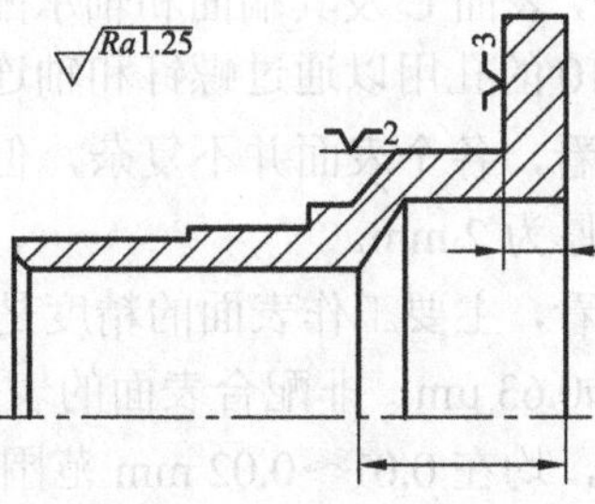	
8	车	精车外圆	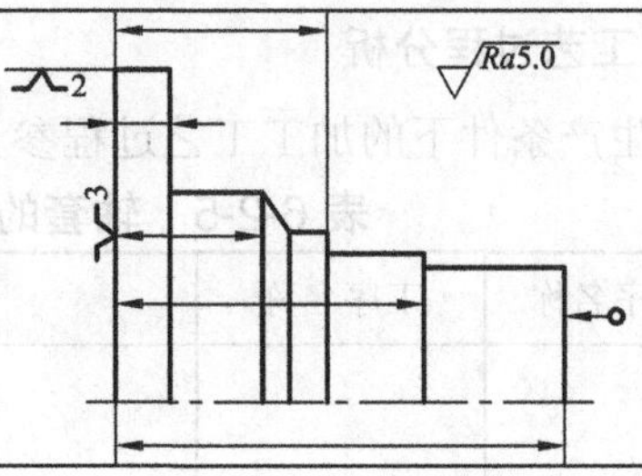	车床
9	磨	粗磨外圆	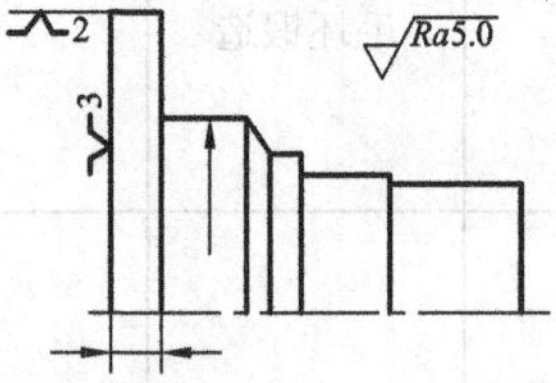	磨床
10	钻孔	钻 $8 \times \phi10$	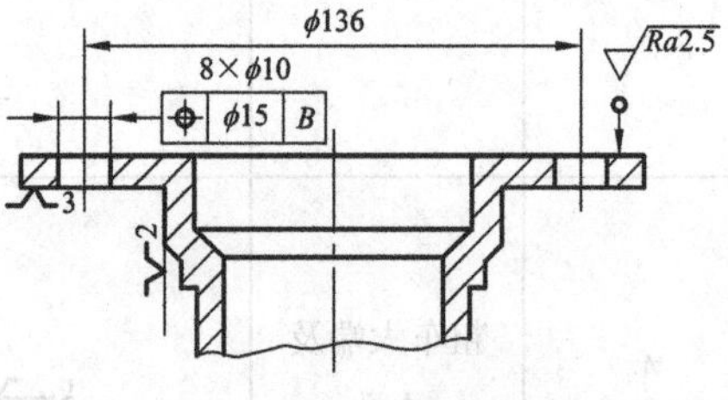	钻床
11	镗	精镗内腔表面	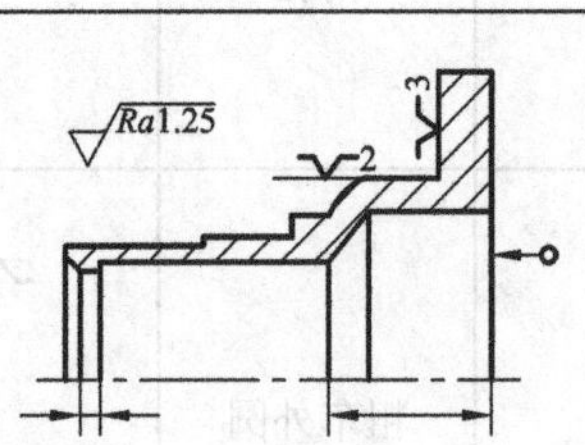	镗床
12	铣	铣槽	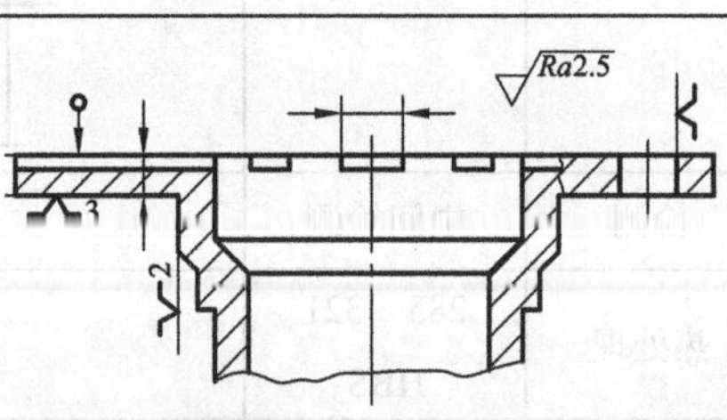	铣床

续表二

工序号	工序名称	工序名称	加 工 简 图	设备
13	磨	精磨内孔及端面	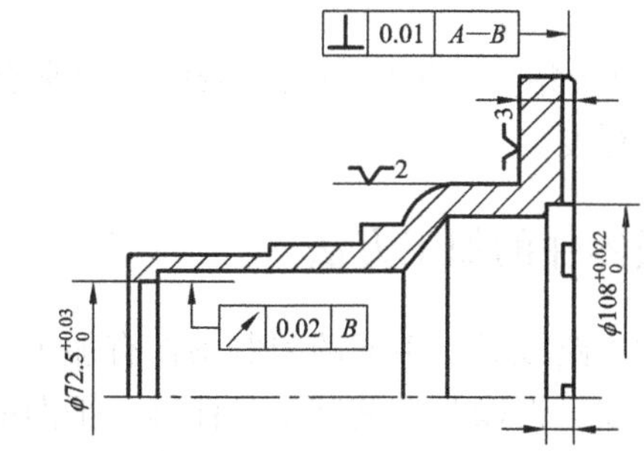	磨床
14	磨	精磨外圆	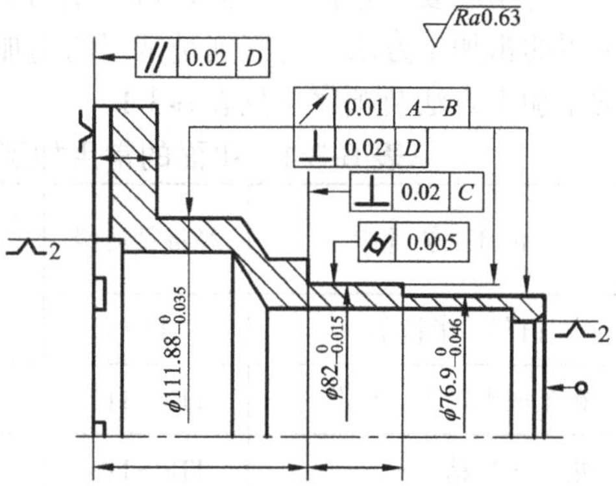	磨床
15	质检	磁力探伤		
16	终检			
17	氧化	表面处理		
注：简图中的"⅄"符号表示所指定的定位基准。				

　　该轴套是一个薄壁件，刚性很差，同时，主要表面的精度高，加工余量较大。因此，轴套在加工时需划分成三个阶段加工，以保证低刚度时的高精度要求。工序 2～4 是粗加工阶段，工序 7～12 是半精加工阶段，工序 13 以后是精加工阶段。

6.3　平面类零件的机械加工与品质检验技术基础

6.3.1　平面类零件概述

1. 功能与特点

　　平面类零件是指加工面平行或垂直于水平面，以及加工面与水平面的夹角为一定值的零件。平面是基础类零件(如箱体、工作台、床身及支架等)的主要表面，也是回转休零件的重要表面之一(如端面、台阶面等)。根据平面所起的作用不同，其可以分为非结合面、结合面、导向面、测量工具的工作平面等。

2. 技术要求

(1) 平面的形状精度。平面的形状精度主要是指平面度，有的平面还有母线直线度的精度要求。

(2) 平面的位置精度。平面与其他表面之间常有位置关系的要求，平面的位置精度主要是垂直度和平行度。

6.3.2　平面类零件的加工方法

选择平面加工路线时，主要的限制条件有加工平面的表面结构要求、形位精度要求、工件材料的切削加工性以及工艺装备条件等。平面的加工方法主要有车削、铣削、刨削、拉削和磨削等。对精度要求很高的平面，可用刮研、研磨等方法进行光整加工。其中，铣削与刨削是常用的粗加工方法，而磨削是常用的精加工方法。

平面的常用加工方法及顺序参见表 6-3-1。

表 6-3-1　平面的常用加工方法及顺序

序号	加 工 方 案	经济精度级	表面结构 Ra 值 /μm	适 用 范 围
1	粗车—半精车	IT9	6.3～3.2	回转体零件的端面
2	粗车—半精车—精车	IT8～IT7	1.6～0.8	
3	粗车—半精车—磨削	IT8～IT6	0.8～0.2	
4	粗刨(或粗铣)—精刨(或精铣)	IT10～IT8	6.3～1.6	精度不太高的不淬火硬表面
5	粗刨(或粗铣)—精刨(或精铣)—刮研	IT7～IT6	0.8～0.1	精度要求较高的不淬火硬表面
6	粗刨(或粗铣)—精刨(或精铣)—磨削	IT7	0.8～0.2	精度要求较高的淬硬或不淬硬平面
7	粗刨(或粗铣)—精刨(或精铣)—粗磨—精磨	IT7～IT6	0.4～0.02	
8	粗铣—拉	IT9～IT7	0.8～0.2	大量生产，较小平面(加工精度与拉刀精度有关)
9	粗铣—精铣—精磨—研磨	IT5 以上	0.1～0.06	高精度平面

1. 平面铣削加工

平面是铣削加工的主要对象。用圆柱铣刀加工平面的方法叫周铣法；用面铣刀加工平面的方法叫端铣法。加工时，这两种铣削方法又形成了不同的铣削方式。在选择铣削方法时，要充分注意它们各自的特点，选取合理的铣削方式，以保证加工质量及提高生产率。具体参见表 6-3-2。

表 6-3-2　平面的铣削方式

序号	铣削方法	铣削方式	铣削示意图	主 要 特 点
1	周铣法	逆铣	主运动方向　n_0　F_c　F_{cn}　F_f　F_{ct}　进给运动方向　v_f　k　a	① 铣刀主运动方向与进给运动方向之间的夹角为锐角。 ② 刀齿切削厚度由零逐渐增大，切削力由零逐渐增大，避免了刀齿因冲击而破损。但刀齿切入工件前，都要先在工件已加工表面上滑行一段距离，加剧磨损，使刀具使用寿命降低，且使工件表面质量变差。 ③ 铣削过程中，铣刀对工件上抬的分力 F_{cn} 影响工件夹持的稳定性
2		顺铣	n_0　F_{ct}　进给运动方向　F_f　a　F_{cn}　k　v_f　F_c　主运动方向	① 铣刀主运动方向与进给运动方向之间的夹角为钝角。 ② 刀齿切削厚度从最大开始，因而避免了挤压、滑行现象，提高了铣刀的使用寿命和加工表面质量。 ③ 铣刀工作刀刃对工件的垂直方向的铣削分力 F_{cn} 始终压向工件，工件夹持稳定。 ④ 渐变的水平分力 F_{ct} 与工件进给运动方向相同，会引起工作台窜动。因而，铣床纵向工作台的丝杆螺母有消除间隙装置，采用顺铣是适宜的，否则，最好采用逆铣
3	端铣法	对称铣	n_0　$\frac{a_{sp}}{2}$　a_{sp}	面铣刀安装在与工件对称的位置上，即面铣刀中心线在铣削接触弧深度的对称位置上，切入的切削层与切出的切削层对称，平均的公称切削厚度较大。即使每齿进给量 f_z 较小，也可使刀齿在工件表面的硬化层下工作。因此，常用于铣削淬硬钢或精铣机床导轨，工件表面粗糙度均匀，刀具寿命较高
4		不对称逆铣	n_0　$\frac{a_{sp}}{2}$　a_{sp}	这种铣削方式在切入时公称切削厚度最小，切出时公称切削厚度较大。由于切入时的公称切削厚度小，可减小冲击力而使切削平稳，并可获得最小的表面结构，如精铣45钢，Ra 值比不对称顺铣小一半。用于加工碳素结构钢、合金结构钢和铸铁，可提高刀具寿命 $1\sim3$ 倍；铣削高强度低合金钢(如16Mn)可提高刀具寿命1倍以上
5		不对称顺铣	$\frac{a_{sp}}{2}$　n_0　a_{sp}	面铣刀从较大的公称切削厚度处切入，从较小的公称切削厚度处切出，切削层对刀齿压力逐渐减小，金属粘刀量小，在铣削塑性大，冷硬现象严重的不锈钢和耐热钢时，可较显著地提高刀具寿命

2. 平面刨削加工

刨削是最普遍的平面加工方法。它的主运动为刀具或工件的直线往复运动，进给运动是由工件或刀具完成的间歇性的与主运动方向垂直的直线运动。刨削加工的典型表面如图 6-3-1 所示。

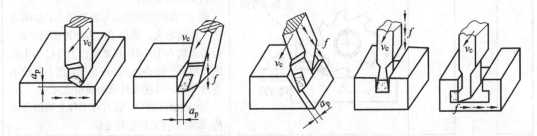

图 6-3-1　刨削加工的典型表面

刨削所用的机床和刀具结构较简单，通用性较好，适应性强。在加工一些中小型零件上的槽时(如 V 形槽、T 形槽、燕尾槽)，刨削有其突出的优点。刨削的加工精度一般可达 IT8～IT7，表面结构可控制在 $Ra6.3\sim1.6\ \mu m$，且刨削加工可保证一定的相互位置精度。当在龙门刨床上采用较大的进给量进行平面的宽刀精刨时，平面度公差可达 0.02 mm/1000 mm，表面结构可控制在 $Ra1.6\sim0.8\ \mu m$。

由于刨削回程不进行切削，加工不是连续进行的，冲击较严重；另刨削时常用单刃刨刀切削，刨削用量也较低，故刨削加工生产率较低，一般仅用于单件小批生产(在批量生产中常被铣削、拉削和磨削所取代)。但在龙门刨床上加工狭长平面时，可进行多件或多刀加工，生产率有所提高。

3. 平面磨削加工

表面质量要求较高的各种平面的半精加工和精加工，常采用平面磨削方法。平面磨削常用的机床是平面磨床，砂轮的工作表面可以是圆周表面，也可以是端面。用砂轮周边磨削，砂轮与工件接触面积小，发热量小，冷却和排屑条件好，可获得较高的加工精度和较小的表面结构值，但生产率较低。用砂轮的端面磨削，因砂轮与工件的接触面积大，磨削力增大，发热量增加，而冷却、排屑条件差，加工精度及表面质量低于周边磨削方式，但生产率较高。

当采用砂轮周边磨削方式时，磨床主轴按卧式布局；当采用砂轮端面磨削方式时，磨床主轴按立式布局。平面磨削时，工件可安装在作往复直线运动的矩形工作台上，也可安装在作圆周运动的圆形工作台上。按主轴布局及工作台形状的组合，平面磨床可分为四类：卧轴矩台式、立轴矩台式、立轴圆台式和卧轴圆台式，其加工方式、砂轮和工作台的布置及运动分别的对应如图 6-3-2 所示。图中砂轮旋转为主运动 n_o，矩台的直线往复运动或圆台的回转运动为纵向进给运动 f_w，用砂轮的周边磨削时，通常砂轮的宽度小于工件的宽度，所以，卧式主轴平面磨床还需要横向进给运动 f_o，且 f_o 是周期性运动的。

4. 平面的光整加工

光整加工是继精加工之后的工序，可使零件获得较高的精度和较细的表面结构。

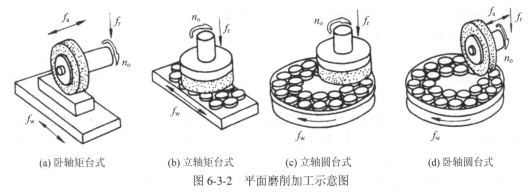

(a) 卧轴矩台式　　　(b) 立轴矩台式　　　(c) 立轴圆台式　　　(d) 卧轴圆台式

图 6-3-2　平面磨削加工示意图

1) 刮削

经过预先精刨或精铣加工后的平面，利用刮刀刮除其表面薄层的加工方法称为刮削。刮削表面质量是用单位面积上接触点的数目来评定的。刮削表面接触点的吻合度，通常用红油粉涂色作显示，以标准平板、研具或配研的零件来检验。

刮削平面可使两个平面之间达到良好接触和紧密吻合，能获得较高的形状精度，成为具有润滑油膜的滑动面，可以减少相对运动表面间的磨损和增强零件接合面间的刚度，可靠地提高设备或机床的精度。

刮削的最大优点是不需要特殊设备和复杂的工具，却能达到很高的精度和很细的表面结构，且能加工很大的平面。但生产效率很低、劳动强度大、对操作者的技术要求高，目前多采用机动刮削方法来代替繁重的手工操作。

2) 研磨

研磨平面的工艺特点和研磨外圆相似，也分为手工研磨和机械研磨。研磨后尺寸精度可达 IT5 级，表面结构 Ra 值可达 0.1～0.006 μm。手工研磨平面必须有准确的研磨板，合适的研磨剂，并需要有正确的操作技术，且生产效率较低。机械研磨适用于加工中小型工件的平行平面，其加工精度和表面结构由研磨设备来控制。机械研磨的加工质量和生产率比较高，常用于大批大量生产。

6.3.3　平面类零件的品质检验

1. 用平面度检查仪检测直线度误差

为了控制机床、仪器的导轨、底座、工作台面等平面的直线度误差，常在给定平面(垂直平面或水平平面)内进行检测，常用的测量器具有各种精密的水平仪。由于被测表面存在直线度误差，测量器具置于不同的被测部位上时，其倾斜角将发生变化，若节距(相邻两点的距离)一经确定，这个微小倾角与被测两点的高度差就有明确的函数关系，通过逐个节距的测量，得出每一变化的倾斜度，经过作图或计算，即可求出被测表面的直线度误差位值。

框式水平仪是水平测量仪中较简单的一种，其外形如图 6-3-3 所示，由主要读数用的主水准器、定位用的横向水准器、

图 6-3-3　框式水平仪

作测量基面的枢式金属主体、盖板和调零装置等组成。

框式水平仪的使用方法如下:

(1) 将被测件固定定位。

(2) 根据水平仪工作长度在被测件整个长度上均匀布点,将水平仪放在桥板上,按标记将水平仪首尾相接进行移动,逐段进行测量。

(3) 测量时,后一点相对于前点的读数差就会引起气泡的相应位移,由水准器刻度观其读数(后一点相对于前一点位置升高为正,反之为负)。正方向测量完后,用相同的方法反方向再测量一次,将读数填入实验报告中。

(4) 将两次测量结果的平均值累加,用累积值作图,按最小区域包容法求出直线度误差值。

(5) 将计算结果与公差值比较,作出合格性结论。

2. 用千分表检测平面度误差

常见的平面度检测方法有用千分表测量平面度、用光学平晶干涉法测量平面度、用水平仪测量平面度、用自准直仪测量平面度,无论用哪种方法测得的平面度数值,都应进行数据处理,然后按一定的评定准则处理结果。

1) 平面度误差的测量原理

平面度误差的测量是根据与理想要素相比较的原则进行的。用标准平板作为模拟基准,利用指示表和指示表架测量被测平板的平面度误差,如图 6-3-4 所示。

测量时,将被测工件支撑在基准平板上,基准平板的工作面作为测量基准,在被测工件表面按一定的方式布点,通常采用的是米字形布线方式。用指示表对被测表面上各点逐行测量并记录所测数据,然后按一定的方法评定其误差值。

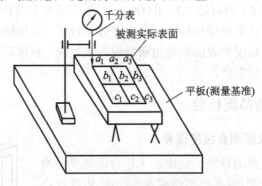

图 6-3-4　平面度误差的测量原理示意图

2) 平面度误差的评定方法

最小包容区域法:由两平行平面包容实际被测要素时,实现至少四点或三点接触,且具有下列接触形式之一者,即为最小包容区域,其平面度误差值最小。最小包容区域的判别方法参见表 6-3-3。

平面度误差值用最小区域法评定,结果数值最小,且唯一,并符合平面度误差的定义。但在实际工作中需要多次选点计算才能获得,因此它主要用于工艺分析和发生争议时的仲裁。

表 6-3-3　最小包容区域的判别方法

序号	接触形式示意图	判　别　说　明
1	○—最高点；□—最低点	两平行平面包容被测表面时，被测表面上有 3 个最高点(或 3 个最低点)及 1 个最低点(或 1 个最高点)分别与两包容平面接触，并且最高点(或最低点)能投影到 3 个最低点(或 3 个最高点)之间，则这两个平行平面符合最小包容区原则
2	○—最高点；□—最低点	两平行平面包容被测表面时，被测表面上有 2 个最高点和 2 个最低点分别与两个平行的包容面相接触，并且 2 个最高点投影位于 2 个低点连线之两侧，则两个平行平面符合平面度最小包容区原则
3	○—最高点；□—最低点	两平行平面包容被测表面时，被测表面的同一截面内有 2 个最高点及 1 个低点(或 2 个最低点及 1 个最高点)分别和两个平行的包容面相接触，则该两平行平面符合平面度最小包容区原则

　　3) 平面度误差的近似评定方法

　　在满足零件使用功能的前提下，也可用近似方法来评定平面度误差。常用的方法有三角形法和对角线法。

　　(1) 三角形法。三角形法是以通过被测表面上相距最远且不在一条直线上的三个点建立一个基准平面，各测点对此平面的偏差中最大值与最小值的绝对值之和为平面度误差。实测时，可以在被测表面上找到三个等高点，并且调到零。在被测表面上按布点测量，与三角形基准平面相距最远的最高和最低点间的距离为平面度误差值。三角形法评定结果受选点的影响，结果不唯一，一般用于低精度的工件。

　　(2) 对角线法。先分别将被测平面的两对角线调整为与测量平板等高，然后在被测表面上均匀取 9 点用百分表采集数据，则最高点读数值减去最低点读数值为其平面度误差。对角线法选点确定，结果唯一，计算出的数值虽稍大于定义值，但相差不多，且能满足使用要求，故应用较广。

6.3.4　平面类零件工艺编制实例——普通车床床身加工工艺分析

　　普通车床的床身是一种比较典型的机体类零件，它具有比较复杂的结构和高精度的导轨表面，加工工艺也比较复杂。下面结合图 6-3-5 所示的普通车床床身的加工工艺(见表 6-3-4)简述这类零件加工中的几个关键问题。

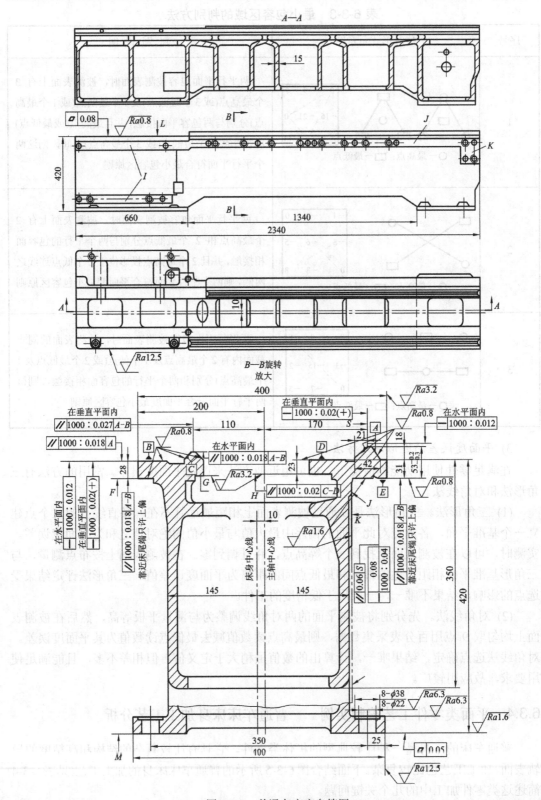

图 6-3-5　普通车床床身简图

表 6-3-4　普通车床床身加工工艺过程

工序号	工序名称	工 序 内 容	定位基准与设备
1	铣	粗铣底面及工艺侧面	平导轨面，龙门铣床
2	铣	粗铣导轨面	底面及侧面，龙门刨床
3	时效	自然时效 12 h	
4	刨	半精刨底面	平导轨面，龙门刨床
5	铣	半精铣导轨面	底面及侧面，龙门刨床
6	时效	自然时效 12 h	
7	刨	刨空刀槽及倒角	底面及侧面，龙门刨床
8	铣	铣端面、钻孔、攻螺纹	底面及侧面，专用机床
9	钳修		
10	热处理	导轨面淬火	专用淬火机
11	时效	自然时效 12 h	
12	刨	精刨底面	平导轨面，龙门刨床
13	刨	精刨下滑面	底面及侧面，龙门刨床
14	钻	钻所有的孔及攻螺纹	底面及侧面，摇臂钻床
15	钳	钳修加工面及各孔锐边毛刺	
16	喷漆		
17	磨	磨导轨面	底面及侧面，组合导轨磨床
18	磨	磨下滑面	底面及侧面，导轨磨床

1. 加工阶段的划分

普通车床床身结构的显著特点是刚性差，易于变形，但导轨加工精度要求高，所以床身加工的整个工艺过程划分为粗加工、半精加工和精加工三个阶段。在粗加工阶段中，一般以导轨面安装，按划线找正加工底面；然后再翻转，以底面为定位基面，并配以必要的水平面内的找正，加工导轨面及其他一些重要表面。当批量不大时，在粗加工阶段，也可采用先加工导轨表面，然后再加工底面的工艺顺序。

2. 时效处理

床身结构比较复杂，铸造时因各部分冷却速度不一致，会引起收缩不均匀而产生内应力。床身全部冷却后内应力处于暂时平衡状态。当切削加工时，从毛坯表面切去一层金属后，使得内应力重新分布，使床身变形。内应力是造成零件变形、精度不稳定的主要因素。因此，工艺上必须设法把它减小到最小。

时效处理是消除内应力的主要手段，最常用的方法有两种：

(1) 自然时效：将铸件自然地放置在室外几个月甚至几年，经受风雨和气温变化的影响，使内应力逐渐消失。自然时效周期长，占地面积也比较大。

(2) 人工时效：将床身平整地放在烘板上，四周均匀受热，以 100℃～500℃/h 的速度加热到(550±15)℃，保温 6～8 h，再以 30℃/h 的速度降低到 350℃后随炉冷却。

一般精度机床的床身在粗加工后，经过一次人工时效处理即可，而精度较高的及有特殊要求的机床床身，需经过 2～3 次的人工时效处理。

3. 导轨表面淬火

为提高导轨的表面层硬度和耐磨性，床身导轨表面必须进行淬火。采用不同的方法，将铸铁导轨表面加热至 900℃～950℃，随即用水冷却，便将导轨淬硬。目前导轨常用的淬火方法参见表 6-3-5。

表 6-3-5　床身导轨常用的淬火方法

序号	淬火方法	频率范围	主 要 特 点
1	火焰淬火		① 采用氧-乙炔火焰加热，淬硬层深度可达 2～4 mm。 ② 加热面积较大，温度较难控制，故床身易产生中凹变形，导轨面淬火后需经磨削加工
2	高频淬火	70～500 kHz	① 淬硬层深度可达 1～2 mm，淬火后导轨耐磨性可提高 1～1.5 倍。 ② 生产率高，淬火质量稳定，工艺参数易于调整，但淬火设备较复杂
3	中频淬火	500～10 000 Hz	① 可得到比高频淬火深的硬化层，一般可达 2～3 mm。 ② 发电机组运行可靠，维修费用低，容易操作
4	超音频淬火	20～40 kHz	淬硬层比高频淬火略深，且沿轮廓分布均匀，弥补了高频、中频对零件淬火时淬硬层分布不均匀的缺陷
5	工频电接触淬火	50 Hz	① 淬硬深度约 0.2～0.4 mm。 ② 导轨变形小，设备简单，操作方便，但生产率低

6.4　箱体类零件的机械加工与品质检验技术基础

6.4.1　箱体类零件概述

1. 箱体类零件的功用及结构特点

箱体类零件是将机器或部件中的轴、套、轴承、齿轮及其他零件连成一个整体，并使之保持正确的相互位置，以传递转矩或改变转速来完成规定运动的基础零件。因此，箱体类零件的加工质量直接影响机器的性能、精度和寿命。

箱体类零件的结构通常都比较大而且复杂，内部呈腔形，有孔有面，尤其是零件图看起来很复杂；壁薄且壁厚不均匀；在箱体壁上既有许多精度较高的轴承支撑孔和基准平面，也有一些精度较低的紧固孔和一些次要的平面，加工部位多，加工难度大的。箱体的基本孔又可分为通孔、阶梯孔、盲孔、交叉孔等几类。

箱体的种类很多。图 6-4-1 为几种箱体零件的结构简图。其中(a)、(b)、(c)、(d)、(e) 为整体式箱体,(f)为分离式箱体。

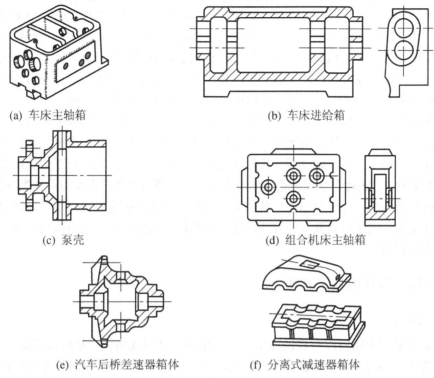

(a) 车床主轴箱

(b) 车床进给箱

(c) 泵壳

(d) 组合机床主轴箱

(e) 汽车后桥差速器箱体

(f) 分离式减速器箱体

图 6-4-1 几种箱体零件的结构简图

2. 箱体类零件的技术要求

(1) 孔的尺寸精度。箱体类零件通常对孔的精度要求都比较高。主要孔的尺寸公差为 IT6,其余孔为 IT7~IT6。孔的几何形状精度未作规定,一般应控制在尺寸公差范围内,要求高的应不超过孔公差的 1/2 ~1/3。

(2) 孔与孔的位置精度。同一轴线上各孔的同轴度和孔端面对轴线的垂直度误差,会使轴和轴承装配到箱体内出现歪斜,加剧轴承磨损。为此,一般同轴上各孔的同轴度约为最小孔尺寸公差的 1/2。孔系间的平行度误差会影响齿轮的啮合质量,也有一定的位置精度,一般轴线平行度公差取 0.03~0.1 mm。

(3) 孔与平面的位置精度。孔和箱体安装基面的平行度要求,决定了轴与安装基面的位置关系。这项精度在装配中关系较大。而不同的装配关系则有不同的安装要求。

(4) 平面的精度。装配基面的平面度影响箱体安装连接时的接触刚度,并且加工过程作为定位基面则会影响孔的加工精度,因此规定底面(基面)必须平直,一般平面度公差在 0.03~0.1 mm 范围内。

(5) 表面结构。一般要求主要孔的表面结构 Ra 值为 0.4 μm,其余各纵向孔的表面结构 Ra 值为 1.6 μm,孔的内端面表面结构 Ra 值为 3.2 μm,装配基准面和定位基准面表面结构 Ra 值为 0.63~3.2 μm,其他平面的表面结构 Ra 值为 3.2~6.3 μm。

3. 箱体类零件的材料与毛坯

箱体类零件有复杂的内腔,应选用易于成形的材料和制造方法。一般大都选用 HT200～HT400 的各种牌号的灰铸铁。对一些要求较高的箱体也有用耐磨合金铸铁〔MTCrMnCu-300)的。箱体毛坯制造方法有两种:一种是采用铸造法;另一种是采用焊接法。如金属切削机床的箱体,由于形状较为复杂,一般都采用铸铁铸造;对于动力机械中的某些箱体及减速器壳体等,由于要具备结构紧凑、形状复杂、体积小、质量轻等特点,因此通常采用铝合金压力铸造;对于承受重载和冲击的工程机械、锻压机床的一些箱体,可采用铸钢或钢板焊接;某些简易箱体为了缩短毛坯制造周期,也常常采用钢板焊接而成。

由于箱体类零件结构复杂,壁厚不均匀,在铸造时会产生较大的残余应力,在铸造之后必须安排人工时效或自然时效处理。普通精度的箱体类零件,一般在铸造之后安排一次人工时效处理;对于一些高精度或形状特别复杂的箱体类零件,在粗加工之后还要安排一次人工时效处理,以消除粗加工所造成的残余应力。有些精度要求不高的箱体类零件毛坯,有时不安排时效处理,而是利用粗、精加工工序间的停放和运输时间,使之得到自然时效处理。箱体类零件人工时效处理的方法,除了加热保温法外,也可采用振动时效来达到消除残余应力的目的。

6.4.2　箱体类零件的加工方法

1. 平面加工

平面加工通常采用粗刨—精刨或粗刨—半精刨—磨削或粗铣—精铣或粗铣—磨削(可分粗磨和精磨)等方案。其中,刨削生产率低,多用于特殊结构的零件或中小批生产。铣削生产率比刨削高,多用于大平面或中批以上生产。当生产批量较大时,可采用组合铣和组合磨的方法来对箱体类零件各平面进行多刃、多面同时铣削或磨削,其效率很高。

2. 孔加工

箱体类零件上孔加工可用粗镗(扩)—精镗(铰)或粗镗(钻、扩)—半精镗(粗铰)—精镗(精铰)方案。对于精度在 IT6、表面结构 Ra 值小于 1.6 μm 的高精度轴孔(如主轴孔),则须进行精细镗或珩磨、研磨等光整加工。对于箱体类零件上的孔系加工,当生产批量较大时,可在组合机床上采用多轴、多面、多工位和复合刀具等方法来提高生产率。

6.4.3　箱体类零件的品质检验

箱体类零件检验项目包括加工表面的表面结构、孔和平面的几何公差、孔的尺寸精度和孔系的相互位置精度。

1. 表面结构检测

对于普通精度的箱体类零件,表面结构检测是用表面结构样块与加工面相比较,以目测方法确认。

2. 尺寸精度检测

孔的尺寸精度用塞规检验。

3. 孔的几何公差检测

(1) 孔的几何公差一般用内径千分尺或内径百分表检测。

(2) 对于精密箱体，可用准直仪测量孔母线直线度。检测时，使孔轴心线与准直仪光轴方向平行，当检具沿孔轴线移动时，如孔母线不直，光线经过反射镜反射，在准直仪上将反映出两倍于平面反射镜的倾角变化，可直接读取误差。

4. 平面几何公差的检测

平面的直线度可用准直仪、水平仪或平尺检验。平面的平面度用平台与百分表等相互组合方式进行检测。

5. 孔系相互位置精度的检测

同轴度的测量可用圆度仪检验或用三坐标测量装置及 V 形架和带指示表的表架等测量；精度要求不高的同轴度可用检验棒或准直仪检验。

孔心距、孔轴心线间的平行度，孔轴心线垂直度及孔轴心线与端面的垂直度都是利用检验棒、千分尺、百分表、直角尺及平台等相互组合进行检测的。

6.4.4　箱体类零件工艺编制实例——减速机箱体零件加工工艺分析

图 6-4-2 所示为减速机箱体零件图。

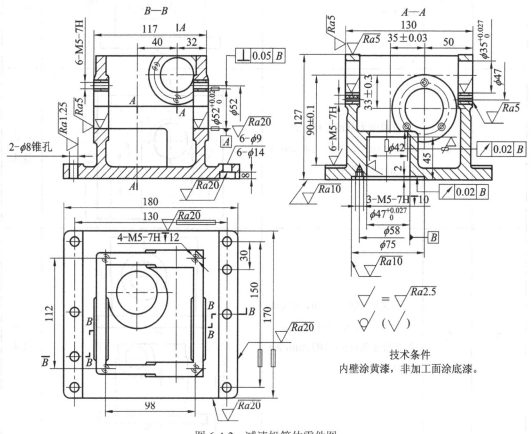

图 6-4-2　减速机箱体零件图

表 6-4-1 为减速机箱体单件、小批量生产时的机械加工工艺过程。

表 6-4-1 减速机箱体机械加工工艺过程

工序号	工序名称	工 序 内 容	加 工 简 图	设备
1	热处理	时效		
2	涂漆	内壁涂黄漆,非加工表面涂底漆		
3	钳	划各外表面加工线		
4	铣	顶面划线找正,粗、精铣底面,表面结构 Ra 值为 1.6 μm (工艺要求)	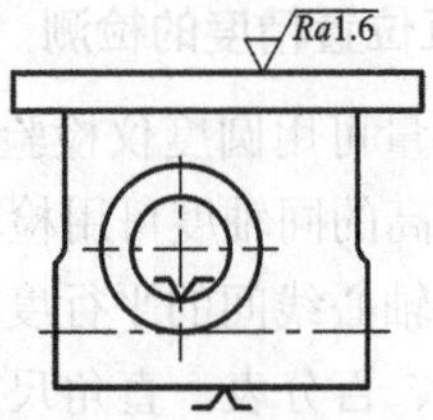	立式铣床
5	铣	粗、精铣顶面,保证尺寸为 127 mm	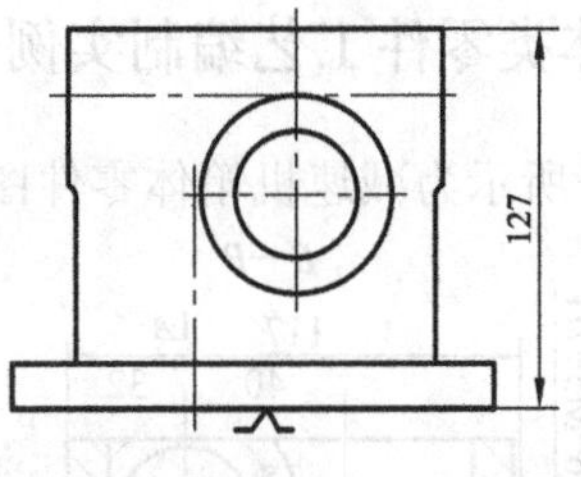	立式铣床
6	铣	以顶面为基准并校正,铣底座侧面,尺寸为 180 mm × 170 mm (工艺用)	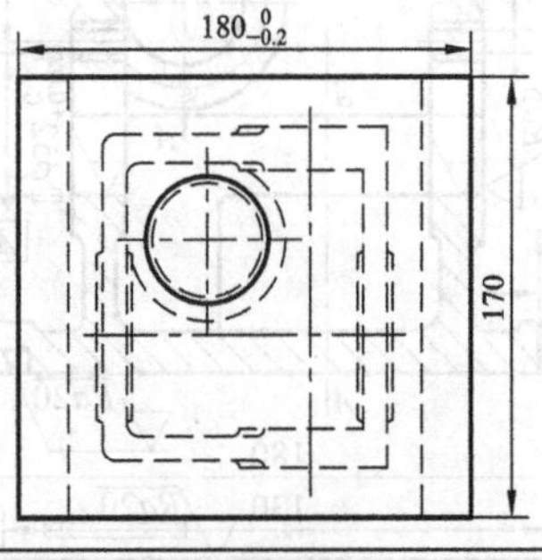	立式铣床
7	铣	粗铣四侧凸缘端面,铣底座上高为 15 mm 的两台阶面,工艺要求为 (15 ± 0.03)mm, Ra 值为 1.6 μm	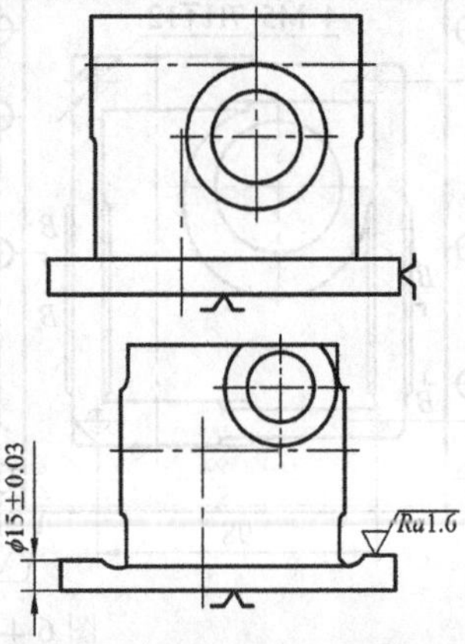	立式铣床

续表

工序号	工序名称	工 序 内 容	加 工 简 图	设备
8	镗	粗、精镗 $\phi 47^{+0.027}_{0}$ mm，$\phi 42$ mm，$\phi 75$ mm 孔，并刮端面及倒角	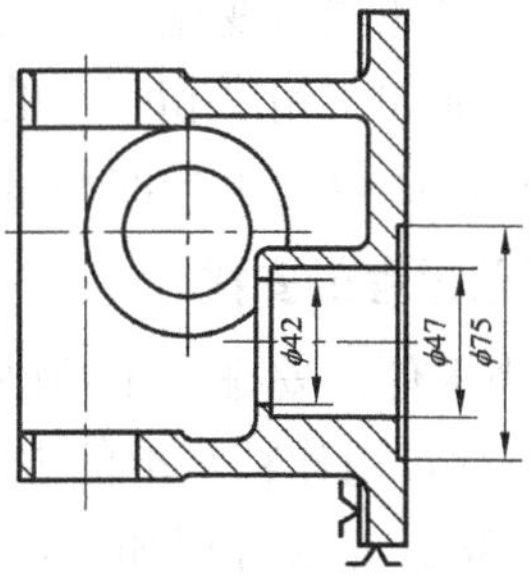	镗床
9	镗	粗、精镗 $\phi 52^{+0.02}_{0}$ mm 两孔，并刮端面及倒角	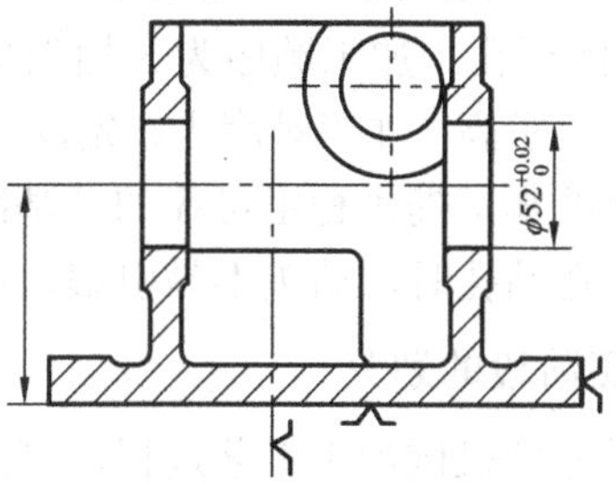	镗床
10	镗	以底面，$\phi 47$ mm 孔及一侧面定位，钻、镗 $\phi 35^{+0.027}_{0}$ mm 两孔，并刮端面及倒角	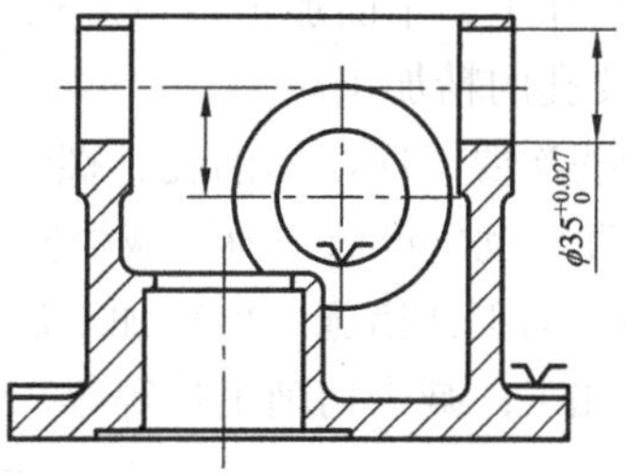	镗床
11	钳	① 以顶面定位，钻 6-$\phi 9$ mm 孔，锪 6-$\phi 14$ mm 孔，钻 2-$\phi 8$ 锥孔。② 钻各面 M5 底孔，攻各面 M5 螺孔		钻床
12	钳	锉 170 mm × 180 mm 底座四角、$R8$ mm 圆角及去毛刺		
13	检验			

1. 定位基准的选择

1) 粗基准的选择

箱体类零件粗基准的选择基本要求：保证各加工面都有加工余量，且主要孔的加工余量应均匀；保证装入箱体内的运动件与箱壁有足够的间隙。箱体类零件通常是以箱体上的主要孔作为粗基准，如果毛坯精度较高，可直接用夹具以毛坯孔定位，在小批生产时，通常先以主要孔为划线基准；也可以某些不加工的台阶面或者以互为基准的平面作为粗基准。

2) 精基准的选择

箱体类零件的精基准比较好确定，通常都以设计安装基准面为工艺基准面，零件结构不同或批量不同可能稍有变化，但还是以平面为基准才能使加工工艺更简单。选择精基准时，主要考虑保证加工精度和工件的装夹方便，通常从基准统一原则出发，选择装配基准面作为精基准；或者以一个平面和该平面上的两个孔定位，称为一面两孔定位。

2. 加工工艺过程的安排

对于箱体类零件，安排加工顺序时应遵循下列原则：

(1) 基面先行。用作精基准的表面(装配基准面或底面及该面上的两个孔)优先加工。

(2) 先粗后精。先安排粗加工，后安排精加工，有利于消除加工过程中的内应力和热变形；也有利于及时发现毛坯缺陷，避免更大浪费。

(3) 先面后孔。加工顺序为先加工平面，以加工好的平面定位，再来加工孔。因为箱体孔的精度要求高，加工难度大，先以孔为粗基准加工好平面，再以平面为精基准加工孔，这样既为孔的加工提供稳定可靠的精基准，又可使孔的加工余量均匀。同时，先加工平面后加工孔，在钻孔时，钻头不易引偏，扩孔或铰孔时，刀具不易崩刃。

3. 加工阶段的划分

箱体类零件机械加工工艺过程，可分为两个阶段：

(1) 基准加工、平面加工及主要孔的粗加工。

(2) 主要孔的精加工。

至于一些次要工序，如油孔、螺纹孔、孔口倒角等分别穿插在此两阶段中适当的时候进行。当单件小批生产时，为了减少安装次数，有时也往往将粗、精加工工序合并在一起，但应采取相应的工艺措施：如粗加工后松开工件，然后再夹紧工件；粗加工后待工件充分冷却后再精加工；减少切削用量等等，以便保证加工精度。

1. 轴类零件有何功用和技术要求？

2. 轴类零件材料和毛坯的选择有何要求？

3. 轴类零件常用的装夹方法有哪些？各有何特点及应用？

4. 简述轴类零件常用的加工方法。

5. 轴类零件的品质检验通常检验哪些项目？主轴的机械加工工艺路线大致过程是如何安排的？

6. 试编制题6图所示轴成批生产时的加工工艺。

7. 圆锥的检测方法有哪些？

8. 三角外螺纹的测量方法有哪些？采用哪种方法较为方便？

9. 套类零件有何功用和技术要求？

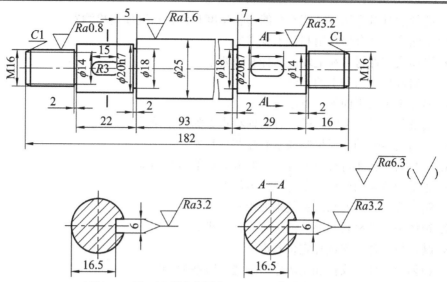

材料：20 钢；渗碳淬火硬度 60HRC；螺纹部分不渗碳

题 6 图　轴

10. 套类零件材料和毛坯的选择有何要求？

11. 套类零件的主要工艺问题是指哪些问题？

12. 试分析钻孔、扩孔、铰孔三种加工方法的不同。

13. 从加工工艺角度看，套类零件有哪两种加工顺序？

14. 简述套类零件常用的加工方法。

15. 套类零件常用品质检验有哪些项目？

16. 试编制 16 图所示套成批生产时的加工工艺。

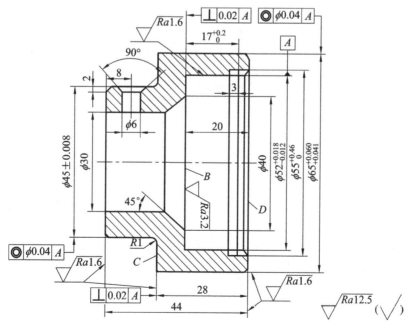

题 16 图　套

17. 孔径的测量方法有哪些？孔的形状精度和位置精度如何检测？

18. 平面类零件有何功用和技术要求？

19. 平面类零件材料和毛坯的选择有何要求？

20. 如何选择平面加工的方法？

21. 简述常用的平面加工方法。

22. 端铣与周铣、逆铣与顺铣各有何特点？如何正确选用？

23. 平面类零件的品质检验通常有哪些项目？

24. 床身为什么要进行时效处理？时效处理的方法有哪些？

25. 床身导轨表面淬火主要有哪些方法？

26. 箱体类零件有何功用和技术要求？

27. 箱体类零件材料和毛坯的选择有何要求？

28. 减速机箱体如何选择定位基准？

29. 箱体类零件在安排加工顺序时应遵守哪些原则？

30. 简述箱体类零件的加工方法。

31. 箱体类零件品质检验通常检测哪些项目？

第7章　先进制造技术介绍

【学习目标】

(1) 了解先进制造技术种类及其发展趋势。

(2) 了解特种加工技术的种类与特点，熟悉各类特种加工技术的应用场合。

(3) 了解数控加工技术的种类与特点。

7.1　先进制造技术概述

7.1.1　先进制造技术及其主要特点

1. 先进制造技术的定义

先进制造技术(Advanced Manufacturing Technology，AMT)这一概念是美国根据本国制造业面临来自世界各国，特别是亚洲国家的挑战，为增强制造业的竞争力，夺回美国制造工业的优势，促进国家经济的发展，于20世纪80年代末提出的。美国政府通过采取一系列措施，展开先进制造技术的研究，总结并提出了一系列先进制造技术的新理论。与此同时，日本、欧洲、澳大利亚等工业发达国家和地区，也相继开展了各自国家先进制造技术的理论和应用研究，将先进制造技术的研究和发展推向高潮。我国也在1995年拉开了先进制造技术发展的帷幕。

虽然目前对先进制造技术仍没有一个明确的、一致的定义，但通过对其内涵和特征的分析研究，可以将其定义为："先进制造技术是制造业不断吸收机械、电子、信息(计算机与通信、控制理论、人工智能等)、能源及现代系统管理等方面的成果，并将其综合应用于产品设计、制造、检测、管理、销售、使用、服务乃至回收的全过程，以实现优质、高效、低耗、清洁、灵活生产，提高对动态多变的产品市场的适应能力和竞争能力并取得理想经济效果的制造技术的总称。其内涵是"使原材料成为产品而采用的一系列先进技术"，其外延则是一个不断发展更新的技术系统，具有相对性和动态性，不能片面理解为 CAD、CAM、FMS、CIMS 等具体的技术。

2. 先进制造技术的特点

与传统制造技术比较，先进制造技术的特点见表 7-1-1。

表 7-1-1　先进制造技术的特点

序号	特点	主要内涵解释
1	系统性	先进制造技术引入了微电子、信息技术，是一个能驾驭生产过程的物质流、信息流和能量流的系统工程。例如，柔性制造系统(FMS)、计算机集成制造系统(CIMS)技术是先进制造技术全过程控制物质流、信息流和能量流的典型应用案例
2	集成性	先进制造技术是集机械、电子、信息、材料和管理技术为一体的新型交叉学科。例如，超声磨削、激光辅助切削等是将声、光、电、磁等特种切削工艺与机械加工相结合组成的复合加工工艺；敏捷制造(AM)、并行工程(CE)、精益生产(LP)等，是将生产技术与管理模式相结合的新生产方式。集成技术显示出高效率、多样化、柔性化、自动化、资源共享等特点
3	广泛性	先进制造技术贯穿了从产品设计、加工制造到产品销售及用户服务等整个产品生命周期的全过程，并将每个环节结合成一个有机的整体
4	高精度	激光加工、电子束和离子束加工、纳米制造、微机械制造等新方法的迅速发展，保证了高新技术产品需要的超精密加工技术支持，使产品、零件的加工精度越来越高
5	实现优质、高效、低耗、清洁、灵活的生产	先进制造技术是从传统的制造工艺发展起来的，并与新技术实现了局部或系统集成。它除了追求优质、高效外，还要针对 21 世纪人类面临的有限资源与环保压力，实现低耗、清洁；此外，还要应对人类消费观念的改变，满足多样化市场需求，实现灵活生产

3. 先进制造技术的体系结构

国际上，美国联邦科学、工程和技术协调委员会(FCCSET)下属的工业和技术委员会先进制造技术工作组在 1994 年提出将先进制造技术分为三个技术群：主体技术群、支撑技术群和制造技术环境。这三个技术群相互联系、相互促进，组成一个完整的体系(参见图 7-1-1)。

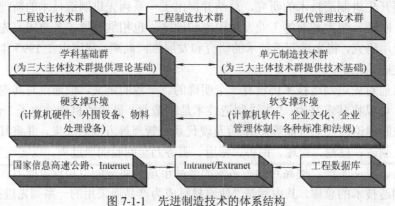

图 7-1-1　先进制造技术的体系结构

主体技术群包括工程设计技术群、工程制造技术群、现代管理技术群；支撑技术群包括学科基础群及单元制造技术群；制造技术环境包括硬、软两个支撑环境，国家信息高速公路，各种广域网、局域网及多种工程数据库等。

先进制造技术的工程设计技术群结构如图 7-1-2 所示。

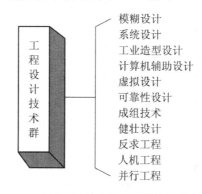

图 7-1-2　先进制造技术的工程设计技术群结构

先进制造技术的工程制造技术群结构如图 7-1-3 所示。

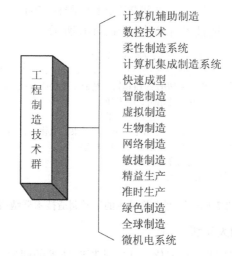

图 7-1-3　先进制造技术的工程制造技术群结构

先进制造技术的现代管理技术群结构如图 7-1-4 所示。

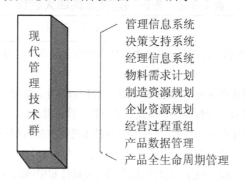

图 7-1-4　先进制造技术的现代管理技术群结构

先进制造技术的学科基础群如图 7-1-5 所示。

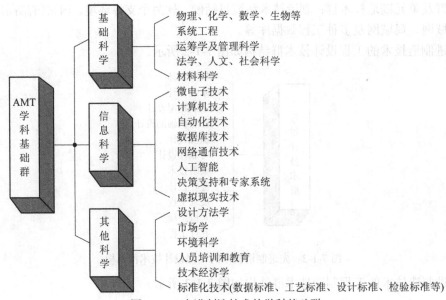

图 7-1-5　先进制造技术的学科基础群

先进制造技术的单元制造技术群结构如图 7-1-6 所示。

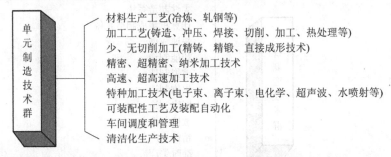

图 7-1-6　先进制造技术的单元制造技术群结构

4. 先进制造技术的四大领域

将目前各国掌握的制造技术系统化，对先进制造技术的研究可分为下述四大领域(见表 7-1-2)，它们横跨多个学科，并组成一个有机整体。

表 7-1-2　先进制造技术的四大领域

序号	领 域	相 关 说 明
1	现代设计技术	根据产品功能要求，应用现代技术和科学知识制定方案，并使方案付诸实施的技术，包括： (1) 现代设计方法：包括产品动态分析和设计、摩擦学设计、防蚀设计、可靠性和可维护性及安全性设计、优化设计及智能设计等。 (2) 设计自动化技术：应用计算机技术进行产品造型和工艺设计，工程分析计算与模拟仿真、多变量动态优化，从而达到整体功能最优的目标，实现设计自动化。 (3) 工业设计技术：是将机械产品色彩设计和中国民族特色与世界流派相结合的造型设计

续表

序号	领 域	相 关 说 明
2	先进制造工艺	精密和超精密加工技术：采用去除加工、结合加工、变形加工等，使工件的尺寸、表面性能达到极高精度的加工方法。目前精密、超精密加工已经向纳米技术发展
		精密成形技术：生产局部或全部、无余量或少余量半成品的工艺方法的统称，包括精密凝聚成形技术、精密塑性加工技术、粉末材料构件精密成形技术、精密焊接技术及复合成形技术等
		特种加工技术：不属于常规加工范畴的加工，如高能束流加工、电加工、超声波加工、高压水加工以及多种能源的组合加工等
		表面改性、制膜和涂层技术：采用物理、化学、金属学、高分子化学、电学、光学和机械学等技术及其组合技术对产品表面进行改性、制膜和涂层，赋予产品耐磨、耐蚀、耐(隔)热、抗疲劳、耐辐射以及光、热、磁、电等特殊功能的新技术统称
3	自动化技术	主要包括数控技术、工业机器人技术、柔性制造技术、计算机集成制造技术、传感技术、自动检测及信号识别技术和过程设备工况监测与控制技术等
4	系统管理技术	系统管理技术是指企业在系列生产经营活动中，为使制造资源得到优化配置和充分利用，综合效益得到提高而采取的各种计划、组织、控制及协调的方法和技术的总称，包括工程管理、质量管理、管理信息系统等，以及现代制造模式、集成化的管理技术、企业组织结构与虚拟公司等生产组织方法

7.1.2　先进制造技术的发展趋势

纵观近两百年制造业的发展历程，影响其发展最主要的因素是技术的推动及市场的牵引。在市场需求不断变化的驱动下，制造业的生产规模沿着"小批量—少品种大批量—多品种变批量"的方向发展；在科技高速发展的推动下，制造业的资源配置沿着"劳动密集—设备密集—信息密集—知识密集"的方向发展；与之相适应，制造技术的生产方式沿着"手工—机械化—单机自动化—柔性自动化—智能自动化"的方向发展。

随着电子、信息等高新技术的不断发展以及市场需求的个性化与多样化，未来现代制造技术发展的总趋势是向精密化、柔性化、网络化、虚拟化、智能化、绿色化、集成化、全球化的方向发展。当前先进制造技术的发展趋势主要有以下九个方面：

(1) 信息技术、管理技术与工艺技术紧密结合，现代制造生产模式得到不断发展；

(2) 设计技术与手段更加现代化；

(3) 成形及制造技术精密化，制造过程实现低消耗；

(4) 形成新型特种加工方法；

(5) 开发新一代超精密、超高速制造装备；

(6) 加工工艺由技艺型发展为工程科学型；

(7) 实施无污染绿色制造；

(8) 虚拟现实技术将在制造业中广泛应用；

(9) 制造过程将贯彻以人为本的概念。

7.2 特种加工技术简介

7.2.1 特种加工概述

1. 特种加工的概念

传统的机械加工是利用刀具比工件硬的特点，依靠机械能去除金属来实现加工的，其实质是"以硬碰硬"。传统的机械加工方法在机械制造业中长期以来占据着难以替代的主导地位。

但随着航空航天、核能、电子及汽车等工业的迅速发展，新材料、新结构不断拓展，使传统的切削加工方法面临着严峻的挑战：

(1) 硬质合金、钛合金、高温合金、耐热不锈钢、聚晶金刚石、石英及其他各种高硬度、高强度、高熔点、高脆性的金属和非金属材料难切削。

(2) 涡轮叶片、发动机机匣与模具上的立体型面及炮管、喷嘴、喷丝头零件上的各种异形孔、细微孔和窄缝等复杂型面难加工。

(3) 薄壁零件、弹性元件、细长零件等低刚度零件的特殊结构难加工。

因此，机械制造业必须寻求新的加工方法，以适应工业与技术发展。另一方面，科学技术的发展也为机械加工开辟新的加工途径提供了可能。特种加工就是在这种前提条件下产生和发展起来的。

20 世纪 40 年代，苏联科学家拉扎连柯夫妇研究开关触点遭受火花放电腐蚀损坏的现象和原因，发现电火花的瞬时高温可使局部的金属熔化、气化而被腐蚀。据此，他们开创和发明了电火花加工。人们也初次可以脱离传统加工的旧轨道，利用电能、热能，在不产生切削力的情况下，以低于工件金属硬度的工具去除工件上多余的部位。

由于各种先进技术的不断应用，产生了多种有别于传统机械加工的新加工方法。这些新加工方法从广义上定义为特种加工(Non-Traditional Machining，NTM)，也称为非传统加工技术，是直接借助电能、热能、声能、光能、化学能等常规机械能以外的能量或其组合形式实现材料去除的工艺方法的总称。

2. 特种加工的特点及研究方向

与传统的机械加工相比，特种加工的主要特点有：

(1) 加工范围不受材料力学性能的限制。特种加工不是主要依靠机械能，而是主要依靠其他能量(如电、化学、光、声、热等)去除金属材料。因此，特种加工可以加工任何硬度、强度、韧性、脆性、耐热或高熔点金属及非金属材料。

(2) 可获得良好的表面质量。加工过程中，工具和工件之间不存在显著的机械切削力，加工的难易与工件硬度无关，残余应力、热应力等均比较小。

(3) 专长于加工复杂型面、微细表面以及低刚度的零件。

(4) 可以发展成以多种能量同时作为主要特征的复合加工工艺。各种加工方法可以任意复合、扬长避短，形成新的工艺方法，更突出其优越性，便于扩大应用范围，如电解磨削、电解电火花及超声电火花加工等。

实践证明，越是用传统的切削方法难以完成的加工，特种加工越能显示其优越性。特种加工已经成为当前机械制造中一种不可缺少的机械加工方法，并为新产品设计打破了许多受加工手段限制的禁区，为新材料的研制提供了很好的应用基础。随着科学技术的发展，在未来的机械制造中，特种加工的应用范围将更加广泛。目前，国际上对特种加工技术的研究主要表现在以下几个方面：

(1) 微细化。目前，国际上对微细电火花加工、微细超声波加工、微细激光加工、微细电化学加工等的研究方兴未艾，特种微细加工技术有望成为三维实体微细加工的主流技术。

(2) 特种加工的应用领域正在拓宽。例如，非导电材料的电火化加工，电火花、激光、电子束表面改性等。

(3) 广泛采用自动化技术。充分利用计算机技术对特种加工设备的控制系统、电源系统进行优化，建立综合参数自适应控制装置、数据库等，进而建立特种加工的 CAD/CAM 和 FMS 系统，这是当前特种加工技术的主要发展趋势。随着设备自动化程度的提高，特种加工柔性制造系统的实现已成为各工业国家追求的目标。

3. 特种加工的分类

特种加工的分类还没有明确的规定，一般按能量来源、作用形式、加工原理可分为表 7-2-1 所示的各种形式。

表 7-2-1　常用特种加工方法的分类

加 工 方 法		主要能量形式	作用形式	符号
电火花加工	电火花成形加工	电能、热能	熔化、气化	EDM
	电火花线切割加工	电能、热能	熔化、气化	WEDM
电化学加工	电解加工	电化学能	金属离子阳极溶解	ECM(ELM)
	电解磨削	电化学能、机械能	阳极溶解、磨削	EGM(ECG)
	电解研磨	电化学能、机械能	阳极溶解、研磨	ECH
	电铸	电化学能	金属离子阴极沉积	EFM
	涂镀	电化学能	金属离子阴极沉积	EPM
高能束加工	激光束加工	光能、热能	熔化、气化	LBM
	电子束加工	光能、热能	熔化、气化	EBM
	离子束加工	电能、机械能	切蚀	IBM
	等离子弧加工	电能、热能	熔化、气化	PAM
物料切蚀加工	超声加工	声能、机械能	切蚀	USM
	磨料流加工	机械能	切蚀	AFM
	液体喷射加工	机械能	切蚀	HDM
化学加工	化学铣削	化学能	腐蚀	CHM
	化学抛光	化学能	腐蚀	CHP
	光刻	光能、化学能	光化学腐蚀	PCM
复合加工	电化学电弧加工	电化学能	熔化、气化腐蚀	ECAM
	电解电化学机械磨削	电能、热能	离子溶解、熔化、切割	MEEC

7.2.2　电火花加工简介

电火花加工又称放电加工、电蚀加工，简称 **EDM**，是一种利用脉冲放电对导电材料进行电蚀以去除多余材料的工艺方法。在特种加工中，电火花加工的应用最为广泛，尤其在模具制造业、航空航天等领域占据着极为重要的地位。

1. 加工原理与特点

1) 基本原理

电火花加工的原理示意图如图 7-2-1 所示。加工时，将工具与工件置于具有一定绝缘强度的液体介质中，并分别与脉冲电源的正、负极相连接。调节装置控制工具电极，保证工具与工件间维持正常加工所需的很小的放电间隙(0.01～0.05 mm)。当两极之间的电场强度增加到足够大时，两极间最近点的液体介质被击穿(常用的液体介质有煤油、矿物油、皂化液或去离子水等；液体介质除对放电通道有压缩作用外，还可排除电蚀产物，冷却电极表面)，产生短时间、高能量的火花放电，放电区域的温度瞬时可达 10 000℃以上，金属被熔化或气化。灼热的金属蒸气具有很大的压力，引起剧烈的爆炸，而将熔融的金属抛出，金属微粒被液体介质冷却并迅速从间隙中冲走，工件与工具表面形成一个小凹坑(如图 7-2-1(b)、(c)所示)。第一个脉冲放电结束之后，经过很短的间隔时间，又在另一极间最近点击穿放电。如此周而复始高频率地循环下去，工具电极不断地向工件进给，得到由无数小凹坑组成的加工表面，工具的形状最终被复制在工件上。

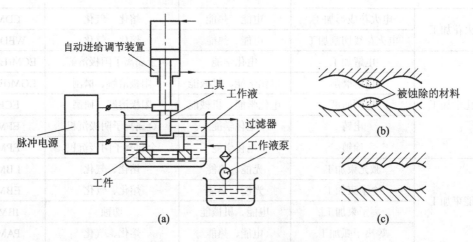

图 7-2-1　电火花加工的原理示意图

2) 工艺特点

电火花加工具有以下工艺特点：

① 能加工任何导电的难切削材料。电火花加工的原理决定其可用软的工具加工硬韧的工件，甚至可加工聚晶金刚石、立方氮化硼一类超硬材料。目前工具电极材料多采用紫铜或石墨，工具电极较容易制造。

② 无切削力，特别适宜复杂形状的工件、低刚度工件及微细结构的加工。数控技术的采用，使得用简单电极加工复杂形状零件变得更加容易。

③ 因脉冲参数可根据需要任意调节，故可在同一台机床上完成粗、细、精三阶段的加工。

④ 加工速度较慢。工具电极存在损耗，影响加工效率和成型精度。

2. 电火花加工的应用

1) 电火花穿孔

穿孔加工是指贯通的二维型孔的加工(见图 7-2-2)，是电火花加工中应用最广的一种。常加工的型孔有圆孔、方孔、多边形孔、异形孔、曲线孔及小孔、微孔等，例如冷冲模、拉丝模、挤压模、喷嘴、喷丝头上的各种型孔和小孔。穿孔的尺寸精度主要靠工具电极的尺寸和火花放电的间隙来保证。

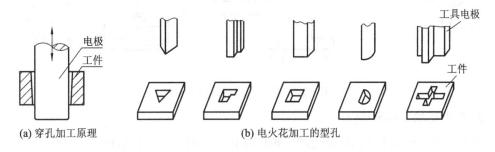

(a) 穿孔加工原理　　　　　　　　(b) 电火花加工的型孔

图 7-2-2　电火花穿孔

2) 电火花型腔加工

电火花型腔加工指三维型腔和型面的加工及电火花雕刻(见图 7-2-3)。例如，加工锻模、压铸模、挤压模、胶木模、塑料模等。

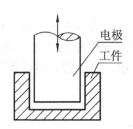

图 7-2-3　电火花型腔加工原理

电火花型腔加工比较困难，首先是因为均是盲孔加工，金属蚀除量大，工作液循环和电蚀产物排除条件差，工具电极损耗后无法靠进给补偿；其次是加工面积变化大，加工过程中电规准调节范围较大，并由于型腔复杂，电极损耗不均匀，对加工精度影响很大，因此型腔加工生产率低，质量保证有一定困难。

常用电火花型腔加工的方法有单电极平动加工法、分解电极加工法和程控电极加工法等。为了提高型腔的加工质量，最好选用耐蚀性高的材料作为电极材料，如铜钨、银钨合金等，因其价格较贵，工业生产中也常用紫铜和石墨作电极。

3) 电火花线切割加工

电火花线切割加工简称线切割加工，它是利用一根运动的细金属丝($\phi 0.02 \sim \phi 0.3$ mm 的钼丝或铜丝)作为工具电极，在工件与金属丝间通以脉冲电流，靠火花放电对工件进行切割加工。其工作原理如图 7-2-4 所示，工件上预先打好穿丝孔，电极丝穿过该孔后，经导轮由储丝筒带动进行正、反向交替移动；放置工件的工作台按预定的控制程序，在 X、Y 两个坐标方向上做伺服进给移动，把工件切割成形。加工时，需在电极丝和工件间不断浇注工作液。

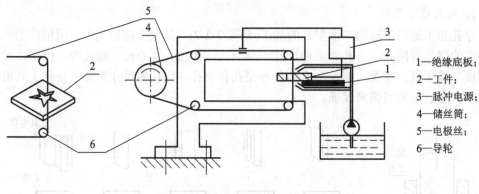

　　　　　　　　　　　　　1—绝缘底板；
　　　　　　　　　　　　　2—工件；
　　　　　　　　　　　　　3—脉冲电源；
　　　　　　　　　　　　　4—储丝筒；
　　　　　　　　　　　　　5—电极丝；
　　　　　　　　　　　　　6—导轮

图 7-2-4　电火花线切割加工原理

3. 电火花加工机床简介

电火花加工机床主要由脉冲电源、机床本体、伺服自动调节器和工作液循环系统等部分组成。

(1) 机床本体：用来安装工具电极和工件电极，并调整它们之间的相对位置，包括床身、立柱、主轴头、工作台等。

(2) 间隙自动调节器：自动调节两极间隙和工具电极的进给速度，维持合理的放电间隙。

(3) 脉冲电源：把普通交流电转换成频率较高的单向脉冲电的装置。电火花加工用的脉冲电源分为弛张式脉冲电源和独立式脉冲电源两大类。

(4) 循环过滤系统：由工作液箱、泵、管、过滤器等组成，目的是为加工区提供较为纯净的液体工作介质。

7.2.3　其他特种加工技术简介

1. 电解加工

电解加工(属电化学加工，简称 ECM)是利用金属在电解液中可以产生阳极溶解的电化学原理进行加工的一种方法。

1) 加工原理

电解加工的原理如图 7-2-5(a)所示。加工时，工件接直流电源的正极作为阳极，工具接电源的负极作为阴极。进给机构控制工具向工件缓慢进给，使两级之间保持较小的间隙(0.1~1 mm)，从电解液泵出来的电解液以一定的压力(0.5~2 MPa)和速度(5~60 m/s)从间隙中流过，这时阳极工件的金属被逐渐溶解，电解产物被高速流过的电解液冲走。

图 7-2-5(b)中，细竖线表示通过阴极(工具)与阳极(工件)间的电流，竖线的疏密程度表示电流密度的大小。在加工刚开始时，工具与工件相对表面之间是不等距的，阴极与阳极

距离较近的地方通过的电流密度较大，电解液的流速也较高，阳极溶解速度也就较快。随着工具相对工件不断进给，工件表面就不断被电解，电解产物不断被电解液冲走，直至工件表面形成与阴极工作面基本相似的形状为止。

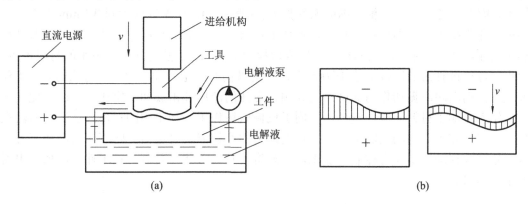

图 7-2-5　电解加工原理与过程

2) 工艺特点

(1) 加工范围广，能加工各种硬度与强度的金属材料。

(2) 可高生产率地加工型面或型孔，加工生产率约为电火花加工的 5～10 倍，约为机械切削加工的 3～10 倍。

(3) 加工中无切削力，不产生残余应力、飞边与毛刺，可以达到较小的表面结构值(Ra1.25～0.2 μm)和 0.2 mm 左右的平均加工精度。

(4) 加工中工具阴极无损耗，可长期使用。

电解加工的主要缺点和局限性为：不易达到较高的加工精度和加工稳定性，这是由于工具(阴极)制造较困难及影响加工间隙的因素多且难以控制造成的；电解加工机床需有足够的刚性和防腐蚀性能，附属设备多，占地面积大；电解液与电解产物容易污染环境。

3) 电解加工的应用

电解加工首先在国防工业中应用于加工炮管膛线，目前已成功地应用于叶片型面、模具型腔与花键、深孔、异型孔及复杂零件的薄壁结构等的加工。电解加工用于电解刻印、电解倒棱去毛刺时，加工效率高，费用低；用电解抛光不仅效率比机械抛光高，而且抛光后表面耐腐蚀性好。另外，电解加工与机械加工结合能形成多种复合加工，如电解磨削、电解珩磨、电解研磨等。

2. 超声加工

超声波是指频率 f 在 16 000～20 000 Hz 的振动波。超声加工也称为超声波加工，是利用工具端做超声频振动，通过悬浮液中磨料的高速轰击进行加工，使工件成形的一种方法。

超声波区别于普通声波的特点是：频率高、波长短、能量大，传播过程中反射、折射、共振、损耗等现象显著。它可使传播方向上的障碍物受到很大的压力，超声加工就是利用这种能量进行加工的。

1) 加工原理

超声加工的原理示意图如图 7-2-6 所示。加工时，在工具和工件之间加入液体(水或煤油等)和磨料混合的悬浮液，并使工具以很小的力 F 轻轻压在工件上。超声波发生器将工频交流电能转变为有一定功率输出的超声频电振荡，由换能器将超声频电振荡转变为垂直于工件表面的超声机械振动。其振幅很小，一般只有 0.005~0.01 mm，不能直接用于加工，因而再通过一个上粗下细的振幅扩大棒(变幅杆)，使振幅放大到 0.1 mm 左右。振幅扩大棒驱动工具端面做超声振动，迫使工作液中悬浮的磨粒高速不断地撞击、抛磨被加工表面，把工件加工区域的材料粉碎成微粒脱落下来。虽然每次打击下来的材料很少，但由于每秒钟打击的次数多达 16 000 多次，所以仍有一定的加工速度。与此同时，工作液受工具端面超声振动作用而产生的高频、交变的液压冲击波和"空化"作用，促使工作液钻入被加工材料的微裂缝处，加剧了机械破坏作用。加工中的振荡还强迫磨料液在加工区工件和工具间的间隙中流动，使变钝了的磨粒能及时更新。随着工具沿加工方向以一定速度移动，实现有控制的加工，逐渐将工具的形状"复制"在工件上，加工出所要求的形状。

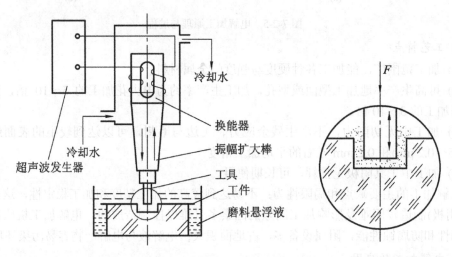

图 7-2-6　超声加工的原理示意图

2) 工艺特点

(1) 适合于加工各种硬脆材料，特别是不导电的非金属材料，如玻璃、宝石、陶瓷、金刚石及各种半导体材料。

(2) 由于工具可用较软的材料，可以制成较复杂的形状，故不需要使工具和工件做比较复杂的运动，因此超声加工机床的结构比较简单，操作、维修方便。

(3) 由于去除加工材料是靠极小磨料瞬时局部的撞击作用，故工件表面的宏观切削力很小，切削应力、切削热很小，不会引起变形及烧伤，表面结构值也较小(Ra1~0.1 μm)，加工精度可达 0.01~0.02 mm，而且可以加工薄壁、窄缝、低刚度零件。

(4) 生产率较低。对导电的硬质金属材料如淬火钢、硬质合金等，加工效率远不如电火花与电解加工；对软质、反弹性大的材料，加工较为困难。

3) 超声加工的应用

目前，在各工业部门中，超声加工主要用于硬脆材料的型孔加工、切割、雕刻以及研磨金刚石拉丝模等。为提高加工速度并降低工具损耗，可把超声加工与电解、电火花或机械加工结合进行复合加工，如超声电解加工、超声电火花加工。超声切削已应用于车、铣、刨、磨及攻丝等，都取得了很好的效果。图 7-2-7 为超声车削、超声磨削的示意图。

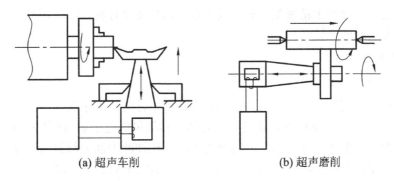

(a) 超声车削   (b) 超声磨削

图 7-2-7 机械与超声加工的复合加工示意图

凭借超声振动所产生的空化作用，可对喷油嘴、喷丝孔、微型轴承等精细零件进行清洗。此外，超声波还可用来焊接、测距和探伤等。

3. 激光加工

1) 激光加工的工作原理

激光加工(见图 7-2-8)是工件在光热效应下产生高温熔融和受冲击波抛出的综合过程。加工时，激光器产生激光束，通过光学系统把激光束聚焦成一个极小的光斑(直径仅有几微米到几十微米)，获得 $10^7 \sim 10^{11}$ W/cm^2 的功率密度以及 10 000℃以上的高温，从而能在千分之几秒甚至更短的时间内使材料熔化和气化，蚀除被加工表面，并通过工作台与激光束间的相对运动来完成对工件的加工。

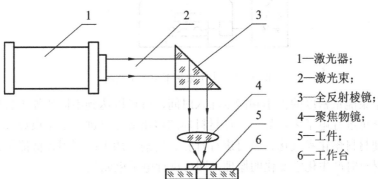

1—激光器；
2—激光束；
3—全反射棱镜；
4—聚焦物镜；
5—工件；
6—工作台

图 7-2-8 激光加工原理示意图

2) 激光加工的特点

(1) 不需要加工工具和特殊环境，便于自动控制连续加工，加工效率高。

(2) 几乎可以加工所有的金属和非金属材料。

(3) 属于非接触加工，无机械加工变形，适用于微细加工，如加工深而小的微孔和窄缝(直径可小至几微米，深度与直径之比可达 50～100)。

(4) 通用性好。同一台激光加工装置，可作多种加工用，如打孔、切割、焊接等都可以在同一台机床上进行。

3) 激光加工的应用

通过激光可以对各种硬、脆、软、韧、难熔的金属和非金属进行切割和微小孔加工。此外，激光还广泛应用于精密测量和焊接工作，例如激光打孔、激光切割、激光打标、激光焊接、激光表面处理等。

4. 电子束加工

1) 电子束加工原理

电子束加工是利用高速电子的冲击动能来加工工件的。电子束加工装置的基本结构如图 7-2-9 所示。在真空条件下，将具有很高速度和能量的电子射线聚焦(一次或二次聚焦)到被加工材料上，电子的动能大部分转变为热能，使被冲击部分材料的温度升高至熔点，瞬时熔化、气化蒸发而去除，达到加工目的，这就是电子束加工原理。

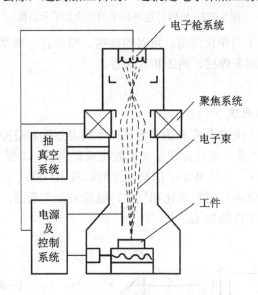

图 7-2-9　电子束加工装置示意图

控制电子束能量密度的大小和能量注入时间，就可以达到不同的加工目的。如只使材料局部加热就可进行电子束热处理；使材料局部熔化就可以进行电子束焊接；提高电子束能量密度，使材料熔化和气化，就可进行打孔、切割等加工；利用较低能量密度的电子束轰击高分子材料时产生化学变化的原理，即可进行电子束光刻加工。

2) 电子束加工的特点

(1) 电子束能够极其微细地聚焦(可达 1~0.1 μm)，故可进行微细加工。加工速度快，效率高。

(2) 加工材料的范围广。由于电子束能量密度高，可使任何材料瞬时熔化、气化且机械力的作用极小，不易产生变形和应力，故能加工各种力学性能的导体、半导体和非导体材料。

(3) 加工在真空中进行。加工表面无杂质渗入，污染少，加工表面不易被氧化，特别适宜加工易氧化的金属和合金材料，以及纯度要求高的半导体材料。

(4) 电子束的强度和位置比较容易用电、磁的方法实现控制，加工过程易实现自动化，可进行程序控制和仿形加工。

　　(5) 电子束加工需要整套的专用设备和真空系统，价格较贵，故在生产中受到一定程度的限制。

3) 电子束加工的应用

　　电子束加工由于在极小的面积上具有高能量(能量密度可达 $10^6 \sim 10^9 \text{ W/cm}^2$)，故可加工微孔、窄缝等，其生产率比电火花加工高数十倍至数百倍，常应用于加工微细小孔、异形孔及特殊曲面。此外，还可利用电子束焊接高熔点金属和用其他方法难以焊接的金属，以及用电子束炉生产高熔点、高质量的合金及纯金属。

5. 离子束加工

　　离子束加工原理与电子束加工类似，也是在真空条件下，把氩(Ar)、氪(Kr)、疝(Xr)等惰性气体，通过离子源产生离子束，并经过加速、集束、聚焦后，投射到工件表面的加工部位，以实现去除加工。所不同的是，离子带正电荷，其质量比电子大千万倍，例如最小的氢离子，其质量是电子质量的 1840 倍，氩离子的质量是电子质量的 7.2 万倍。由于离子的质量大，故离子束加速轰击工件表面，比电子束具有更大的能量。

　　高速电子撞击工件材料时，因电子质量小、速度大，动能几乎全部转化为热能，使工件材料局部熔化、气化，通过热效应进行加工。而离子本身质量较大，速度较低，撞击工件材料时，将引起变形、分离、破坏等机械作用。例如，加速到几十电子伏到几千电子伏，主要用于离子溅射加工；如果加速到一万到几万电子伏，且离子入射方向与被加工表面成 $25° \sim 30°$ 角，则离子可将工件表面的原子或分子撞击出去，以实现离子铣削、离子蚀刻或离子抛光等；当加速到几十万电子伏或更高时，离子可穿过被加工材料内部，称为离子注入。

　　产生离子束的方法是：将电离的气态元素注入电离室，利用电弧放电或电子轰击等方法，使气态原子电离为等离子体(即正离子数和负离子数相等的混合体)。用一个相对等离子体为电极(吸极)，从等离子体中吸出离子束流，再通过磁场作用或聚焦，形成密度很高的电离子束去轰击工件表面。根据离子束产生的方式和用途不同，产生离子束流的离子源有多种形式，常用的有考夫曼型离子源和双等离子管型离子源。

　　离子束加工有如下特点：

　　(1) 离子束加工是目前特种加工中最精密、最微细的加工。离子刻蚀可达纳米级精度，离子镀膜可控制在亚微米级精度，离子注入的深度和浓度亦可精确地控制。

　　(2) 离子束加工在高真空中进行，污染少，特别适宜于对易氧化的金属、合金和半导体材料进行加工。

　　(3) 离子束加工是靠离子轰击材料表面的原子来实现的，是一种微观作用，所以加工应力和变形极小，适宜于对各种材料和低刚度零件进行加工。

　　在目前的工业生产中，离子束加工主要应用于刻蚀加工(如加工空气轴承的沟槽、加工极薄材料等)、镀膜加工(如在金属或非金属材料上镀制金属或非金属材料)、注入加工(如某些特殊的半导体器件)等。

6. 复合加工

1) 复合切削加工

　　复合切削加工是将某些特种加工和普通切削加工整合在一起而产生的一种新的加工工

艺方法，例如，振动切削，是超声加工中的超声振动与机械切削加工整合在一起的一种复合切削加工方法。研究普通切削过程表明，切屑不是根据刀尖与工件间的静力学关系，而是根据动力学关系形成的(连续切削产生冲击破坏)。由这一观点可以推断，普通切削中切削力的冲击力成分较小，不能充分发挥切屑切除作用，而较大的静力部分却产生过多的不需要的发热现象。为了充分利用冲击机理产生切屑，人们引入了振动切削的复合切削加工新工艺。理论分析和实践表明，当超声振动的方向与切削力方向一致时，其切削效果最好。

振动切削复合加工主要用于振动车削、振动刨削、振动铣削、振动拉削、振动攻丝、振动铰孔、振动钻孔、振动磨削及超精加工中。

2) 化学机械复合加工

化学机械复合加工指化学加工和机械加工的复合。所谓化学加工，是利用酸、碱和盐等化学溶液对金属或某些非金属工件表面产生化学反应，腐蚀溶解而改变工件尺寸和形状的加工方法。如果仅进行有选择性的局部加工，则需对工件上的非加工表面用耐腐蚀性涂层覆盖保护起来，而仅露出需加工的部位。化学机械复合加工是一种超精密的精整加工方法，可有效地加工陶瓷、单晶蓝宝石和半导体晶片，可防止通常机械加工用硬磨料引起的表面脆性裂纹和凹痕，避免磨粒的耕犁引起的隆起以及擦划引起的划痕，可获得光滑无缺陷的表面。

3) 磁场辅助研抛加工

磁场辅助研抛加工通过在磁场作用下形成的磁流体使悬浮其中的非磁性磨粒能在磁流体的活动力和浮力作用下压向旋转的工件进行研磨和抛光，从而能提高精整加工的质量和效率。利用这种加工方法可以获得 $Ra \leqslant 0.01\ \mu m$ 的无变质层的加工表面，并能研抛复杂表面形状的工件。由于磁场的磁力线及由其形成的磁流体本身不直接参与材料的去除，故称为磁场辅助加工。常用的磁场辅助的精整加工有磁性浮动抛光和磁性磨料精整加工。

4) 激光辅助车削

激光辅助车削(LAT)应用激光将金属工件局部加热，以改善其车削加工性，它是加热车削的一种新的形式。激光加热的优点是可加热大部分剪切面处的材料，而不会对刀刃或刀具前面上的切屑显著地加热。

7.3　数控加工技术简介

7.3.1　数控加工技术概述

数控加工技术是一种由数字控制装置控制的，适用于精度高、零件形状复杂的单件和中小批量生产的高效、柔性的自动化加工技术。

数控机床是实现数控加工的一种设备，它综合应用了自动控制、电子计算机、精密测量和传动元件、结构设计等方面的技术，是一种高效、柔性加工的机电一体化设备。目前，数控机床发展迅速，几乎所有类型的机床均已实现数控化，应用领域已从航空工业部门普及扩大到汽车、机床等制造业及其他中小批量生产的机械制造行业中。

1. 基本概念

数字控制(Numerical Control，NC)，是一种使用由英文字母、阿拉伯数字及标点符号等组成的一系列指令码来控制机器各种动作的自动化技术。

数字控制机床是具有数字程序控制系统的，由数字程序控制运作的机床，简称数控机床。

机床数字控制技术是把零件的加工尺寸和各种要求用代码化的数字表示后输入数控装置，再经过处理与计算后，发出各种控制信号，使机床的运动及加工过程在程序控制下有步骤地进行，并将零件自动加工出来的技术。

NC 机床是早期的硬件式数控机床。这种机床的控制功能是由专用逻辑电路实现的，具有专用性，比如说，NC 铣床的控制系统就不适用于其他类型的机床，一般来说，不同的数控设备需要使用不同的硬件逻辑电路。

CNC(Computerized Numerical Control)机床是现代软件式数控机床。利用通用计算机技术组成的 CNC 系统，可采用微机作为控制单元，其主要功能由软件实现。对于不同的系统，只需编制不同的软件就可以实现不同的控制功能，而硬件几乎可以通用。

2. 数控机床的组成

数控机床由两大部分组成：一部分是数控系统，另一部分是工作本体。

1) 数控系统

(1) 数控介质(数字信息的载体)。数控介质的功能是记载以加工程序表示的各种加工信息，如零件加工的工艺过程、工艺参数等，以控制机床的各种运动和动作，实现零件的机械加工。常用的信息载体有穿孔纸带、磁带和磁盘。

(2) 输入装置。数控介质上的各种加工信息要经输入装置(磁盘驱动器、U 盘和 PCI 扩展槽)输送给数控装置。对于用微机数控系统控制的数控机床，还可以通过通信接口从其他计算机获取加工信息。也可用操作面板上的按钮和键盘将信息直接用手工方式(MDI)输入，并将加工程序存入数控装置的存储器中。有很多数控设备可以不用任何介质，而是将加工程序单上的内容通过数控装置上的键盘直接传输给数控装置。目前普遍采用的是将加工程序由编程计算机用通信方式传输给数控装置。

(3) 数控装置。数控装置是数控设备的核心，它接收输入装置送来的脉冲信号，经过数控装置的控制软件和逻辑电路进行编译、运算和逻辑处理，然后将各种信息指令输入给伺服系统，使设备各部分进行规定的、有序的动作。这些指令主要是经插补运算决定的各坐标轴的进给速度、进给方向和位移量，主轴的变速、换向和启停信号，选择和交换刀具的指令信号，切削液的启停信号，工件的松夹、分度工作台的转位等辅助指令信号等。

(4) 强电控制装置。强电控制装置是介于数控装置与设备之间的装置，其作用是接收数控装置输出的主轴变速、刀具选择交换、辅助装置动作等指令信号，经过必要的编译、逻辑判断和功率放大后直接驱动相应的电器、液压、气动和机械部件，以完成指令所规定的各种动作。

(5) 伺服系统。伺服系统包括伺服驱动电路和伺服驱动元件，它们与工作本体上的机械部件组成数控设备的进给系统。其作用是把数控装置发来的速度和位移指令(脉冲信号)

转换成执行部件的进给速度和位移。每个进给运动的执行部件都配有一套伺服系统，而相对于每一个脉冲信号，执行部件都有一个相应的位移量。这一位移量称为脉冲当量，其值越小，加工精度就越高。数控系统的精度主要取决于伺服系统。伺服系统的执行元件主要有功率步进电机、电液脉冲马达、直流伺服电机和交流伺服电机等，执行元件的作用是将电控信号的变化转换成电动机输出轴的角速度和角位移的变化，从而带动工作本体的机械部件作进给运动。

(6) 测量反馈装置。测量反馈装置是对运动部件的实际位移、速度及当前的环境(温度、振动、摩擦和切削力等因素的变化)等参数加以检测，并将其转变为电信号后反馈给数控装置，通过比较，得出实际运动与指令运动的误差并发出误差指令，纠正所产生的误差。测量反馈装置的引入，大大提高了零件的加工精度。

2) 工作本体

数控机床的工作本体执行数控系统发出的各种运动和动作命令，完成机械零件加工任务。工作本体主要包括主轴运动部件、进给运动部件、工作台(或滑板)和床身立柱等支撑部件，冷却、润滑、转位和夹紧等辅助装置，存放刀具的刀架、刀库及交换刀具的自动换刀机构等。

3. 数控机床的工作过程

数控设备是根据所输入的工作程序，由数控装置控制设备的执行机构完成生产过程。不同的数控设备，其生产对象、执行机构的运动形式、设备的结构形式等有所不同，但数控设备的主要组成和工作原理却是基本相同的。数控机床的工作过程如图 7-3-1 所示。首先根据零件的要求编制相应的加工程序(可由人工或计算机编程)，存储在软盘、磁带等介质中；再将加工程序输入机床的数控装置；数控装置按加工程序控制伺服驱动系统和其他驱动系统；伺服驱动系统和其他驱动系统驱动机床的工作台、主轴、自动换刀装置等，从而完成零件的加工；最后将自动检测结果、工件工时、机床负荷等信息输出到管理系统。

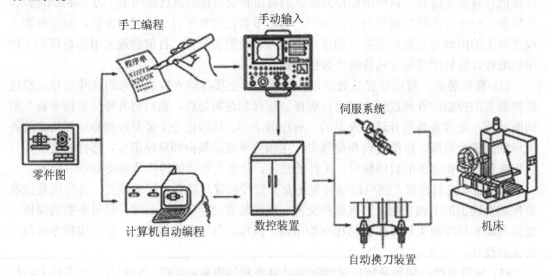

图 7-3-1　数控机床的工作过程

4. 数控机床的分类

数控机床五花八门，品种繁多，各行业都有自己的数控机床和分类方法。数控机床的品种已有 500 多种，通常从以下不同角度进行分类(见表 7-3-1)。

表 7-3-1　数控机床的分类

序号	分类方法	常 见 类 型	相 关 说 明
1	按工艺用途分类	普通数控机床	可分为数控车、铣、镗、磨、钻床等
		数控加工中心	是带有刀库和自动换刀装置的数控机床，可进行多工艺、多工序的集中加工，生产效率高
		数控特种加工机床	指非切削加工的数控机床，如数控电火花加工机床、数控线切割机床、数控激光切割机床等
2	按控制运动方式分类	点位控制数控机床	指数控系统只控制刀具或工作台从一点准确地移动到另一点，而点与点之间运动的轨迹不需严格控制的系统
		直线控制数控机床	数控系统不仅控制刀具或工作台从一点准确地移动到另一点，且保证两点之间的运动轨迹是一条直线
		轮廓控制数控机床	数控系统不仅控制刀具或工作台从一点准确地移动到另一点，而且还能控制整个加工过程每一个点的速度与位移量，可加工带有曲线或曲面轮廓的零件
3	按伺服系统类型分类	开环控制数控机床	移动部件的移动速度与位移量是由输入脉冲的频率和脉冲数决定的。由于没有反馈装置，开环控制系统的步距误差及机械传动误差不能进行校正补偿，所以控制精度较低
		半闭环控制数控机床	在伺服电机输出轴或丝杠轴端装有角位移检测装置，通过测量丝杠的角位移，再根据丝杠的螺距计算出移动部件的直线位移，然后再反馈至数控装置中。精度高于开环控制系统，但达不到较高的控制精度
		闭环控制数控机床	在移动部件和床体之间装有直线位置检测装置，系统将测量出的移动部件实际位移值反馈到数控装置中，与输入的位移值进行比较，用差值进行补偿，移动部件能够按照给定的位移量实现精确定位，可达到很高的控制精度

序号	分类方法	常 见 类 型	相 关 说 明
4	按控制坐标轴数分类	两坐标数控机床	可同时控制两个坐标联动的数控机床
		三坐标数控机床	可同时控制三个坐标，实现三个坐标联动；可加工曲面零件
		两个半坐标数控机床	数控机床本身有三个坐标，能作三个方向的运动，但其数控装置只能同时控制两个坐标，第三个坐标仅能作等距离的周期移动
		多坐标数控机床	指四坐标以上的数控机床。多坐标数控机床结构复杂，机床精度高，加工程序设计复杂，主要用于加工形状复杂的零件
5	按数控装置功能水平分类	低档数控机床	也称为经济型数控机床，是指单板机、单片机和步进电机组成的数控系统和其他功能简单、价格低的数控系统
		中档数控机床	一般称为全功能数控机床或标准型数控机床
		高档数控机床	

随着微电子技术、计算机技术、自动控制技术、传感器与检测技术以及精密机械加工技术的发展，数控加工设备已经有了较快的发展。机械制造业中的自动化技术目前已经进入了FMS(Flexible Manufacturing System，柔性制造系统)和 CIMS(Computer Integrated Manufacturing System，计算机集成制造系统)的发展进程，数控机床正是这一进程中的重要角色。

数控加工设备将依靠科学技术的进步向着更高的速度、更高的精度、更高的可靠性和功能更加完善的方向发展。

7.3.2　数控加工技术的应用

1. 数控机床的特点

数控机床的特点见表 7-3-2。

表 7-3-2　数控机床的特点

序号	特 点	相 关 说 明
1	加工精度高且质量稳定	数控机床本身制造精度高，又是按预定程序自动加工，避免了人为操作的误差，使同批零件的一致性好，产品质量稳定
2	生产效率高	能在一次装夹中实现多工序加工，省去了许多中间工序，大大缩短了生产准备时间，故生产率高
3	自动化程度高	除手工装夹毛坯外，全部加工过程都由机床自动完成

序号	特　点	相 关 说 明
4	适应性强	当加工对象改变时，只需重新编制数控程序，更换新的数控介质，一般不需要重新设计工装，即可实现对零件的加工，大大缩短了产品研制周期
5	便于生产管理的现代化	数控机床加工零件，简化了检验和工夹具、半成品的管理工作，有利于生产管理现代化，且易于形成计算机辅助设计与制造紧密结合的一体化系统
6	使用成本高	数控机床造价高，技术复杂，维修困难，要求管理及操作人员素质较高

2. 数控机床的应用

数控机床通常适合加工具有以下特点的零件。

(1) 多品种、小批量生产的零件。图 7-3-2 所示为三类机床的零件加工批量数与综合费用的关系。通常数控机床加工的合理生产批量数在 10～100 件之间。

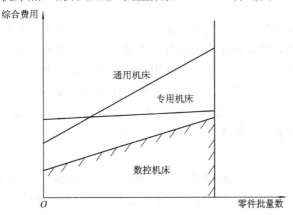

图 7-3-2　零件加工批量数与综合费用的关系

(2) 结构复杂、精度要求高的零件。图 7-3-3 所示为三类机床的被加工零件的复杂程度与零件批量数的关系。通常数控机床适于加工结构较复杂的零件，在非数控机床上加工则需昂贵的工艺装备。

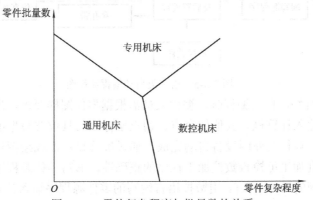

图 7-3-3　零件复杂程度与批量数的关系

(3) 加工频繁改型的零件。利用数控机床可节省大量的工装费用，使综合费用下降。

(4) 价值昂贵、不允许报废的关键零件。

(5) 需最短生产周期的急需件。

3. 数控加工程序编写

程序编制就是从分析零件图纸到制成控制媒体的过程。数控加工程序编制的一般步骤如图 7-3-4 所示。

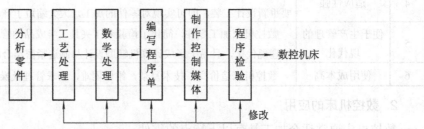

图 7-3-4　数控加工程序编制的一般步骤

数控加工程序编制方法有两种：手工编程和自动编程。

1) 手工编程

数控加工程序编制各个阶段的工作由人工来完成，称为手工编程。

为了设计、制造、维修和使用的方便，在输入代码、坐标系统、加工指令、辅助功能及程序格式等方面逐渐形成了两种国际通用标准，即国际标准化组织 ISO 标准及美国电子工业协会 EIA 标准。我国正式使用《数控机床穿孔带程序段格式中的准备功能 G 和辅助功能 M 的代码》标准。但由于各类机床使用的代码、指令含义不一定完全相同，编程人员须按照数控机床使用手册的具体规定进行程序编制。

2) 自动编程

对于较复杂的零件，手工编程效率低，通常采用自动编程。自动编程是利用计算机及外围设备(如打印机、穿孔机、绘图仪等)自动完成编程的大部分或全部工作。图 7-3-5 所示为语言类自动编程流程图。

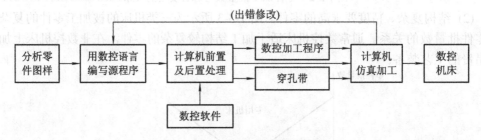

图 7-3-5　语言类自动编程流程图

由图 7-3-5 可知，自动编程时，编程人员需根据零件图样要求，用数控语言编写零件加工源程序，并输入计算机。其他如交点、切点坐标或刀具位置数据的计算、加工程序的编制等工作均由计算机及外围设备自动完成，通过屏幕显示器或绘图仪绘制刀具中心轨迹图形，计算机仿真加工可检查数控加工程序的正确性。书写零件源程序的数控语言，是国际上最流行的美国的 APT 语言。用数控语言编写的零件源程序输入计算机前，必须事先配备一套编译程序，即数控软件，开机后存放在计算机内存中，计算机才能将零件源程序处理为数控加工程序。

自动编程可减轻编程人员的劳动强度，缩短编程时间，提高编程精度，减少差错，从而提高数控机床的加工效率。

目前，广泛采用的自动编程系统是图形交互式自动编程系统。图形交互式自动编程系统是在计算机上交互式建立被加工零件的几何图形信息(二维或三维几何模型)，然后在计算机屏幕上指定被加工部位，并根据工艺分析输入相应的工艺参数与走刀方式，计算机便能编制出数控加工程序，并在计算机屏幕上显示出刀具的加工轨迹，以及加工过程的动态模拟等。这种编程方式的主要特点是形象、直观、灵活简便、易于查错、易于被编程人员所掌握。它一出现便被国内外先进的 CAD/CAM 软件普遍采用，并以迅猛的速度得到了广泛的应用。

学 后 评 量

1. 简述制造、制造技术、制造业、先进制造技术的定义。
2. 先进制造技术有哪些特点？
3. 简述先进制造技术的体系结构。
4. 先进制造技术有哪些发展趋势？
5. 简述特种加工的概念。
6. 简述特种加工的特点及研究方向。
7. 什么是电火花加工？它有哪些加工特点？其加工原理是什么？
8. 举例说明电火花加工的应用场合。
9. 简述电解加工的原理、特点及应用。
10. 简述超声加工的原理、特点及应用。
11. 简述激光加工的原理、特点及应用。
12. 简述电子束加工的原理、特点及应用。
13. 简述离子束加工的原理、特点及应用。
14. 常用的复合加工有哪些？
15. 简述数字控制、数字控制机床、机床数字控制技术的定义。
16. 数控系统由哪些部分组成。
17. 简述数控机床的工作过程。
18. 数控机床由哪几部分组成？数控机床有哪些分类方法？
19. 数控机床有哪些特点？
20. 数控机床的应用场合有哪些？
21. 什么是 NC、CNC？
22. 数控加工程序编制的一般步骤是什么？
23. 数控程序的编制方法有哪几种？各有何特点？

参 考 文 献

[1] 朱仁盛. 机械制造技术基础. 北京：北京理工大学出版社，2011.

[2] 黄雨田. 机械制造技术. 西安：西安电子科技大学出版社，2008.

[3] 郑广花. 机械制造基础. 西安：西安电子科技大学出版社，2006.

[4] 朱仁盛. 机械制造技术：基础知识. 北京：高等教育出版社，2007.

[5] 朱仁盛. 机械制造技术基础. 南京：江苏教育出版社，2013.

[6] 张国军. 汽车机械基础. 南京：江苏教育出版社，2013.

[7] 张国军，杨羊. 机电设备装调工艺与技术. 机械分册. 北京：北京理工大学出版社，2012.

[8] 苏建修. 机械制造基础. 北京：机械工业出版社，2001.

[9] 方四清. 机械制造基础. 南京：江苏教育出版社，2009.

[10] 王靖东. 金属切削加工方法与设备. 北京：高等教育出版社，2006.

[11] 孙鹏，谭动. 机械制造工艺与装备. 西安：西安电子科技大学出版社，2014.

[12] 孙燕华. 先进制造技术. 西安：西安电子科技大学出版社，2006..

[13] 赵云龙. 先进制造技术. 西安：西安电子科技大学出版社，2013.

[14] 周旭光. 特种加工技术. 2版. 西安：西安电子科技大学出版社，2011.

[15] 黄胜银. 机械制造技术基础. 北京：机械工业出版社，2014.

[16] 赵建中. 机械制造基础. 北京：北京理工大学出版社，2014.